从零开始 计算机基础培训教程 (Windows XP+Office 2007)

老虎工作室
高长铎　张玉堂　王刚　编著

人民邮电出版社
北京

图书在版编目（CIP）数据

计算机基础培训教程 : Windows XP+Office 2007 /
高长铎，张玉堂，王刚编著. -- 北京 : 人民邮电出版社
, 2010.7
（从零开始）
ISBN 978-7-115-22842-0

Ⅰ. ①计… Ⅱ. ①高… ②张… ③王… Ⅲ. ①电子计
算机－技术培训－教材②窗口软件，Windows
XP－技术培训－教材③办公室－自动化－应用软件，
Office 2007－技术培训－教材 Ⅳ. ①TP3

中国版本图书馆CIP数据核字(2010)第086931号

内 容 提 要

本书系统地介绍了计算机的基础知识、Windows XP、文字处理软件 Word 2007、电子表格软件 Excel 2007、幻灯片制作软件 PowerPoint 2007、网页浏览软件 Internet Explorer 7.0 以及电子邮件软件 Outlook Express 等的使用方法。

本书充分考虑了初学者的实际需要，真正“从零开始”，可以使对计算机“一点都不懂”的读者，通过学习本书而掌握计算机的基础知识和基本操作。

本书既可作为在职干部、专业技术人员以及办公管理人员的培训教材，也可供初学者自学使用。

从零开始——计算机基础培训教程（Windows XP+Office 2007）

◆ 编　　著　老虎工作室　高长铎　张玉堂　王　刚
责任编辑　李永涛

◆ 人民邮电出版社出版发行　　北京市崇文区夕照寺街 14 号
邮编　100061　　电子函件　315@ptpress.com.cn
网址　http://www.ptpress.com.cn
北京昌平百善印刷厂印刷

◆ 开本：787×1092　1/16
印张：16
字数：416 千字　　　2010 年 7 月第 1 版
印数：1- 5 000 册　　2010 年 7 月北京第 1 次印刷

ISBN 978-7-115-22842-0

定价：29.00 元（附光盘）

读者服务热线：(010)67132692　印装质量热线：(010)67129223
反盗版热线：(010)67171154

老虎工作室

主　编:　沈精虎

编　委:　许曰滨　黄业清　姜　勇　宋一兵　高长铎
田博文　谭雪松　向先波　毕丽蕴　郭万军
宋雪岩　詹　翔　周　锦　冯　辉　王海英
蔡汉明　李　仲　赵治国　赵　晶　张　伟
朱　凯　臧乐善　郭英文　计晓明　孙　业
滕　玲　张艳花　董彩霞　郝庆文　田晓芳

随着计算机技术的飞速发展和广泛应用，计算机已成为办公和日常生活中必备的工具，有越来越多的人员需要掌握计算机的基础知识及其使用方法。目前，广大的用户主要是使用电脑进行文字处理、表格处理、幻灯片制作、网页浏览和收发邮件等操作。目前计算机上所使用的操作系统和办公软件，基本上是 Windows XP、Word 2007、Excel 2007、PowerPoint 2007、Internet Explorer 7.0 和 Outlook Express 等，本书就是为需要掌握这些软件基础知识和使用方法的初学者而编写的。

内容和特点

本书在内容的选取和结构的设置上充分考虑了初学者的实际需要，真正“从零开始”，可以使对电脑“一点都不懂”的读者，通过学习本书，较快地掌握电脑的基础知识和基本操作，从而可以使电脑在日常工作和生活中发挥更大的作用。

全书共 14 讲，可分为以下 5 部分。各部分的主要内容介绍如下。

- 第 1 部分：基础知识（第 1 讲至第 4 讲），介绍了电脑的基础知识、Windows XP 的入门知识、Windows XP 的基本操作和 Windows XP 的常用操作。
- 第 2 部分：文字处理（第 5 讲至第 7 讲），介绍了 Word 2007 的入门知识、Word 2007 的排版操作和 Word 2007 的表格与对象处理。
- 第 3 部分：表格处理（第 8 讲至第 10 讲），介绍了 Excel 2007 的入门知识、Excel 2007 的工作表操作和 Excel 2007 的数据处理。
- 第 4 部分：幻灯片制作（第 11 讲至第 13 讲），介绍了 PowerPoint 2007 的入门知识、PowerPoint 2007 的幻灯片制作和 PowerPoint 2007 的幻灯片使用。
- 第 5 部分：Internet 应用基础（第 14 讲），介绍了计算机网络的基本概念、Internet Explorer 7.0 的使用方法和 Outlook Express 的使用方法。

本书在内容上力求简明清晰、重点突出，在叙述上力求深入浅出、通俗易懂。每章后面大量的问答题和操作题，能够使读者更深入地理解所讲解的内容。

读者对象

本书既可作为在职干部、专业技术人员以及办公管理人员的培训教材，也可供初学者自学使用。

附盘内容及用法

本书所附光盘内容分为以下两部分。

1. 素材文件

本书提供了习题所用到的素材文件及部分结果文件。

2. “.avi”动画文件

本书的典型习题被录制成了“.avi”动画文件，收录在附盘的“avi”文件夹下。

3. PPT 文件

本书提供有 PPT 文件，以供教师上课使用。

“.avi”是最常用的动画文件格式，读者使用 Windows 系统提供的“Windows Media Player”就可以播放“.avi”动画文件。单击【开始】/【所有程序】/【附件】/【娱乐】/【Windows Media Player】选项，即可启动“Windows Media Player”。一般情况下，读者只要双击某个动画文件，即可观看。

注意： 播放文件前要安装光盘根目录下的“avi_tscc.exe”插件，否则可能导致播放失败。

感谢您选择了本书，也欢迎您把对本书的意见和建议告诉我们。

老虎工作室网站 http://www.laohu.net，电子函件 postmaster@laohu.net。

老虎工作室

2010 年 5 月

目录

计算机基础知识

电子计算机是 20 世纪人类最伟大的发明之一，它改变了人类社会的面貌。随着微型计算机（电脑）的普及使用以及计算机网络的快速发展，计算机正逐渐成为人们工作和生活不可缺少的工具，并改变着人们的工作方式和生活方式。因此，学习和掌握计算机的使用方法也成为人们的基本技能之一。本讲主要介绍计算机的基础知识，包括计算机的硬件组成和计算机的常用软件。本讲课时为 2 小时。

学习目标

- 了解计算机的硬件组成。
- 了解计算机的常用软件。

1.1 计算机的硬件组成

自 1945 年第一台电子计算机诞生以来，电子计算机以惊人的速度快速发展，其运算速度越来越快、功能越来越强、应用越来越广。在上世纪 70 年代，人们采用超大规模集成电路技术，把计算机的中央处理器（CPU）制作在一块集成电路芯片内，这就是微处理器。由微处理器、存储器和输入输出接口等部件构成的计算机称为微型计算机，俗称电脑。

由于微处理器是计算机的核心，所以微处理器的发展速度直接决定了计算机的发展速度。自第一个微处理器问世以来，微处理器发展极为迅速，不断更新换代，计算机也随之相应地更新换代。

一个完整的计算机系统由硬件系统和软件系统两部分组成。计算机的硬件系统就是那些能够看得见、摸得着的设备，是计算机完成各种工作的执行者。从外观上看，一台计算机的基本组成包括主机、显示器、键盘和鼠标等，如图 1-1 所示。

图1-1　计算机的外观

1.1.1 计算机主机

计算机的主机由主板、CPU、内存、硬盘、显示卡和电源等构成，它们安装在主机箱中。打开计算机的主机箱仔细观察，会发现上述各个部件。

一、主板

主板（主机板）是安装在机箱中的一块最大的电路板，上面有计算机的主要电路系统，是组成计算机的主要部件之一，主板的性能会影响到整个计算机系统的性能。图 1-2 所示是一块计算机主板。

图1-2 计算机主板

计算机主板上安装有控制芯片组和 BIOS 芯片，还集成了数量不同的硬盘接口、软盘接口、并行通信接口、串行通信接口、通用串行通信（USB）接口、键盘接口、鼠标接口、CPU 插槽、内存插槽和各种板卡插槽。计算机上的其他部件通过这些接口或者插槽连接或插接到主板上，构成一个完整的计算机硬件系统。

二、CPU

CPU（中央处理器）是计算机执行程序和处理数据的核心部件。计算机的 CPU 是一块高度集成化的集成电路的芯片。图 1-3 所示是一块 Intel 酷睿 i7 CPU 的正反面。

图1-3 Intel 酷睿 i7 CPU

由于计算机的 CPU 是整个系统的核心，所以可以用其型号来描述整个计算机的功能。我们平时所说的 286、386、486 和 Pentium（奔腾）计算机等，就是以 CPU 的型号来命名的。

当前市场上流行的 CPU 主要有 Intel 公司的产品和 AMD 公司的产品。Intel 公司的主流产品有奔腾系列和酷睿系列。AMD 公司的主流产品有速龙系列和翼龙系列，它们与 Intel 公司的产品相比，性能相当，但价格便宜。

CPU 有以下几个主要指标。

- 核数：核数是指 CPU 内部运算内核的数目。2005 年 4 月 Intel 公司推出第一款双核 CPU Pentium D。目前双核 CPU 已成为主流，4 核 CPU 已面世。
- 主频：主频是指 CPU 时钟的频率。主频越高，单位时间内 CPU 完成的操作越多。主频的单位是 Hz。目前市面上 CPU 的主频大都在 2GHz 以上。
- 字长：字长是 CPU 一次能处理二进制数的位数。字长越长，CPU 的运算范围越大、精度越高。目前市面上的 CPU 主要是 64 位的。

三、内存

CPU 运行时的程序以及数据都存储在内存中。计算机的内存制作成条状（称为内存条），插在主板的内存插槽中。图 1-4 所示是一根内存条。

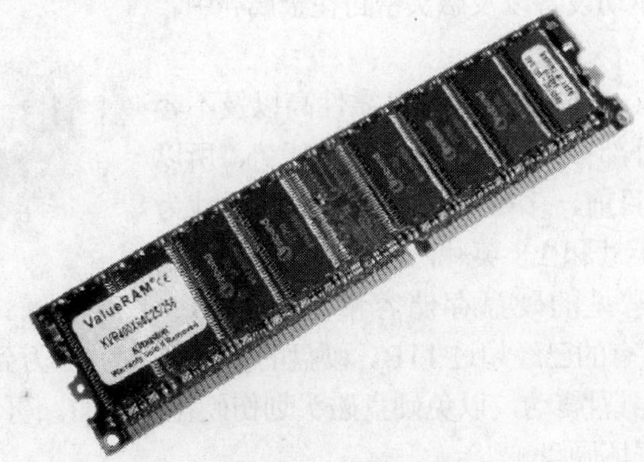

图1-4 内存条

在计算机中，所有的信息都是以二进制表示的，所以计算机中的信息单位都基于二进制。常用的信息单位有位和字节。

- 位，也称比特，记为 bit 或 b，是最小的信息单位，表示 1 个二进制数位。
- 字节，记为 Byte 或 B，是计算机中信息的基本单位，表示 8 个二进制数位。

由于字节单位较小，因此其衡量单位还有 KB、MB、GB、TB 等，它们的换算关系如下：

1KB=1024B，1MB=1024KB，1GB=1024MB，1TB=1024GB

内存按功能分为 ROM（只读存储器）和 RAM（随机存储器）两种。

- ROM 主要用来存储专用的程序、监控程序或基本输入输出系统模块，其中的信息是预先用特定的方法固化进芯片的，只可读出不可写入，断电后原先写进去的信息也不会消失。计算机的 ROM 通常集成在计算机的主板上，并且容量要比 RAM 少得多。
- RAM 主要用来存储工作时使用的程序和数据，可以随机地读写信息，但系统一旦断电，所存储的信息就会自动消失。所以用户在工作时，如果不及时将处理的信息保存到外存储器就关闭计算机的电源，那么所处理的信息就会丢失，这一点应特别注意。计算机的 RAM 通常制作成如图 1-4 所示的条状，单根内存条的容量有 128MB、256MB、512MB、1GB 等多种规格，计算机至少要配备一根内存条，需要时可配备多根内存条。

1.1.2 外存储器

与内存储器相比，CPU 访问外存储器的速度相对较低，但外存储器的存储容量较大，且价格较低，断电后所存储的信息不会消失，能长期保存信息。另外，CPU 运行时，内存储器的存取速度虽快，但容量有限，外存储器用以作为内存的延伸和后援，存放暂时不用的程序和数据，需要时再从外存储器调入内存储器被 CPU 访问。

目前最常用的外存储器有硬盘、光盘、U 盘和移动硬盘等。

一、硬盘

硬盘是计算机中最重要的外部存储设备，硬盘的盘面通常用铝合金、陶瓷或玻璃作基片，上面涂上磁性材料制作而成，盘面连同控制电路、驱动设备以及磁头密封在金属壳中。图 1-5 所示是一块硬盘。

图1-5 硬盘

硬盘具有存储容量大、存取速度快、可靠性高以及不容易损坏等特点，有着其他外部存储设备所不具有的优势，所以成为计算机的主要配置。目前，多数计算机上硬盘的尺寸为 5.25 英寸、3.5 英寸、2.5 英寸和 1.8 英寸，其存储容量通常在 100GB 以上，目前比较常见的硬盘存储容量为 120GB、160GB、320GB、500GB，有的已经超过 1TB。硬盘的使用寿命为 20 万到 50 万小时。

计算机在搬动时不能剧烈震动，以免硬盘磁头划伤硬盘的盘面。再者，在硬盘读写过程中也不能突然关闭电源，以免损坏硬盘。

二、光盘与光盘驱动器

光盘是一个塑料圆环，其中光亮的一面记录存储的信息，并且利用激光原理从中读取这些信息。光盘主要有只读光盘（CD-ROM）、一次写入光盘（CD-R）、可擦写光盘（CD-RW）、数字多用途光盘（DVD）、一次写入数字多用途光盘（DVD-R）和可擦写数字多用途光盘（DVD-RW）等几类。

- 只读光盘（CD-ROM）使用最广泛，其存储容量约为 640MB，只能读出信息而不能写入信息，其中的信息是在制造时写入的。
- 一次写入光盘（CD-R）中的信息是用户通过刻录机写入的，并且写入后不可清除再写。
- 可擦写光盘（CD-RW）中的信息是用户通过刻录机写入的，类似于磁盘，写入后可清除再写。
- 数字多用途光盘（DVD）与普通光盘的原理一样，只不过 DVD 光盘的存储量更大，容量为几个 GB。
- 一次写入数字多用途光盘（DVD-R）与 CD-R 类似，其中的信息也是用户通过刻录机写入的，并且写入后不可清除再写。
- 可擦写数字多用途光盘（DVD-RW）与 CD-RW 类似，其中的信息也是用户通过刻录机写入的，并且写入后还可清除再写。

由于光盘的盘面全部裸露在外面，很容易划伤和沾上污垢，因此在保管时应放在光盘套内，拿取时要避免接触记录有信息的那一面。

光盘中的信息是通过光盘驱动器来读取或写入的。光盘驱动器有4类：CD光驱（如图1-6所示）、DVD光驱（如图1-7所示）、CD刻录机（如图1-8所示）和DVD刻录机。

图1-6 CD光驱

图1-7 DVD光驱

图1-8 CD刻录机

CD光驱只能读取CD光盘，不能读取DVD光盘，也不能刻录光盘。DVD光驱能读取CD光盘和DVD光盘，但不能刻录光盘。CD刻录机能读取和刻录CD光盘，但不能读取和刻录DVD光盘。DVD刻录机既能读取和刻录CD光盘，也能读取和刻录DVD光盘。

光盘驱动器上标示的“16X”、“52X”等表示该光盘驱动器的数据传输速率，其中的数值为基准速率（150KB/s）的倍数。因此，标有“16X”的光盘驱动器也称为16倍速光驱，标有“52X”的光盘驱动器也称为52倍速光驱。

三、U盘

U盘也称为闪存盘，是一种利用低成本的半导体集成电路制造成的大容量固态存储器，其中的信息是在一瞬间被存储的，之后即使断开电源，所存储的信息也不会消失，使用过程中既可读出信息，也可随时写入新的信息。图1-9所示是一个U盘。

图1-9 U盘

与计算机内存相比，U盘具有存储容量大（目前常见U盘的容量大多在1GB以上）、体积小、存取速度快、保存数据期长、安全可靠和携带方便等特点，因此被人们视为理想的计算机外部存储器，是软盘的理想替代产品。

U盘除了在Windows 98上需要安装相应的驱动程序外，在Windows 2000、Windows Me、Windows XP中只需将其插接在计算机的USB口上即可使用，非常方便。

U盘在插入时要对准方向和接口，并且不要用力过猛。在Windows XP或Windows 2000操作系统下，应先停用U盘设备后，再拔出，否则会丢失数据或对U盘造成损伤。

四、移动硬盘

移动硬盘是把一个小尺寸硬盘和USB接口卡封装在一个硬盘盒内构成的，与普通硬盘的容量和存取速度相当，但它重量轻、便于携带、不需要外接电源。

与U盘类似，除了在Windows 98上需要安装相应的驱动程序外，在Windows 2000、Windows Me、Windows XP中只需通过USB电缆接到主机的USB接口就可使用。

使用移动硬盘时，应避免剧烈震动，以免损伤移动硬盘。移动硬盘的拔插与U盘的拔插相同。

1.1.3 输入设备

输入设备是向计算机中传送信息（如命令、文字、图形等），并将其转换成计算机能够接收的信息形式的装置。目前常用的输入设备有键盘、鼠标和扫描仪等。

一、键盘

键盘是最常用的输入设备之一，通常分为两大类：普通键盘（如图 1-10 所示）和人体工学键盘（如图 1-11 所示），后者按照人体工学原理设计，使用起来很舒适，不容易造成指关节疲劳，适合打字员使用，但价格较高。

图1-10　普通键盘

图1-11　人体工学键盘

二、鼠标

鼠标也是最常用的输入设备，通过它可以方便、迅速、准确地移动鼠标光标进行定位，比用键盘上的光标键移动光标进行定位方便。图 1-12 所示是一个鼠标。

图1-12　鼠标

鼠标主要有机械式和光电式两种。机械式鼠标依靠鼠标下方一个可以滚动的小球，通过鼠标在桌面上的移动带动小球的滚动来控制光标的移动，光标的移动方向与鼠标的移动方向一致，移动的距离也成正比。光电式鼠标的下方有两个平行的光源（发光二极管），鼠标在特定的反射板（鼠标垫）上移动，从而使光源发出的光经反射板反射后移动信号被鼠标接收，并传输到计算机中，从而控制光标的移动。目前市面上的鼠标大都是光电式鼠标。

三、扫描仪

扫描仪是一种捕获影像的装置，可将影像转换为计算机可以显示、编辑、储存和输出的数字格式。它由扫描头、控制电路和机械部件组成。采取逐行扫描方式，得到的数字信号以点阵的形式保存。扫描仪通常分为手持式和平板式两种。图 1-13 所示是一台平板扫描仪。

图1-13　平板扫描仪

扫描仪可以将美术图形和照片扫描并存储到计算机中，这在图像处理应用中尤为重要。扫描仪扫描印刷文字后，通过文字识别软件方便迅速地转换成文本文字，可避免重新打字，大大地提高了输入的效率。

1.1.4　输出设备

输出设备是将计算机的处理结果以人们习惯接收的信息形式输出的装置。常用的输出设备有显示器、打印机和绘图仪等。

一、显示器与显示卡

计算机的显示器与显示卡共同组成了计算机的显示系统，用于实现在计算机的显示器上显示输入的信息和CPU的处理结果。

显示器也称计算机监视器。显示器的外形与电视机相似，但显示器上显示的信息来自其与主机的显示卡接口相连的视频信号线，接收红（R）、绿（G）、蓝（B）信号和场同步信号，并且也需要电源。

显示器可分为CRT（阴极射线管）显示器（如图1-14所示）和LCD（液晶）（如图1-15所示）两种。LCD具有重量轻、体积小、耗电少、辐射低等优点，势必成为主流的显示器。

图1-14　CRT显示器

图1-15　LCD

使用显示器时要将其调节至合适的亮度和对比度，这不仅可以达到最好的显示效果，而且还可以保护眼睛。使用LCD时应注意避免重压、硬物划伤、沾上污垢，以及紫外线照射其表面。

显示卡是主机与显示器之间的接口电路，其功能是将CPU处理的信息转换为显示器能够接收的信息。图1-16所示是一块显示卡。显示卡安装在主机板的扩展插槽内，有的主板本身就集成有显示卡，不需要单独购买和安装。

图1-16　显示卡

二、打印机

打印机是计算机另外一种常用的输出设备。常见的打印机有针式打印机（如图1-17所示）、喷墨打印机（如图1-18所示）和激光打印机（如图1-19所示）等3类。

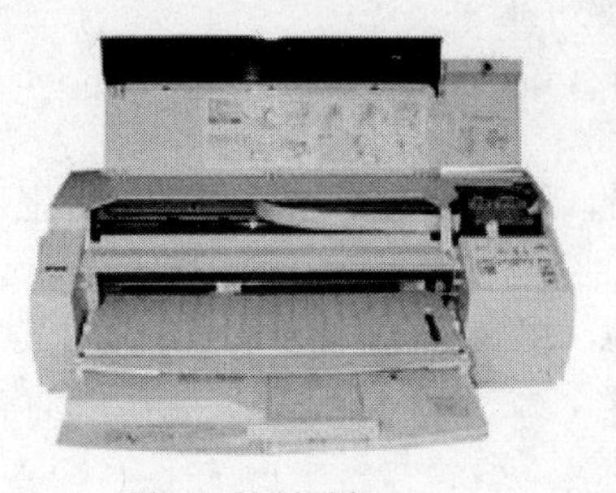
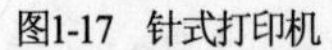
图1-17 针式打印机

图1-18 喷墨打印机

图1-19 激光打印机

针式打印机在打印头上装有打印针。打印时，随着打印头在打印纸上平行移动，由电路控制相应的打印针撞击或不撞击打印头的色带。由于打印的字符由点阵组成，撞击色带的针头在打印纸上形成一个墨点，不撞击色带的针头则在相应位置留下空白，因此打印头移动若干列后，就可以打印出字符。针式打印机的优点是打印成本较低，缺点是打印质量低、打印速度慢，并且噪音大。

喷墨打印机通过其安装的打印头在纸上打印文字或图像。打印头是一种包含若干个小喷嘴的装置，每一个小喷嘴都装满了从可拆卸的墨盒中流出的墨汁，打印时通过将墨汁喷射到纸上形成墨点。喷墨打印机所能打印的精细程度依赖于打印头在纸上打印的墨点的密度和精确度。喷墨打印机还有灵活的纸张处理能力，既可在普通的打印纸或复印纸上打印，也可打印信封和信纸、各种胶片和 T 恤专印纸等。与针式打印机相比，喷墨打印机具有噪声低、打印质量好且可以进行彩色打印以及价格低等优点，是普通家庭和办公环境的理想选择。缺点是耗材（如喷墨头、墨水）的价格偏高。

激光打印机是采用激光和电子成像技术打印信息的。目前，激光打印机有黑白打印和彩色打印两种。激光打印机的优点是打印速度快、打印质量高、打印噪声低，但是对打印纸的要求较高。虽然激光打印机的价格要比喷墨打印机贵，但从单页的打印成本上讲，激光打印机则要便宜得多，有望在不久的将来彻底替代喷墨打印机。彩色激光打印机目前的价位很高，几乎都在万元上下，使用尚不普及。

三、声卡与音箱

声卡是多媒体计算机的主要部件之一，它包含记录和播放声音所需的硬件。声卡上有数模转换芯片（DAC），用来把数字化的声音信号转换成模拟信号，同时还有模数转换芯片（ADC），用来把模拟声音信号转换成数字信号。声卡有声音混合功能，允许控制声源和音频信号的大小。好的声卡能对低音部分和高音部分进行控制。声卡上还有一个或几个 CD 音频输入接口，用以接收 CD-ROM 的声音采集信号。有的主板本身就集成有声卡，不需要单独购买和安装。

音箱把声卡输出的模拟音频信号转换成相应的声音。音箱分为有源音箱和无源音箱两类。有源音箱内部有功率放大器，需要外接电源。无源音箱的原理就像平时使用的耳机一样，内部没有功率放大器，也不需要外接电源。

1.2 计算机的常用软件

计算机软件是在硬件设备上运行、控制计算机完成任务的各种程序及相关的资料的总称。计算机只有通过运行不同功能的程序，才能完成相应的任务。

软件通常分成两大类：系统软件和应用软件。系统软件主要是为计算机的管理、控制、维护和运行而开发的软件，应用软件主要是为某一具体的实际应用而开发的软件。

1.2.1 常用的系统软件

系统软件通常分为操作系统、语言处理程序、数据库管理系统和实用工具软件等几类。

一、操作系统

系统软件的核心是操作系统。操作系统的功能是：管理计算机的各种资源，以提高计算机的使用效率，方便用户的使用，并提供程序运行和开发的环境。

操作系统是用户与计算机之间的界面，用户对计算机的使用和管理都是通过操作系统来完成的。因此，除了专门的应用，计算机只有安装了操作系统后才可使用。

不同类型的计算机需要安装与之配套的操作系统，现在广泛使用的计算机，安装的操作系统大都是 Windows 系列操作系统，如 Windows XP、Windows 2000、Windows Vista 和 Windows 7 等。

二、语言处理程序

计算机的系统软件和应用软件都是人们开发的，软件大都是通过计算机语言编写的。计算机语言分为机器语言、汇编语言和高级语言等几类。除了机器语言编写的程序外，用汇编语言或高级语言编写的程序，计算机不能识别也不能运行。

语言处理程序的功能就是把人们用汇编语言或高级语言编写的程序转换成机器语言程序，使计算机能够识别，并且能够运行。用不同种类的汇编语言或高级语言编写的程序，要用不同的语言处理程序来转换成机器语言程序。

三、数据库管理系统

数据库管理系统软件是为满足某些部门对大量的数据进行管理和操作而设计的软件。数据库是按照一定的方式进行组织并保存在计算机外存储器中的一系列相关数据的集合。数据库管理系统是在相关计算机中帮助用户进行具体的数据管理，使人们能够方便、高效地使用数据库中的数据。

四、实用工具软件

计算机的实用工具软件主要面向计算机系统的维护，同时也是对操作系统功能的一个扩展。它主要包括操作系统之外的计算机管理程序、错误诊断和检查程序、测试程序、各种软件调试程序以及杀病毒软件等。

目前，常用的实用工具软件有查杀病毒软件（如瑞星杀毒软件、金山毒霸等）、磁盘维护工具（如 Norton、Disk Genius、Ghost 和 PartitionMagic 等）和文件压缩工具（如 WinRAR 和 WinZIP）等。

1.2.2 常用的应用软件

就目前的使用状况来看，用于家庭和办公环境中进行业务处理的计算机数量占绝大多数，并且与之相关的应用软件数量繁多。常用的应用软件有以下几类。

一、Office 系列产品

美国微软公司推出的 Office 系列软件包是最著名，也是目前最流行的办公自动化支撑软件包。目前的最新版本是 Office 2010。其中包括 Word 2010（文字处理）、Excel 2010（电子表格）、PowerPoint 2010（幻灯片）和 Access 2010（数据库管理）等。Office 系列软件功能强大、使用方便，能完成计算机办公的大部分任务。

二、WPS 系列产品

WPS 是由我国的金山公司研制和开发的。在上世纪 90 年代，WPS 曾是中国最流行的文字处理软件。WPS 的最新版本为 WPS Office 2009，包括 WPS 文字、WPS 表格和 WPS 演示等功能。

WPS Office 2009 是一款跨平台的办公软件，既可以在 Windows 操作系统上运行，也可以运行在主流的 Linux 操作系统上。WPS Office 2009 对个人用户是永久免费的，个人用户下载安装后即可使用，无需付费。

三、图像处理工具软件

目前常用的图像处理工具软件有“画图”软件、Photoshop 和 ACDSee 等。

- “画图”软件是 Windows 操作系统自带的绘图软件，功能简单、使用方便，用来绘制简单的图像。
- Photoshop 是 Adobe 公司的产品，由于其具有功能强大、实用易学等特点，因此被广泛应用在广告招贴、海报、包装印刷和网页设计中。
- ACDSee 是 ACD Systems 公司的产品，是一个共享的图形图像浏览和管理软件，几乎支持目前所有的图形文件格式。

四、媒体播放软件

目前用于视频和音频媒体播放的工具软件有 Windows Media Player、RealONE Player 和暴风影音等。

- Windows Media Player 是 Windows 操作系统自带的媒体播放软件，无需单独安装即可使用。
- RealONE Player 是 RealNetworks 公司的产品，其优势是支持的视频格式比较多，尤其适合网络流媒体的播放。
- 暴风影音是暴风网际公司的产品，其最大的特点是支持最多的媒体格式，甚至可以播放 Flash 文件。拥有了暴风影音，几乎能轻松地播放所有的格式。

五、浏览器软件

目前常用的浏览器软件有 Internet Explorer、Firefox、Opera 和 360 安全浏览器等。

- Internet Explorer 是 Windows 操作系统自带的浏览器软件，无需单独安装即可使用。
- Firefox 中文名为火狐，是由 Mozilla 基金会与开源团体共同开发的网页浏览器，是一款开放源代码的软件，并且支持多种操作系统。
- Opera 是 Opera Software 公司的产品，也支持多种操作系统，同时在易用性和安全性方面有诸多优点。
- 360 安全浏览器是奇虎 360 公司的产品，是一款免费的浏览器软件。360 安全浏览器除了具有安全方面的优异特性外，在速度、资源占用、防假死和不崩溃等基础特性上，其表现同样优异。

六、电子邮件软件

目前常用的电子邮件软件有 Outlook Express、Microsoft Office Outlook 和 FoxMail 等。

- Outlook Express 是 Windows 操作系统自带的电子邮件工具软件，因为其功能强大，收发邮件、编辑邮件、管理邮件和管理通讯录都非常方便，且与 Windows 操作系统结合紧密，因此深受人们的喜爱。

- Microsoft Office Outlook 是 Microsoft Office 套件中的一个组件，除了具有 Outlook Express 功能外，还有日程安排等功能
- FoxMail 曾是一款个人软件，后被腾讯公司收购。FoxMail 是优秀的国产软件，就功能来讲，FoxMail 与 Outlook Express 差不多，但其安全性却比 Outlook Express 要强。

七、下载工具软件

目前常用的下载工具软件有讯雷和网际快车。

- 迅雷是迅雷网络技术有限公司的产品，是一款免费软件。迅雷使用的多资源超线程技术，能够对网络上存在的服务器和计算机资源进行有效的整合，能够以最快的速度下载文件。
- 网际快车是网际快车信息技术有限公司的产品，也是一款免费软件。其最大的特点是通过把一个比较大的文件分成几个部分同时下载，能最大限度地提高下载的速度。

八、即时通信软件

即时进行相关信息的交流和通信是目前办公环境中的一个非常重要的任务。目前常用的即时联络通信软件有 QQ 和 MSN。

- QQ 是腾讯公司的产品，是一款免费软件。在使用 QQ 进行即时通信前，应先到腾讯公司的网站上申请一个账号。利用 QQ，可以与亲人、朋友或工作伙伴进行文字聊天、语音对话、传送文件，或召开视频会议进行即时交流，还可以查看联系人是否联机。
- MSN 是微软公司开发的用于发送即时信息的工具。与 QQ 类似，利用 MSN 可以即时通信。与 QQ 不同的是，用户不需要申请号码，拥有 Hotmail 或 MSN 的电子邮件账户就可以直接打开 MSN。该软件已经集成在 Windows XP 操作系统中，不需要安装就可以使用。

1.3 习题

1. 什么是微处理器？它与微型计算机（电脑）的产生和发展有什么关系？
2. 计算机的主机包括哪些部件？
3. 计算机有哪些常用外存储设备？
4. 计算机有哪些常用输入设备？
5. 计算机有哪些常用输出设备？
6. 计算机有哪些常用系统软件？
7. 计算机有哪些常用应用软件？

第2讲

中文 Windows XP 入门

计算机只有安装了操作系统才能使用。目前个人计算机上所安装的操作系统软件基本上都是 Microsoft 公司的 Windows 系列产品，其中 Windows XP 功能更强大、界面更华丽、使用更方便，是目前最为流行的操作系统之一。

本讲主要介绍 Windows XP 的入门知识，包括 Windows XP 的启动、退出，以及 Windows XP 中的基本概念。本讲课时为 2 小时。

学习目标

◆ 熟练掌握Windows XP启动与退出的方法。

◆ 深刻理解Windows XP的基本概念。

2.1 Windows XP 的启动与退出

使用计算机前必须先启动 Windows XP，使用结束还要正确地退出 Windows XP，关闭计算机。

2.1.1 Windows XP 的启动

打开显示器电源，再打开计算机电源，计算机完成硬件检测后，便启动操作系统。如果计算机中只安装了 Windows XP，就会自动启动它。如果还安装有其他操作系统（如 Windows 2000、Windows Vista、Windows 7 等），屏幕上会列出所安装的操作系统，通过键盘上的方向键选择“Windows XP”，然后按回车键即可启动 Windows XP。

系统启动后，会出现图 2-1 所示的“欢迎”画面，其中列出了已建立的所有的用户账户及其对应的图标。安装 Windows XP 后第一次启动时，则只有“Administrator”这一个账户。

要以某个用户账户的身份进入 Windows XP，只需在“欢迎”画面中单击相应的账户名或对应的图标，如果该用户账户没有设置密码，系统则自动以该用户的身份进入系统，否则系统会提示用户输入密码（如图 2-2 所示）。

图2-1　“欢迎”画面

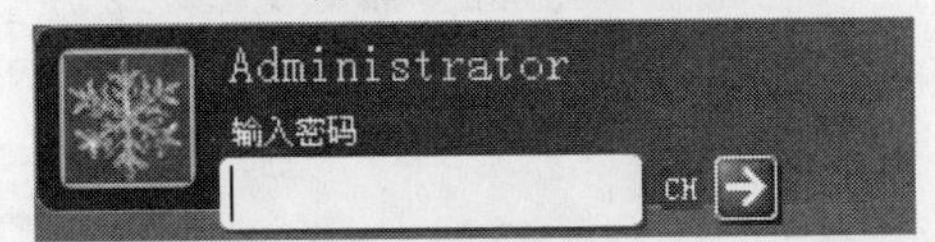

图2-2　输入密码

用户正确输入密码后，按 Enter 键或单击→按钮，即可以该用户的身份进入系统。如果用户输入的密码不正确，系统会给出图 2-3 所示的提示。只有输入了正确的密码，才能进入 Windows XP。

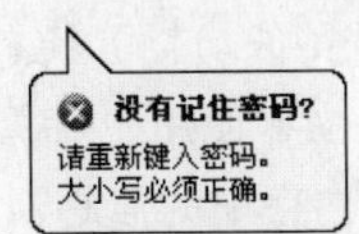

图2-3　密码错误提示

以某一个用户的身份成功进入系统后，会出现图 2-4 所示的画面，该画面称为 Windows XP 的桌面。

图2-4　Windows XP 的桌面

Windows XP 的桌面要比 Windows 95/98 简洁得多，刚安装的 Windows XP 桌面上只有【回收站】这一个图标。如果安装了 Office 2007，桌面上会有一个【Microsoft Outlook】图标。

需要说明的是：在 Windows XP 中安装了某些软件后，或者用户在桌面上建立对象后，Windows XP 桌面上就会增加相应的图标。因此，不同计算机上的 Windows XP，它们的桌面也有所不同。

2.1.2 Windows XP 的退出

用户使用完 Windows XP 后，应该先退出 Windows XP，再关闭计算机电源，然后关闭显示器电源。在退出 Windows XP 之前，应先退出所有的应用程序。

退出 Windows XP 的操作是：单击任务栏左端的 开始 按钮，在出现的【开始】菜单中选择【关闭计算机】命令，这时，系统会弹出图 2-5 所示的【关闭计算机】对话框。

图2-5 【关闭计算机】对话框

在该对话框中，可进行以下操作。

- 单击 按钮，使计算机处于待机（低功耗）状态。按任意键、移动鼠标或单击鼠标的一个键，会唤醒计算机，并能立即使用。计算机在待机状态时，内存中的信息未存入硬盘中。如此时中断电源，内存中的信息则会丢失。
- 单击 按钮，将关闭计算机。这时，系统会关闭所有的应用程序，退出 Windows XP。成功退出后，计算机会自动关闭电源（早期的计算机需要用户手动关闭电源）。
- 单击 按钮，重新启动计算机。这时，系统会关闭所有的应用程序，退出 Windows XP。成功退出后，会立即重新启动计算机。
- 单击 取消 按钮，则取消关闭计算机的操作，返回原来的状态。

单击 （或 ）按钮退出 Windows XP 时，如果有修改过的文件还没有保存，则会弹出图 2-6 所示的对话框（以 Microsoft Word 的“文档 1”文件为例），询问用户是否保存文件。如果有多个文件没有保存，系统会多次提示。

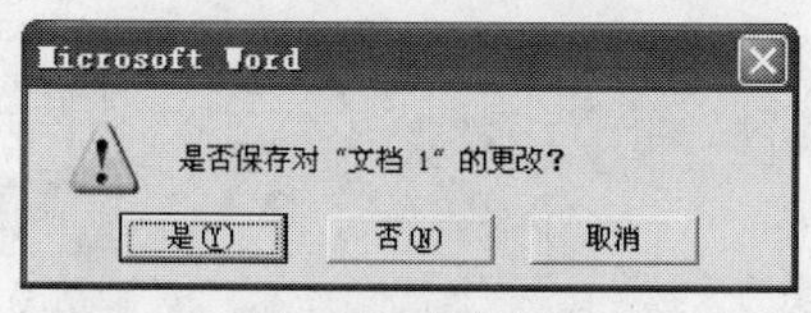

图2-6 提示保存文件

在图 2-6 所示的对话框中，可进行以下操作。

- 单击 是(Y) 按钮，则保存文件，继续 Windows XP 的退出工作。
- 单击 否(N) 按钮，则不保存文件，继续 Windows XP 的退出工作。
- 单击 取消 按钮，则停止 Windows XP 的退出工作，返回原来的状态。

不能在 Windows XP 仍在运行时强行关闭电源，否则可能会丢失一些未保存的数据。如果强行关闭电源时，Windows XP 正在对硬盘进行存取，这有可能损伤计算机的硬盘。有些情况下，强行关闭电源后，下一次启动 Windows XP 时，Windows XP 需要花很长的时间对硬盘进行检查。

2.2 Windows XP 中的基本概念

使用 Windows XP，需要正确理解 Windows XP 中的基本概念，包括桌面、任务栏、开始菜单、语言栏、窗口、对话框和剪贴板等。

2.2.1 桌面、任务栏、开始菜单与语言栏

一、桌面

以某一用户的身份成功进入 Windows XP 系统后，屏幕上所出现的画面就是桌面，桌面上放置了若干个图标，桌面的底端是任务栏。

图标是代表程序、文件、文件夹等各种对象的小图像。Windows XP 用图标来区分不同类型的对象，图标的下面有其所对应对象的名称。

二、任务栏

Windows XP 任务栏默认的位置在桌面的底端，如图 2-7 所示。

图2-7 任务栏

对任务栏的各部分说明如下。

(1) 【开始】菜单按钮。

【开始】菜单按钮 开始 位于任务栏的最左边，单击该按钮会弹出【开始】菜单，从中可选择所需要的命令。几乎所有 Windows XP 的应用程序都可以从【开始】菜单启动。

(2) 快速启动区。

快速启动区通常位于 开始 按钮的右边，其中有常用程序的图标。单击某个图标，会马上启动相应的程序，这要比从【开始】菜单启动程序方便得多。以下是默认情况下快速启动区中的图标。

- ：Windows Media Player 图标，用来播放数字媒体，包括 CD、VCD 等。
- ：Internet Explorer 图标，用来查找和浏览因特网上的网页。
- ：显示桌面图标，将所有打开的窗口最小化显示在任务栏上，只显示桌面。
- ：Microsoft Outlook 图标，用来发送和接收电子邮件。

(3) 任务按钮区。

任务按钮区通常位于快速启动区的右边。每当用户启动一个程序或者打开一个窗口，系统在任务按钮区就会增加一个任务按钮。单击一个任务按钮，可切换该任务所对应窗口的活动和非活动状态。

(4) 通知区。

通知区位于任务栏的最右边，包含一个数字时钟，也可能包含快速访问程序的快捷方式（如图 2-7 中的 图标），还可能出现其他程序的状态图标（如 ），用来提供该程序有关的活动状态信息。

三、开始菜单

单击开始按钮，弹出图 2-8 所示的【开始】菜单，【开始】菜单会随系统安装的应用程序以及用户的使用情况自动进行调整。【开始】菜单由以下几部分组成。

(1) 用户账户区。

位于【开始】菜单的顶部，其中包含 Windows XP 当前用户的图标和用户名。单击用户图标，弹出【用户账户】对话框，从中可选择一个新的图标。

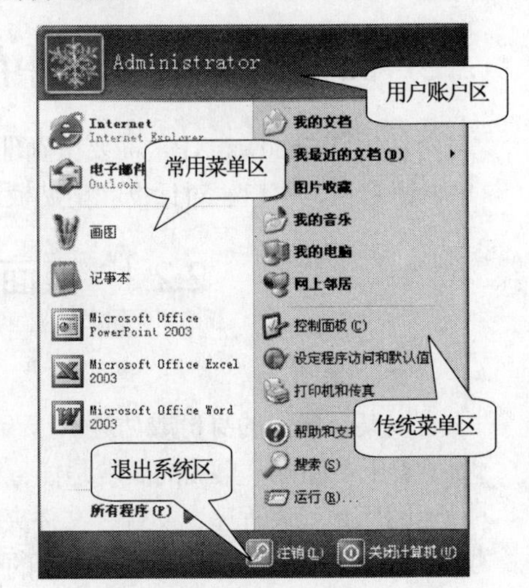

图2-8 【开始】菜单

(2) 常用菜单区。

位于【开始】菜单的左边，其中包含了用户最常用的命令以及【所有程序】菜单项。常用菜单区中的命令随用户的使用情况不断调整，使用频繁的命令会出现在常用菜单区。【所有程序】菜单项中包含了系统安装的所有应用程序。

(3) 传统菜单区。

位于【开始】菜单的右边，其中的菜单选项分为以下 3 类。

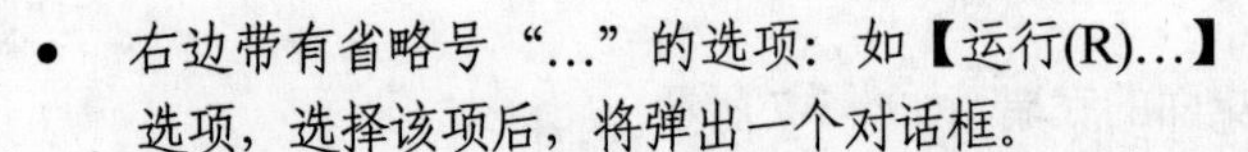

- 右边带有省略号“…”的选项：如【运行(R)…】选项，选择该项后，将弹出一个对话框。
- 右边带有三角▸的选项：如【所有程序】，选择该项后，将弹出一个子菜单，可进行下一级选择。
- 右边无其他符号的选项：如【我的电脑】，选择该项后，将执行相应的程序。

(4) 退出系统区

位于【开始】菜单的底部，包括和两个按钮。

- 单击【注销】按钮，会弹出一个对话框，从中可选择【切换用户】或【注销】命令。
- 单击【关闭计算机】按钮，会弹出一个对话框（参见图 2-5），从中可选择【待机】、【关闭】或【重新启动】命令。

四、语言栏

语言栏是一个浮动的工具条，它总是处在桌面的最顶层，显示当前所使用的输入法，如图 2-9 所示。

图2-9 语言栏（英文输入法和搜狗拼音输入法）

对语言栏可进行以下操作。

- 单击输入法指示按钮（如），弹出输入法选择菜单，从中可选择一种输入法。
- 拖动语言栏中的停靠把手，可将其移动到屏幕的任何位置。
- 单击语言栏中的【最小化】按钮，可将其最小化到任务栏上。

2.2.2 窗口与对话框

Windows XP 是一个图形界面的操作系统，窗口和对话框是系统中两种最重要的图形界面。在使用 Windows XP 或运行一个程序时，一般都会打开一个窗口。在进行操作时，如果系统需要用户提供信息，一般都会弹出一个对话框。

一、窗口

所有的窗口在结构上基本上是一致的，包括标题栏、菜单栏、工具栏、地址栏、状态栏、任务窗格以及工作区等几部分。图 2-10 所示为【我的文档】窗口。

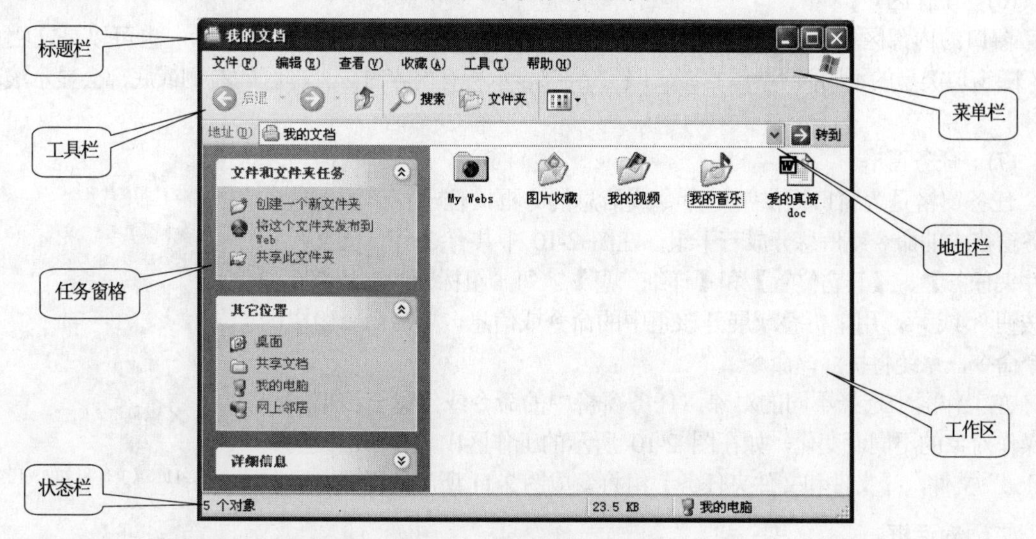

图2-10 【我的文档】窗口

下面以【我的文档】窗口为例，说明 Windows XP 窗口的组成。

(1) 标题栏。

标题栏位于窗口顶部，自左至右分别是控制菜单图标、窗口名称和窗口控制按钮。

- 窗口控制菜单图标：在图 2-10 中是，单击它会弹出一个菜单，菜单中的命令用来控制窗口。
- 窗口名：是打开的窗口或应用程序的名字，如果在应用程序中打开了文档，窗口名还包含文档名。
- 窗口控制按钮：这 3 个窗口控制按钮在所有的窗口几乎都相同，自左至右分别是最小化窗口按钮、最大化窗口按钮和关闭窗口按钮。

(2) 菜单栏。

菜单栏是 Windows 窗口的重要组成部件，用于把程序所实现的基本操作按类别组织在菜单栏的菜单中。用鼠标单击菜单栏中的某个菜单，会弹出一个下拉式菜单，选择其中的某个命令，便可以完成相应的操作。

菜单名后面通常有一个用括号括起来的带下划线的字母，表示该菜单的快捷键，按 Alt+“字母对应的键”，将打开相应的菜单，如按 Alt+F 键，将打开【文件(F)】菜单。

(3) 工具栏。

工具栏位于菜单栏的下方，其提供了一些功能和命令按钮，如【后退】按钮 后退、【向上】按钮、【文件夹】按钮文件夹和【查看】按钮等。单击一个按钮，将执行相应的功能和命令，有时会弹出一个菜单，让用户从中选择所需要的命令。

(4) 地址栏。

地址栏位于工具栏的下方，用来指示打开对象所在的地址，也可在此栏中填写一个地址，按Enter键后，在工作区中会显示该地址中的对象。有的窗口没有地址栏。

(5) 状态栏。

状态栏位于窗口的底部，显示窗口的状态信息。在图 2-10 中，共有"My Webs"、"图片收藏"等 5 个对象，所以在状态栏中显示"5 个对象"的字样。

(6) 工作区。

窗口的内部区域称为工作区或工作空间。工作区的内容可以是对象图标，也可以是文档内容，随窗口类型的不同而不同。当窗口无法全部显示所有内容时，工作区的右侧或底部会显示滚动条。

(7) 任务窗格。

任务窗格是为窗口提供常用命令或信息的方框，位于窗口的左边。任务窗格中的命令或信息分成若干组，在图 2-10 中共有 3 组：【文件和文件夹任务】、【其它位置】和【详细信息】。每一组标题的右边都有一个按钮或，用来折叠或展开该组中的命令或信息。单击命令组中的一个命令，系统将执行该命令。

在工作区中选择不同的对象，任务窗格中的命令或信息会根据用户所操作对象的不同而变化，如在图 2-10 所示的工作区中，单击"爱的真谛.doc"文件，【文件和文件夹任务】组将变成图 2-11 所示的样式。

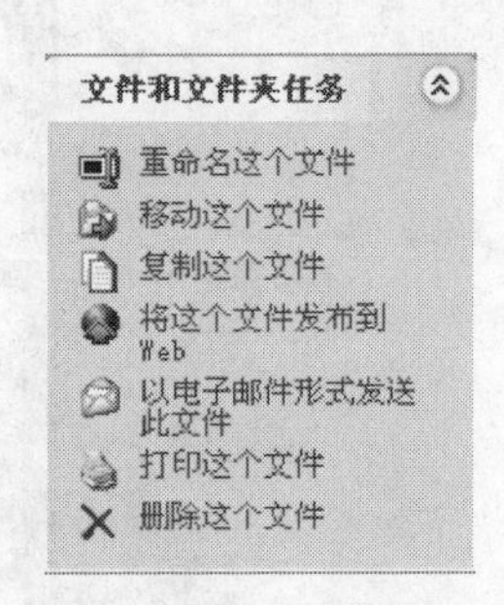

图2-11 【文件和文件夹任务】组

二、对话框

对话框是一种特殊的窗口，其目的是让用户输入信息或做某种选择，图 2-12 所示是【页面设置】对话框。

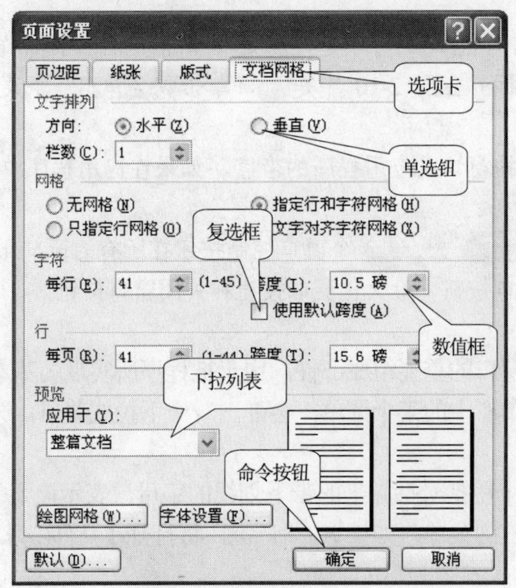

图2-12 【页面设置】对话框

尽管对话框千差万别，但都是由许多种构件组成，不同的构件其功能和用途也不同。下面以图 2-12 所示的【页面设置】对话框为例，介绍对话框中常用的构件。

(1) 选项卡。

选项卡用来组织对话框中的输入或选择项，对话框通常按类别分为几个选项卡，每个选项卡包含需要用户输入或选择的信息。选项卡都有一个名称，标注在选项卡的标签上，如图 2-12 中的【页边距】、【纸张】等，单击任一个选项卡上的标签，就会打开相应的选项卡。本书下面将此操作称为“打开【××】选项卡”。

(2) 下拉列表。

下拉列表是一个下凹的矩形框，右侧有一个▼按钮，用来让用户从其列表中选择所需要的选项。下拉列表中显示的内容有时为空，有时为默认的选择项。单击▼按钮，弹出一个列表（如图 2-13 所示），可从弹出的列表中选择所需要的项，这时下拉列表中显示的内容为用户从列表中选择的项。

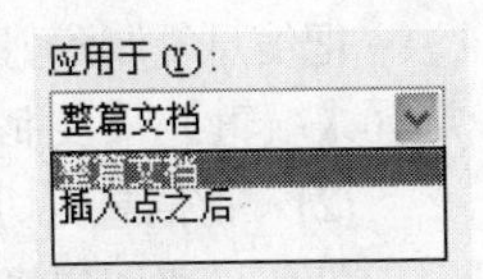

图2-13 下拉列表

(3) 数值框。

数值框是一个下凹的矩形框，右侧有一个微调按钮，用来让用户输入或调整一个数值。数值框中的数值是当前值。单击数值框，数值框中出现光标，可直接输入一个数值。单击【微调递增】按钮（微调按钮的上半部分），数值按固定步长递增；单击【微调递减】按钮（微调按钮的下半部分），数值按固定步长递减。

(4) 复选框。

复选框是一个下凹的小正方形框，用来让用户选择或取消选择该选项。该选项被选择后，内部有一个对号（☑），否则内部为空白（□）。单击复选框可选择或取消选择该项。

(5) 单选钮

单选钮是一个下凹的小圆圈，单选钮不单独出现，多个相关的单选钮被分成一组，每组的单选钮只能有一个被选中。单选钮被选择后，内部有一个黑点（◉），否则内部为空白（○）。单击某一单选钮，即可选择该单选钮。

(6) 命令按钮。

命令按钮是一个凸出的矩形块，上面标注有按钮的名称。单击某一个命令按钮，就会执行相应的命令。命令按钮名称的后面如果含有省略号（如 默认(D)... 按钮），表明单击该按钮后，将弹出另一个对话框。

对话框中通常都有 确定 和 取消 这两个按钮，这两个按钮在所有对话框中的功能是相同的。

- 单击 确定 按钮，在对话框中输入的信息或进行的设置将得到确认并生效，同时关闭对话框。
- 单击 取消 按钮，则取消本次操作，并关闭对话框。

为避免重复，在以后有关对话框的操作中，只讲“单击 确定 按钮”，对其功能不再说明，对单击 取消 按钮的操作不再重提。

(7) 文本框。

文本框（图 2-12 的【页面设置】对话框中无文本框）是一个下凹的矩形框，用来输入文本信息。单击文本框时，文本框中出现光标，用户可输入或编辑文本信息。

2.2.3 剪贴板

剪贴板是 Windows XP 提供的一个实用工具，用户可以将选定的文本、文件、文件夹或者图像"复制"或"剪切"到剪贴板的临时存储区中，然后可以将该信息"粘贴"到同一程序或不同程序所需要的位置上。

一、剪贴板的常用操作

(1) 把信息复制到剪贴板。

把信息复制到剪贴板的操作方法是：单击工具栏上的【复制】按钮，或按 Ctrl+C 键，或选择【编辑】/【复制】命令。

(2) 把信息剪切到剪贴板。

把信息剪切到剪贴板的操作方法是：单击工具栏上的【剪切】按钮，或按 Ctrl+X 键，或选择【编辑】/【剪切】命令。

(3) 把屏幕或窗口图像复制到剪贴板。

按键盘上的 Print Screen 键，可把整个屏幕上的图像复制到剪贴板；按键盘上的 Alt+Print Screen 键，可把当前活动窗口的图像复制到剪贴板。

(4) 从剪贴板中粘贴信息。

从剪贴板中粘贴信息的操作方法是：单击工具栏上的【粘贴】按钮，或按 Ctrl+V 键，或选择【编辑】/【粘贴】命令。

二、使用剪贴板的注意事项

- 除了把屏幕或窗口图像复制到剪贴板外，在把信息复制到剪贴板之前，应选定相应的信息，否则系统不会复制任何信息到剪贴板。选定信息的方法详见以后的相关章节。
- Windows XP 的剪贴板可保留最近 24 次复制或剪切的信息，但通过工具栏上的【粘贴】按钮、快捷键或菜单命令，则只能粘贴最近一次复制或剪切的信息。在 Office 2007 应用程序（如 Word 2007、Excel 2007 或 PowerPoint 2007）中，在【剪贴板】任务窗格中会看到最近 24 次复制或剪切的信息，用户可以从这 24 次复制或剪切的信息中选择一个进行粘贴。
- 信息被剪切到剪贴板上后，若所选定的信息是文本或图像，则文本或图像被删除；若所选定的信息是文件或文件夹，则文件或文件夹只有在粘贴成功后才被删除。
- 剪贴板中的信息粘贴到目标位置后，剪贴板中的内容依旧保持不变，所以可以进行多次粘贴。
- 在应用程序（如记事本、Word 2007、Excel 2007 或 PowerPoint 2007）窗口中粘贴文本或图像，文本或图像将粘贴到插入点光标处，因此，应先根据需要定位插入点光标。
- 在【我的电脑】或【资源管理器】窗口中粘贴文件或文件夹，文件或文件夹将粘贴到该窗口打开的当前文件夹中。

2.3 习题

1. 如何重新启动计算机？

2. 为什么不能用强行关闭电源的方法关闭计算机？
3. Windows XP 的任务栏包括哪几部分？
4. 任务栏快速启动区中的图标有什么功能？
5. 【开始】菜单由哪几部分组成？
6. 【开始】菜单中的菜单选项有哪几类？
7. 如何将语言栏最小化到任务栏上？
8. Windows XP 的窗口由哪几部分组成？
9. Windows XP 的对话框通常有哪些构件？它们的作用是什么？
10. 剪贴板中可存留哪几类信息？剪贴板有哪些常用操作？

第3讲

中文 Windows XP 的基本操作

本讲主要介绍 Windows XP 的基本操作，包括键盘与鼠标的使用、应用程序的启动、窗口操作和汉字输入法的使用。本讲课时为 3 小时。

学习目标

- ◆ 熟练掌握使用键盘和鼠标的方法。
- ◆ 熟练掌握运行程序和操作窗口的方法。
- ◆ 熟练掌握一种汉字输入法的使用。

3.1 Windows XP 键盘与鼠标的使用

在使用 Windows XP 时，离不开键盘和鼠标，本节介绍键盘和鼠标的使用方法。

3.1.1 键盘及其使用方法

使用计算机时，无论是控制程序的运行，还是输入需要的字符或汉字，都离不开键盘。本小节介绍键盘的结构与使用键盘的指法。

一、键盘的结构

目前计算机上常用的键盘是 Windows 键盘，如图 2-14 所示。

Windows 键盘可划分为 6 个区域：功能键区、特殊键区、指示灯区、打字键盘区、编辑键盘区和数字键盘区。

(1) 功能键区。

功能键区有 13 个键，它们各有不同的特定功能，这些功能随软件的不同而不同，但以下两个键在大部分软件中的功能大致相同。

- Esc键：通常用来取消操作。
- F1键：通常用来请求帮助。

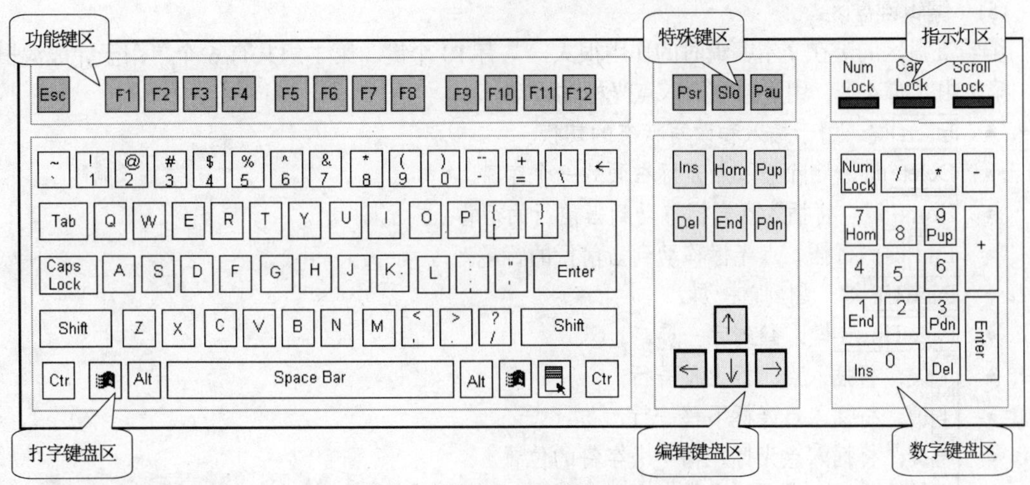

图3-1　Windows 键盘

(2)　特殊键区。

特殊键区有 3 个键，用来完成特殊的功能。

- Print Screen 键：用来把屏幕图像保存到剪贴板。
- Scroll Lock 键：用来锁定屏幕卷动，在 Windows XP 中很少用到。
- Pause 键：用来暂停运行的程序，在 Windows XP 中很少用到。

(3)　指示灯区。

指示灯区有 3 个指示灯，用来表示当前键盘的输入状态。

- Num Lock 灯：用来指示数字键盘区是否锁定为数字输入状态。
- Caps Lock 灯：用来指示打字键盘区是否锁定为大写输入状态。
- Scroll Lock 灯：用来指示目前屏幕是否处于锁定卷动状态。

(4)　打字键盘区。

打字键盘区是键盘最重要的区域，平常的文字输入和命令控制大都使用打字键盘区的键。在打字键盘区中，对以下一些键的功能需要特别说明。

- Caps Lock 键：用来开关【Caps Lock】灯，如果灯亮，输入的是大写字母，否则输入的是小写字母。
- Enter 键：称为回车键，通常用来换行或把输入的命令提交给系统。
- Backspace 键：称为退格键，通常用来删除插入点光标左面的一个字符。
- Tab 键：称为制表键，通常用来将插入点光标移动到下一个制表位上。
- Shift 键：通常与其他键配合使用。按住 Shift 键再按字母键时，输入字母的大小写与【Caps Lock】灯所指示的相反。按住 Shift 键再按一个双档键，如 ?/ 键，输入的是上档字符“？”，否则输入的是下档字符“/”。
- Ctrl 键：通常与其他键配合使用。
- Alt 键：通常与其他键配合使用。
- 键：称为开始键，通常用来打开【开始】菜单。
- 键：称为菜单键，通常用来打开当前对象的快捷菜单。

在 Windows XP 操作中，经常有两个键组合使用的情况，如按住 Ctrl 键再按 C 键，在本书中简称为按 Ctrl+C 键，其余的组合键依次类推。

(5) 编辑键盘区。

编辑键盘区的键在文本编辑时的作用很大，共有 10 个键。第 1 组共有 6 个，用于完成编辑功能；第 2 组共有 4 个，用于控制插入点光标的移动。

- Insert键：用于插入和改写状态的切换。
- Delete键：删除插入点光标右面的一个字符。
- Home键：将插入点光标移动到当前行的行首。
- End键：将插入点光标移动到当前行的行尾。
- Page Up键：翻到前一屏。
- Page Down键：翻到后一屏。
- ↑键：将插入点光标上移一行。
- ↓键：将插入点光标下移一行。
- ←键：将插入点光标左移一个字符的位置。
- →键：将插入点光标右移一个字符的位置。

(6) 数字键盘区。

数字键盘区将数字键、编辑键和运算符键集中到一起。其中对 Num Lock 键和 Enter 键的功能需要特别说明。

- Num Lock键：用于开关 Num Lock灯，如果灯亮，数字键盘区的键作为数字键，否则作为编辑键。
- Enter键：功能与打字键盘区上的Enter 键相同。

二、键盘指法

为了以最快的速度按键盘上的每个键位，人们对双手的 10 个手指进行了合理的分工，让每个手指负责一部分键位，这称为键盘指法。当输入文字时，遇到字母、数字或标点符号，便用那个负责该键的手指按相应的键位。经过这样合理地分配，再加上有序地练习，当能够“十指如飞”地按各个键位时，就是一个文字录入高手了。

下面介绍 10 个手指的具体分工，也就是键盘指法的具体规定。

(1) 基准键位。

在打字键区的正中央有 8 个键位，即左边的A、S、D、F键和右边的J、K、L、;键，这 8 个键被称做基准键。其中，F、J两个键上都有一个凸起的小棱杠，以便于盲打时手指能通过触觉定位。

当我们开始打字时，左手的小指、无名指、中指和食指应分别虚放在 A、S、D、F键上，右手的食指、中指、无名指和小指分别虚放在 J、K、L、;键上，两个大拇指则虚放在空格键上，如图 3-2 所示。

图3-2 手指的基准键位

基准键是打字时手指所处的基准位置，击打其他任何键，手指都是从这里出发，而且打完后，又须立即退回到基准键上。

(2) 手指的分工。

除了 8 个基准键外，人们对每个手指所负责的主键盘上的其他键位也进行了分工，每个手指负责一部分，如图 3-3 所示。

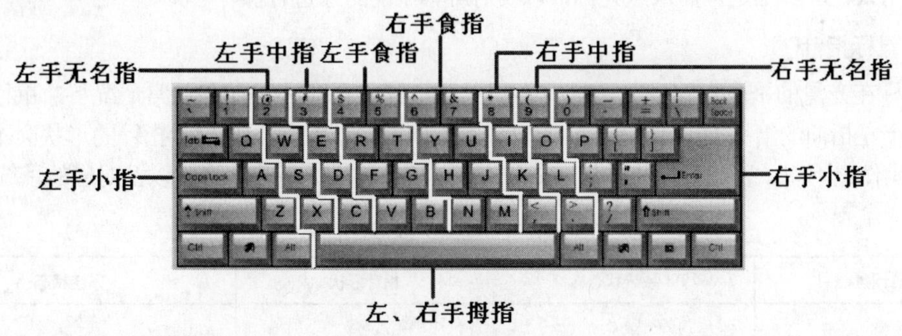

图3-3 每个手指的键位分工

左手各手指的分工如下。

- 小指负责的键：1、Q、A、Z和它们左边的所有键。
- 无名指负责的键：2、W、S、X。
- 中指负责的键：3、E、D、C。
- 食指负责的键：4、R、F、V、5、T、G、B。

右手各手指的分工如下。

- 小指负责的键：0、P、;、/和它们右边的所有键。
- 无名指负责的键：9、O、L、.。
- 中指负责的键：8、I、K、,。
- 食指负责的键：7、U、J、M、6、Y、H、N。

大拇指的分工如下。

- 大拇指专门负责击打空格键。当左手击完字符键需击打空格键时，用右手大拇指，反之则用左手大拇指。

(3) 数字键盘。

财会人员使用计算机录入票据上的数字时，一般都使用数字键盘。这是因为数字键盘的数字和编辑键位比较集中，操作起来非常顺手。而且通过一定的指法练习后，一边用左手翻票据，一边用右手迅速地录入数字，可以大大地提高工作的效率。

使用数字键盘录入数字时，主要由右手的 5 个手指负责（如图 3-4 所示），它们的具体分工如下。

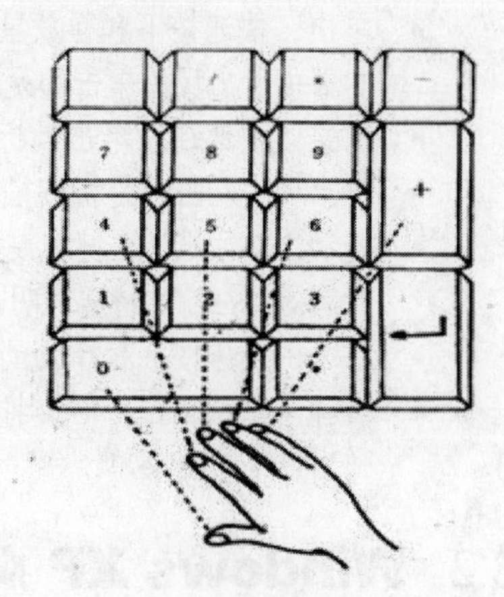

图3-4 数字键盘指法

- 小指负责的键：-、+、Enter。
- 无名指负责的键：*、9、6、3、.。
- 中指负责的键：/、8、5、2。
- 食指负责的键：7、4、1。
- 拇指负责的键：0。

3.1.2 鼠标及其使用方法

在 Windows XP 操作系统中，鼠标是最重要的输入设备之一。鼠标一般有左右两个键，也有 3 个键的鼠标，还有带转轮的鼠标。在 Windows XP 中，三键鼠标中间的那个键通常用不到。

鼠标用来在屏幕上定位插入点光标，以及对屏幕上的对象进行操作。

一、鼠标指针

当鼠标在光滑的平面上移动时，屏幕上的鼠标指针就会随之移动。通常情况下，鼠标指针的形状是一个左指向的箭头 ↖。但在不同的位置和不同的系统状态下，鼠标指针的形状会不相同，对鼠标的操作也不同。表 3-1 列出了 Windows XP 中常见的鼠标指针的形状以及对应的系统状态。

表 3-1　　鼠标指针与对应的系统状态

指针形状	系统状态	指针形状	系统状态
↖	标准选择	↕	垂直调整
↖?	帮助选择	↔	水平调整
↖⌛	后台运行	↘	正对角线调整
⌛	忙	↗	负对角线调整
👆	链接选择	✥	移动
I	选定文本	↑	其他选择
+	精确定位	⊘	不可用
✎	手写		

二、鼠标操作

在 Windows XP 中，鼠标有以下 6 种基本操作。

- 移动：在不按鼠标键的情况下移动鼠标，将鼠标指针指到某一项上。
- 单击：快速按下和释放鼠标左键。单击可用来选择屏幕上的对象。除非特别说明，本书中所出现的单击都是指按鼠标左键。
- 双击：快速连续单击鼠标左键两次。双击可用来打开对象。除非特别说明，本书中所出现的双击都是指按鼠标左键。
- 拖动：按住鼠标左键拖曳鼠标，将鼠标指针移动到新位置。拖动可用来选择、移动、复制对象。除非特别说明，本书中所出现的拖动都是指按住鼠标左键。
- 右击：快速按下和释放鼠标右键。这个操作通常会弹出一个快捷菜单。
- 右拖动：按住鼠标右键拖曳鼠标，将鼠标指针移动到新位置。右拖动操作通常也会弹出一个快捷菜单。

3.2 Windows XP 应用程序的启动与窗口操作

在 Windows XP 中，人们要想通过计算机完成某项任务，需要先启动相应的应用程序。启动了一个应用程序后，通常会打开一个窗口。下面介绍应用程序的启动与窗口操作。

3.2.1　启动应用程序的方法

启动应用程序的常用方法有以下几种。

一、通过快速启动区

在任务栏的快速启动区中，单击某一个图标即可启动相应的程序，这是最便捷的方法。

二、通过快捷方式

快捷方式是 Windows 中某个对象的一个链接，快捷方式的图标与对象图标相似，只是在左下角比对象图标多了一个标志。一个程序如果创建了快捷方式（建立快捷方式的方法请参阅“4.1.7 创建快捷方式”小节），双击快捷方式图标即可启动该程序。

三、通过【开始】菜单

单击开始按钮，弹出【开始】菜单，如果要启动的程序名出现在菜单区，那么选择相应的菜单选项即可，否则需要从【所有程序】组中选择。

四、通过程序文件

在 Windows XP 中，每个文件都有一个类型，类型是由文件的扩展名决定的（参见“4.1.1 文件系统的基本概念”小节）。文件扩展名为“.exe”或“.com”的文件是程序文件，双击程序文件的图标就能启动该程序。

五、通过文档文件

Windows XP 注册了系统所包含的文件类型，每种类型都分配有一个文件图标和打开文件的应用程序，如文本文件的图标是，打开文本文件的应用程序是“记事本”。双击一个注册了类型的文件，在启动与之相关的应用程序的同时就会装载该文件。

六、通过【运行】命令

选择【开始】/【运行】命令，弹出如图 3-5 所示的【运行】对话框。

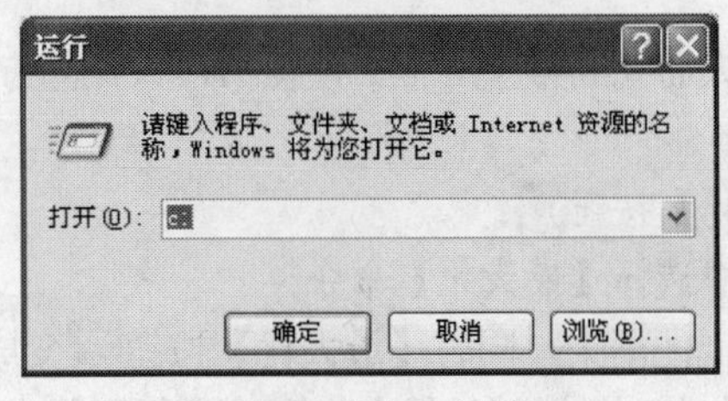

图3-5　【运行】对话框

在【打开】下拉列表中输入或选择程序名，或者单击浏览(B)...按钮，打开一个对话框，从中浏览文件夹，找到所需的程序文件。确定所需要的程序文件后，单击确定按钮，即可运行所选择的程序。

3.2.2　窗口的操作方法

对窗口的基本操作包括打开窗口、移动窗口、改变窗口大小、最大化/复原窗口、最小化/复原窗口、滚动窗口中的内容、排列窗口和关闭窗口等。

一、打开窗口

在 Windows XP 中，启动一个程序或打开一个对象（文件、文件夹或快捷方式等），都会打开一个窗口。

二、移动窗口

如果某窗口没有处在最大化状态，可以移动该窗口。移动窗口的方法如下。

- 用鼠标拖动窗口的标题栏，会出现一个方框随鼠标指针移动，方框的位置就是窗口当前所处的位置，位置合适后松开鼠标左键，窗口就会移动到新位置上。
- 单击窗口标题栏上的控制菜单图标，或在窗口标题栏上单击鼠标右键，或按Alt+空格键，或在任务栏与窗口对应的按钮上单击鼠标右键，都会弹出如图 3-6 所示的【窗口控制】菜单，从中选择【移动】命令，再按↑、↓、←、→键，会出现一个方框随之移动，方框的位置是窗口当前所处的位置，位置合适后按Enter键，窗口就会移动到新位置上。

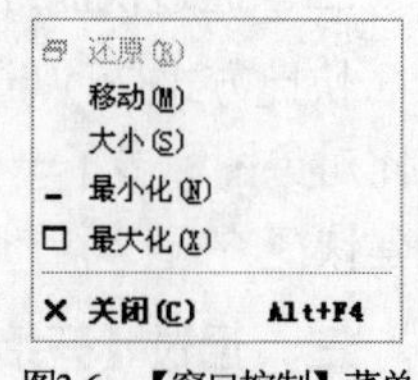

图3-6 【窗口控制】菜单

三、改变窗口大小

如果某窗口没有处在最大化状态，则可改变它的大小。改变窗口大小的方法如下。

- 将鼠标指针移动到窗口的两侧边框上，当鼠标指针变成↔形状时，左右拖动鼠标可以改变窗口的宽度。
- 将鼠标指针移动到窗口的上下边框上，当鼠标指针变成↕形状时，上下拖动鼠标可以改变窗口的高度。
- 将鼠标指针移动到窗口的边角上，当鼠标指针变成↘或↗形状时，沿对角线方向拖动鼠标可以同时改变窗口的高度和宽度。
- 在【窗口控制】菜单中选择【大小】命令后，按↑、↓、←、→键，会出现一个方框随着按键变化，方框的大小就是变化后窗口的大小，按Enter键后，窗口即改变为该方框的大小。

四、最大化/复原窗口

窗口最大化就是将窗口放大而充满整个屏幕。使窗口最大化的方法如下。

- 双击窗口标题栏。
- 单击窗口上的【最大化】按钮。
- 在【窗口控制】菜单中选择【最大化】命令。

窗口最大化后，窗口的边框便消失，同时【最大化】按钮变成【恢复】按钮，此时，窗口既不能移动，也不能改变其大小。如果想使最大化窗口恢复到原来的大小，方法如下。

- 双击窗口标题栏。
- 单击窗口上的【恢复】按钮。
- 在【窗口控制】菜单中选择【恢复】命令。

五、最小化/复原窗口

窗口最小化就是把窗口缩小为任务栏上的一个按钮。窗口最小化的方法如下。

- 单击窗口上的【最小化】按钮。
- 在【窗口控制】菜单中选择【最小化】命令。

如果想使最小化窗口恢复到原来的大小，方法如下。

- 单击任务栏上对应的按钮。
- 在任务栏对应的按钮上单击鼠标右键，在弹出的【窗口控制】菜单中选择【恢复】命令。

六、滚动窗口中的内容

当窗口容纳不下所要显示的内容时，窗口的右边和下边会各自出现一个滚动条。对滚动条可进行以下操作。

- 拖动滚动条中间的滚动块，窗口中的内容水平或垂直滚动。
- 单击滚动条两端的按钮，窗口中的内容水平滚动一小步或垂直滚动一行。
- 单击滚动块两边的空白处，窗口内容水平滚动一大步或垂直滚动一屏。

七、排列窗口

在桌面上打开了多个窗口时，系统可以将窗口自动排列。在任务栏的空白处单击鼠标右键，弹出如图 3-7 所示的快捷菜单，从中可以进行以下选择。

- 选择【层叠窗口】命令，窗口将按顺序依次排放在桌面上，每个窗口的标题栏和左边缘都露出来。
- 选择【横向平铺窗口】命令，窗口按水平方向逐个铺开。
- 选择【纵向平铺窗口】命令，窗口按垂直方向逐个铺开。

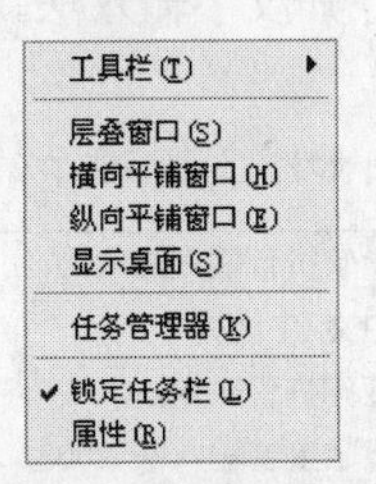

图3-7　任务栏快捷菜单

图 3-8 所示为层叠、横向平铺和纵向平铺窗口示意图。

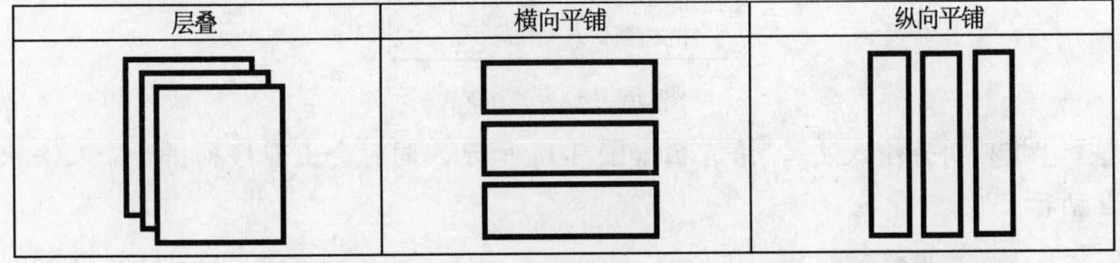

图3-8　层叠、横向平铺和纵向平铺窗口示意图

如果想取消窗口的层叠或平铺排列状态，在任务栏的空白处单击鼠标右键，从弹出的快捷菜单中选择【撤消层叠】或【撤消平铺】命令即可。

八、关闭窗口

关闭窗口的方法如下。

- 单击窗口右上角的【关闭】按钮☒。
- 选择【文件】/【退出】命令。
- 按 Alt+F4 键。
- 双击窗口标题栏左端的控制菜单图标。
- 打开【窗口控制】菜单，从中选择【关闭】命令。

如果要关闭的窗口是一个应用程序窗口，并且该应用程序修改过的文件没有保存，系统会弹出一个对话框，询问是否保存文件，用户可根据需要决定是否保存文件。

3.3 Windows XP 汉字输入法的使用

汉字输入是使用 Windows XP 的基本操作，Windows XP 中文版提供有多种中文输入方法，其中随 Microsoft Office 2007 安装的微软拼音输入法 2007，在整句输入方面很有特色，是用户常用的汉字输入法之一。另外，搜狗拼音输入法是一款快速便捷的汉字输入法，深受广大用户的喜爱。本节主要介绍这两种输入法的使用方法。

3.3.1 中文输入法的选择

Windows XP 启动后，在桌面的右下角有一个语言栏，语言栏指示当前选择的输入方法。Windows XP 默认的输入法是"英语（美国）"，如图 3-9 所示。

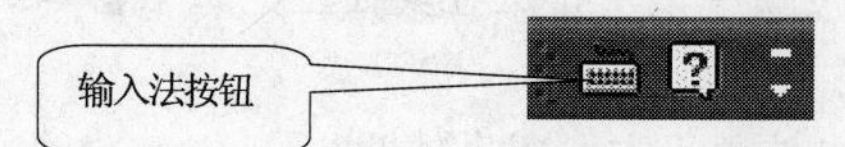

图3-9 语言栏（英文输入法）

输入汉字前应先打开汉字输入法，打开汉字输入法（以"搜狗拼音输入法"为例）的操作步骤如下。

1. 单击语言栏上的输入法按钮，弹出如图 3-10 所示的输入法选择菜单。

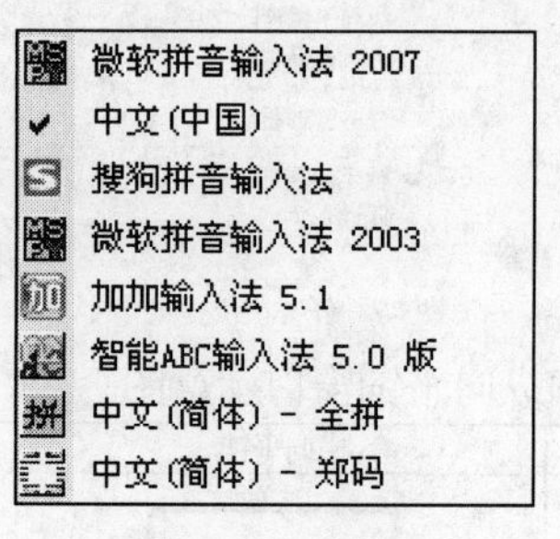

图3-10 输入法选择菜单

2. 从中选择"搜狗拼音输入法"，语言栏如图 3-11 所示，同时会出现搜狗拼音输入法状态条，如图 3-12 所示。

图3-11 语言栏（搜狗拼音输入法）

图3-12 搜狗拼音输入法状态条

除此之外，还有以下选择中文输入法的方法。

- 按 Ctrl+Shift 键，按照输入法选择菜单（如图 3-11 所示）的顺序，切换到下一种输入法。
- 按 Ctrl+空格键，关闭或打开先前选择的中文输入法。

需要说明的是：所选择的输入法是针对当前窗口的，而不是针对所有的窗口，所以经常会遇到这种情况，即在一个窗口选择一种输入法后，当切换到另外一个窗口时，输入法却变了。

3.3.2 微软拼音输入法的使用方法

本小节介绍微软拼音输入法状态条的功能以及微软拼音输入法的输入规则。

一、输入法状态条

切换到微软拼音输入法后，会出现图 3-13 所示的输入法状态条。状态条中各按钮的含义如下。

图3-13 微软拼音输入法状态栏

- 按钮：微软拼音输入法图标，单击该按钮可选择其他的输入法。
- 按钮：微软拼音输入法 2007 版，单击该按钮可选择其他版本。
- 中按钮：中/英文输入法切换按钮，默认为中文输入法，单击该按钮后则切换为英按钮，表示英文输入法。按Shift键与单击该按钮的作用相同。
- 按钮：表示当前是中文标点输入状态。单击该按钮，会变成按钮，表示当前是英文标点输入状态。
- 按钮：开启/关闭输入板按钮，默认状态是关闭输入板，单击该按钮可打开输入板，可用来手写输入。
- 按钮：单击该按钮可打开功能选择菜单。

二、输入规则

微软拼音输入法是基于句子的智能型汉字拼音输入法，微软拼音输入法的默认转换方式是整句转换方式。在整句转换方式下，只需要连续地键入句子的拼音（可以只输入声母，也可以输入全部拼音），微软拼音输入法就会根据用户所键入的上下文智能地将拼音转换成相应的句子。用户所键入的句子拼音越完整，转换的准确率就越高。

另外，在拼音输入过程中会看到在识别的汉字下方有一条虚线，用于表示汉字的输入过程仍在进行中，在此状态下可以根据需要进行修改。用户确认整个句子没有错误后，按Enter键确认，虚线就会消失。

例如，要输入“微软拼音输入法是基于句子的智能型汉字拼音输入法”，则可按照图 3-14 所示的过程直接输入。

图3-14 微软拼音输入整句

全句的拼音输入结束后，若发现虚线框中的汉字不符合要求，那么按空格键后，按方向键←、→移动到需要修改的位置，会出现类似图 3-15 所示的提示条，然后选择正确的文字或词组。在选择文字或词组时，如果所需要的文字或词组没有出现在提示条中，可以按-或=键前后翻页，按PageDown或PageUp键也可以前后翻页，然后继续寻找即可。

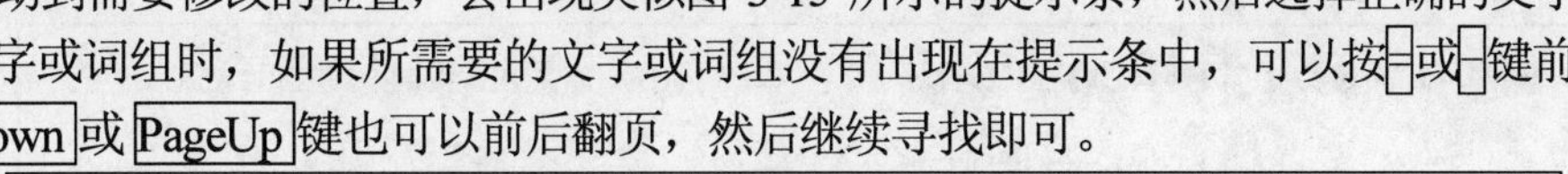

微软拼音输入法是基于巨资的智能型汉字拼音输入法

1 巨资 2 句子 3 巨子 4 橘子 5 锯子 6 局子

图3-15 修改不符合要求的文字

3.3.3 搜狗拼音输入法的使用方法

搜狗拼音输入法不是内置的汉字输入法，需要下载安装后才能使用，下载的网站是"http://pinyin.sogou.com/"。下载后，双击下载的文件图标即可安装，安装也比较方便，只要一直按照默认设置安装即可。

一、输入法状态条

切换到搜狗拼音输入法后，会出现搜狗拼音输入法状态条（参见图 3-12）。状态条中各按钮的含义如下。

- 中按钮：中/英文输入法切换按钮，默认为中文输入法，单击该按钮则切换成英按钮。表示英文输入法。按Shift键与单击该按钮的作用相同。
- 按钮：表示当前是半角字符输入状态。单击该按钮，会变成●按钮，表示当前是全角字符输入状态。
- °,按钮：表示当前是中文标点输入状态。单击该按钮，会变成·,按钮，表示当前是英文标点输入状态。
- 按钮：开启/关闭软键盘按钮，默认状态是关闭软键盘。单击该按钮可打开软键盘，即弹出一个键盘窗口，可通过单击其中的按键来代替键盘输入。
- 按钮：单击该按钮可打开功能选择菜单。

二、输入规则

搜狗拼音输入法也是基于句子的智能型汉字拼音输入法，搜狗拼音输入法的默认转换方式是整句转换方式。在整句转换方式下，只需要连续地键入句子的拼音（可以只输入声母，也可以输入全部拼音），搜狗拼音输入法就会根据用户所键入的上下文智能地将拼音转换成相应的句子。用户所键入的句子拼音越完整，转换的准确率就越高。

在拼音输入过程中，搜狗拼音输入法会把识别的句子和候选文字或词组显示在输入条中，例如输入"ggxx"，输入条则如图 3-16 所示。

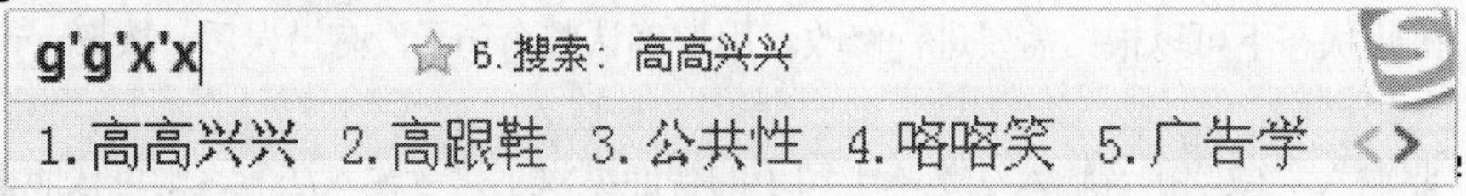

g'g'x'x　　6. 搜索：高高兴兴
1. 高高兴兴　2. 高跟鞋　3. 公共性　4. 咯咯笑　5. 广告学

图3-16　搜狗拼音输入条

全句的拼音输入结束后，若发现输入条中的汉字不符合要求，则可按方向键←、→移动到需要修改的位置，然后选择所需要的文字或词组。例如，要输入"搜狗拼音输入法是智能输入法"，输入法没有准确识别，按方向键←到没有正确识别的拼音处，提示条如图 3-17 所示，这时可以从提示条中选择所需要的文字或词组。在选择文字或词组时，如果所需要的文字或词组没出现在提示条中，可以按-或=键前后翻页，按 PageDown 或 PageUp 键也可以前后翻页，然后继续寻找即可。

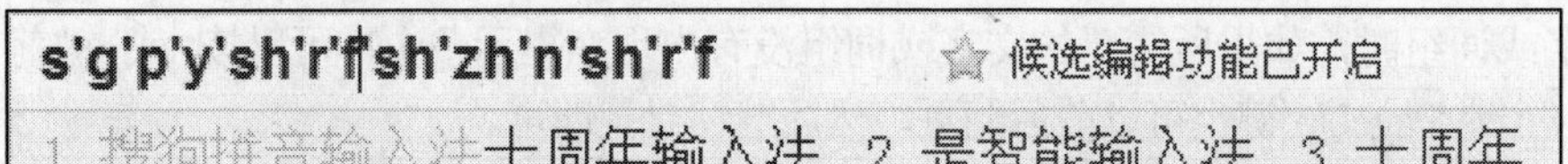

s'g'p'y'sh'r'f|sh'zh'n'sh'r'f　　候选编辑功能已开启
1. 搜狗拼音输入法十周年输入法　2. 是智能输入法　3. 十周年

图3-17　修改不符合要求的文字

3.4 习题

1. 键盘上的 Caps Lock 键、Enter 键、Backspace 键和 Shift 键各有什么作用？
2. Windows XP 的鼠标指针都有哪些形状？各代表系统的什么状态？
3. 在 Windows XP 中，鼠标有哪些基本操作？
4. 启动应用程序有哪些常用的方法？
5. 退出一个运行的程序有哪些常用的方法？
6. 打开窗口、最大化/复原窗口、最小化/复原窗口、改变窗口大小、滚动窗口中的内容、移动窗口、排列窗口和关闭窗口各有哪些常用的方法？
7. 窗口最大化或最小化后，各有什么特点？
8. 窗口最小化与窗口关闭有什么区别？
9. 层叠窗口、横向平铺窗口、纵向平铺窗口有什么区别？
10. 如何选择微软拼音输入法？如何使用微软拼音输入法输入汉字？
11. 如何选择搜狗拼音输入法？如何使用搜狗拼音输入法输入汉字？

中文 Windows XP 常用操作

本讲主要介绍 Windows XP 的基本操作，包括 Windows XP 的文件管理和 Windows XP 的系统设置。本讲课时为 3 小时。

学习目标

- ◆ 熟练掌握Windows XP的文件管理方法。
- ◆ 掌握Windows XP的系统设置方法。

4.1 Windows XP 的文件管理

Windows XP 中的程序、数据等都存放在文件中，文件被组织在文件夹中。对文件、文件夹的操作是 Windows XP 中的基本操作，通常在【我的电脑】窗口或【资源管理器】窗口中对文件进行管理操作，包括查看、选定、打开、创建、重命名、复制、移动、删除、恢复删除和搜索等。

4.1.1 文件系统的基本概念

在 Windows XP 中，文件是一组相关信息的集合，它们存放在计算机的外存储器上，每个文件都有一个名字，文件被组织在文件夹中，文件的这种管理方式称为文件系统。

一、软盘、硬盘和光盘的编号

"A:"和"B:"是软盘驱动器的编号。计算机最主要的外存储器是硬盘，计算机上至少有一个硬盘。一个硬盘通常分为几个区，Windows XP 给每个分区都编了一个号，依次是"C:"、"D:"等。如果系统有多个硬盘，其他硬盘分区的编号则紧接着前一个硬盘最后一个分区的编号。通常情况下光盘的编号紧接着最后一个硬盘的编号。如果系统插入有 U 盘和移动硬盘，通常情况下它们的编号紧接着光盘的编号。

二、文件与文件夹

Windows XP 把文件组织到文件夹中，文件夹中除了存放文件外，还能再存放文件夹，称为子文件夹。Windows XP 中的文件、文件夹的组织结构是树型结构，即每个盘（磁盘、光盘或U 盘）都有且仅有一个根文件夹，根文件夹下可以有文件或文件夹，而每个文件夹中还可再有文件和文件夹，每个文件只能属于一个文件夹，每个文件夹（除根文件夹外）只能属于一个上一层文件夹（称为父文件夹）。

三、文件和文件夹的命名规则

在 Windows XP 中，文件和文件夹都有自己的名字，Windows XP 是根据它们的名字来存取的。文件和文件夹的命名规则如下。

- 文件、文件夹名不能超过255个字符，1个汉字相当于2个字符。
- 文件、文件夹名中不能出现下列字符：斜线（/）、反斜线（\）、竖线（|）、小于号（<）、大于号（>）、冒号（:）、引号(”、’)、问号(？)和星号（*）。
- 文件、文件夹名不区分大小写字母。
- 文件、文件夹名最后一个句点（.）后面的字符（通常为3个）为扩展名，用来表示文件的类型。文件夹通常没有扩展名，但有扩展名也不会出错。
- 同一个文件夹中，文件与文件不能同名，文件夹与文件夹不能同名，文件与文件夹不能同名。所谓同名是指主名与扩展名都完全相同。

四、文件类型及其图标

文件的扩展名用于帮助用户辨认文件的类型。Windows XP 注册了系统所能识别的文件类型，在窗口中显示文件列表时，会用不同的图标表示。没有注册的文件类型，显示文件列表时用图标表示。通常情况下，文件夹的图标是。

表4-1中列出了常见的Windows XP注册的文件扩展名、对应的图标及其所代表的类型。

表4-1　　图标、扩展名、类型对照表

图标	扩展名	类型	图标	扩展名	类型
	txt	文本文件		com	DOS 命令文件
	doc	Word 2003 文档文件		exe	DOS 应用程序
	xls	Excel 2003 文档文件		bat	DOS 批处理程序文件
	ppt	PowerPoint 2003 文档文件		sys	DOS 系统配置文件
	htm	网页文档文件		ini	系统配置文件
	bmp	位图图像文件		drv	驱动程序文件
	jpg	一种常用的图像文件		dll	动态连接库
	gif	一种常用的图像文件		hlp	帮助文件
	pcx	一种常用的图像文件		fon	字体文件
	wav	声音波形文件		ttf	TrueType 字体文件
	mid	乐器数字化接口文件		avi	声音影像文件

4.1.2 【我的电脑】窗口和【资源管理器】窗口

文件管理操作既可在【我的电脑】窗口中进行，也可在【资源管理器】窗口中进行。由于【资源管理器】窗口不仅能查看文件夹中的文件，还能查看文件系统的结构，因而可以非常方便地管理文件和文件夹。

一、【我的电脑】窗口

选择【开始】/【我的电脑】命令，即可打开【我的电脑】窗口，如图 4-1 所示。窗口的工作区中包含有软盘、硬盘和光盘等图标。

在【我的电脑】窗口中双击某个图标，会打开该对象，在窗口中会显示其中的内容。如双击硬盘或光盘图标，在窗口中就会显示该对象所包含的文件夹和文件。

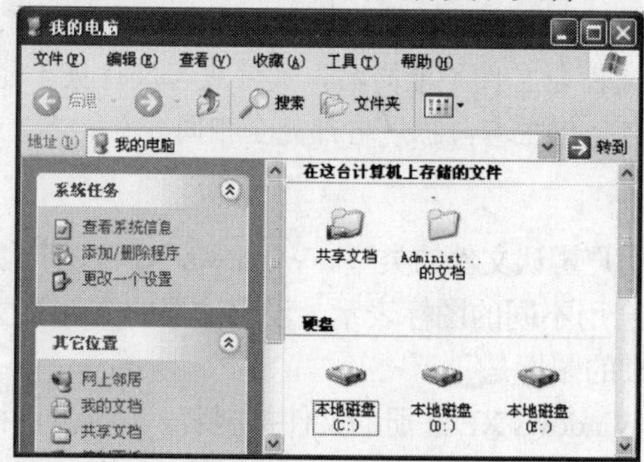

图4-1 【我的电脑】窗口

二、【资源管理器】窗口

打开【资源管理器】窗口的方法有以下几种。

- 选择【开始】/【所有程序】/【附件】/【Windows 资源管理器】命令。
- 在 开始 按钮上单击鼠标右键，在弹出的快捷菜单中选择【资源管理器】命令。
- 在已打开窗口（如【我的电脑】窗口）中的驱动器或文件夹上单击鼠标右键，在弹出的快捷菜单中选择【资源管理器】命令。

启动资源管理器后，会出现图 4-2 所示的【资源管理器】窗口。【资源管理器】窗口与其他窗口类似，不同的是资源管理器的工作区包含两个窗格。

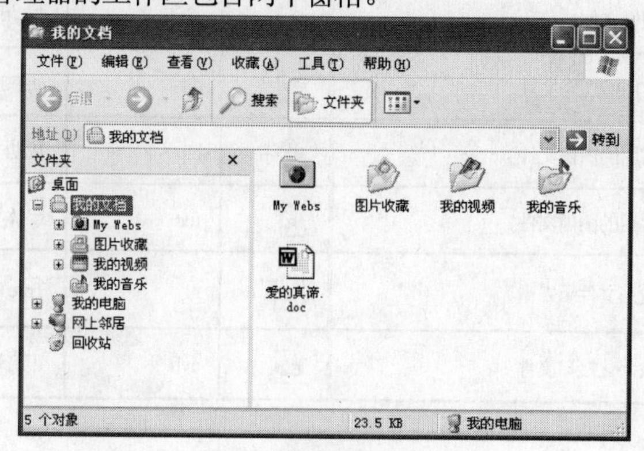

图4-2 【资源管理器】窗口

- 左窗格显示一个树型结构图，表示计算机资源的组织结构，最顶层是“桌面”图标，计算机的大部分资源都组织在该图标下。
- 右窗格显示左窗格中选定的对象所包含的内容。

在【资源管理器】左窗格中，如果一个文件夹包含下一层子文件夹，则该文件夹的左边有一个方框，方框内有一个加号“+”或减号“-”。“+”表示该文件夹没有展开，看不到下一级子文件夹；“-”表示该文件夹已被展开，可以看到下一级子文件夹。

文件夹的展开与折叠有以下一些操作。

- 单击文件夹左侧的“+”号，展开该文件夹，并且“+”号变成“-”号。
- 单击文件夹左侧的“-”号，折叠该文件夹，并且“-”号变成“+”号。
- 双击文件夹，展开或折叠该文件夹。

4.1.3 查看文件/文件夹

在【我的电脑】窗口或【资源管理器】窗口中，可以改变文件/文件夹的查看方式，查看时还可以对文件/文件夹进行排序。

一、改变查看方式

在【我的电脑】窗口和【资源管理器】右窗格中，文件/文件夹有 5 种查看方式：缩略图、平铺、图标、列表和详细资料。改变文件/文件夹查看方式的方法如下。

- 单击按钮换成下一种查看方式。
- 单击按钮旁边的按钮，可在打开的列表中选择查看方式。
- 在【查看】菜单中选择所需要的查看方式。
- 在右窗格中单击鼠标右键，从弹出的快捷菜单的【查看】菜单中选择所需要的查看方式。

图 4-2 所示是图标显示方式，图 4-3 所示是列表显示方式。

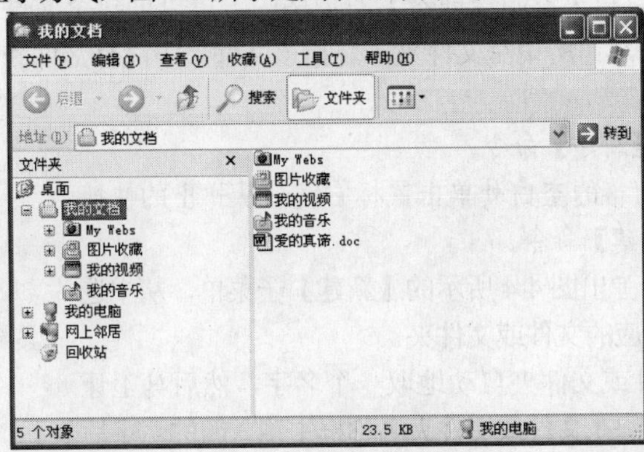

图4-3 列表显示方式

二、文件/文件夹排序

在【我的电脑】窗口和【资源管理器】右窗格中，文件/文件夹有 4 种排序方式：按名称、按类型、按大小和按日期。

选择【查看】/【排列图标】命令，在弹出的子菜单中选择一个命令，文件/文件夹就会按照相应的方式排序。

4.1.4 选定文件/文件夹

在对文件/文件夹进行操作之前，首先需选定要操作的文件/文件夹。在【我的电脑】窗口和【资源管理器】右窗格中，选定文件/文件夹的方法如下。

- 选定单个文件/文件夹：单击要选择的文件/文件夹图标。
- 选定连续的多个文件/文件夹：先选定第1项，再按住Shift键，单击最后一项。
- 选定不连续的多个文件/文件夹：按住Ctrl键，逐个单击要选择的文件/文件夹图标。
- 选定全部文件/文件夹：选择【编辑】/【全部选定】命令或按Ctrl+A键。

4.1.5 打开文件/文件夹

在【我的电脑】窗口和【资源管理器】右窗格中，打开文件/文件夹的方法如下。

- 双击文件/文件夹名或图标。
- 选定文件/文件夹后，按回车键。
- 选定文件/文件夹后，选择【文件】/【打开】命令。
- 在文件/文件夹名或图标上单击鼠标右键，在弹出的快捷菜单中选择【打开】命令。

打开的对象不同，系统完成的操作也不一样，说明如下。

- 打开一个文件夹，则在工作区或右窗格中显示该文件夹中的文件和子文件夹。
- 打开一个程序文件，系统则启动该程序。
- 打开一个文档文件，系统则启动相应的应用程序，并自动装载该文档文件。
- 打开一个快捷方式，则相当于打开该快捷方式所指的对象。

4.1.6 创建文件/文件夹

在【我的电脑】窗口和【资源管理器】右窗格中，可以创建空文件或空文件夹。所谓空文件，是指该文件中没有内容；所谓空文件夹，是指该文件夹中没有文件和子文件夹。创建文件/文件夹的方法如下。

- 选择【文件】/【新建】命令。
- 在工作区或右窗格的空白处单击鼠标右键，从弹出的快捷菜单中选择【新建】命令。

以上任何操作，都会弹出图4-4所示的【新建】子菜单，从中选择一个命令，即可建立相应的文件或文件夹。

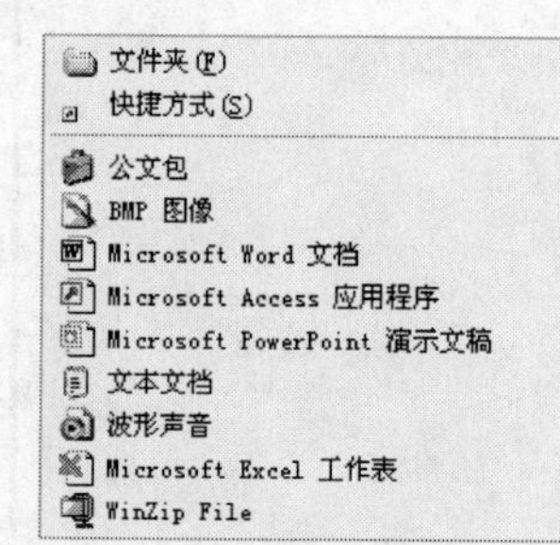

图4-4 【新建】子菜单

系统会为新建的文件或文件夹自动地取一个名字，然后马上让用户更改名字，这时，用户在文件或文件夹名称框中输入新的名字后按回车键，即可为此文件或文件夹改名。

4.1.7 创建快捷方式

快捷方式是系统对象（文件、文件夹、磁盘驱动器）的一个链接。快捷方式有以下几个特点。

- 快捷方式的图标与其所链接对象的图标相似，只是在左下角多了一个↗标志。

- 原对象的位置和名称发生变化后，快捷方式能自动跟踪所发生的变化。
- 删除快捷方式后，所链接的对象不会被删除。
- 删除链接的对象后，快捷方式不会随之删除，但已经无实际意义了。

在【我的电脑】窗口和【资源管理器】右窗格中，创建快捷方式的常用方法有两种：通过菜单命令创建和通过拖动对象创建。

一、通过菜单命令创建

如同创建文件/文件夹一样，在图 4-4 所示的【新建】子菜单中选择【快捷方式】命令，即可弹出图 4-5 所示的【创建快捷方式】对话框。

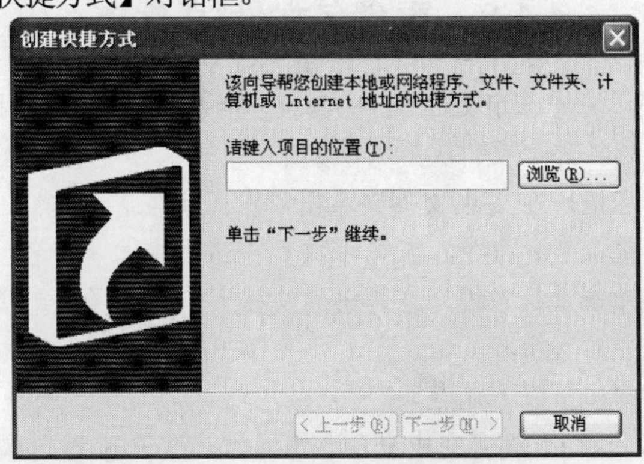

图4-5 【创建快捷方式】对话框

在【请键入项目的位置】文本框中输入要链接对象的位置和文件名，或者单击 浏览(R)... 按钮，在弹出的对话框中选择所需要的对象，然后单击 下一步(N) > 按钮，【创建快捷方式】对话框就会变成【选择程序标题】对话框，如图 4-6 所示（以“爱的真谛.doc”文件为例）。

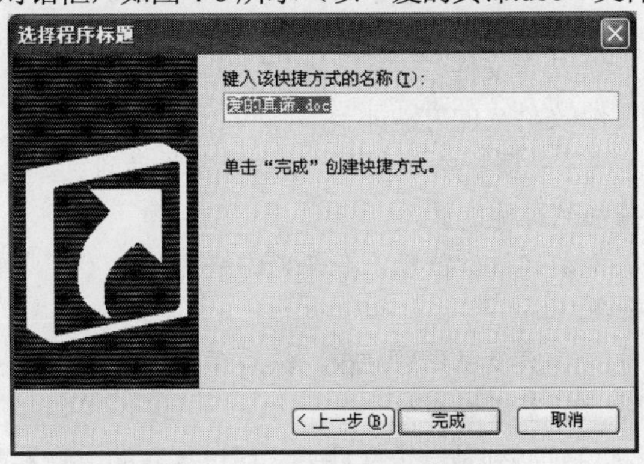

图4-6 【选择程序标题】对话框

在【选择程序标题】对话框中，如果有必要，可以在【键入该快捷方式的名称】文本框中修改快捷方式的名称，然后单击 完成 按钮，即可在当前位置创建所选对象的快捷方式。

二、通过拖动对象创建

通过拖动对象建立快捷方式的方法如下。

- 按住鼠标右键把链接的对象拖到目标位置（可以在本窗口外，如桌面），弹出如图 4-7 所示的快捷菜单，从中选择【在当前位置创建快捷方式】命令，即可在目标位置创建该对象的快捷方式。

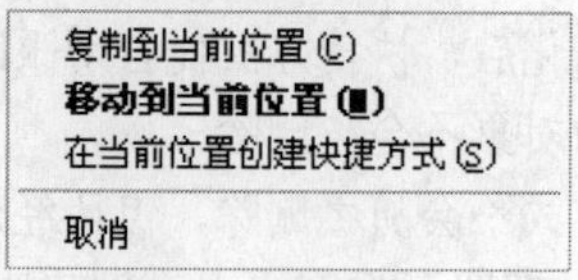

复制到当前位置(C)
移动到当前位置(M)
在当前位置创建快捷方式(S)
取消

图4-7 快捷菜单

- 把程序文件直接拖到目标位置（可以在本窗口外，如桌面），即可在目标位置创建该程序文件的快捷方式。

用以上方法创建的快捷方式，快捷方式名称为原对象名前面加上“快捷方式”字样。

4.1.8 重命名文件/文件夹

要重命名文件/文件夹，应先选定文件/文件夹。在【我的电脑】窗口和【资源管理器】右窗格中选定文件/文件夹后，重命名文件/文件夹的方法如下。

- 单击文件/文件夹名框，在文件/文件夹名框中输入新名。
- 选择【文件】/【重命名】命令，在文件/文件夹名框中输入新名。
- 在文件/文件夹上单击鼠标右键，在弹出的快捷菜单中选择【重命名】命令，然后在文件/文件夹名框中输入新名。

重命名文件/文件夹时应注意以下几点。

- 在重命名过程中，按回车键可完成重命名的操作，按Esc键则取消重命名操作。
- 文件/文件夹的新名不能与同一文件夹中的其他文件/文件夹名相同。
- 如果更改文件的扩展名，系统会给出提示。

4.1.9 复制文件/文件夹

要复制文件/文件夹，应先选定文件/文件夹。在【我的电脑】窗口和【资源管理器】右窗格中选定文件/文件夹后，复制文件/文件夹的方法如下。

- 若目标位置和原位置不是同一磁盘分区，直接将其拖动到目标位置即可。
- 按住Ctrl键将其拖动到目标位置。
- 按住鼠标右键将其拖动到目标位置，在弹出的快捷菜单（参见图4-7）中选择【复制到当前位置】命令。
- 先把要复制的文件/文件夹复制到剪贴板，然后在目标位置从剪贴板粘贴。有关剪贴板的操作，可参阅“2.2.3 剪贴板”小节。

复制文件/文件夹的目标位置必须是一个文件夹，通过【我的电脑】窗口、【资源管理器】右窗格或【资源管理器】左窗格都可以指定一个文件夹。复制文件夹时，会连同文件夹中的所有内容一同复制。

4.1.10 移动文件/文件夹

要移动文件/文件夹，应先选定文件/文件夹。在【我的电脑】窗口和【资源管理器】右窗格中选定文件/文件夹后，移动文件/文件夹的方法如下。

- 若目标位置和原位置是同一磁盘分区，直接将其拖动到目标位置即可。
- 按住Shift键将其拖动到目标位置。

- 按住鼠标右键将其拖动到目标位置，在弹出的快捷菜单（参见图 4-7）中选择【移动到当前位置】命令。
- 先把要移动的文件/文件夹剪切到剪贴板，然后在目标位置从剪贴板粘贴。

移动文件/文件夹的目标位置可以是【我的电脑】窗口、【资源管理器】右窗格、【资源管理器】左窗格，还可以是【我的电脑】窗口和【资源管理器】窗口以外的窗口。移动文件夹时，会连同文件夹中的所有内容一同移动。

4.1.11 删除文件/文件夹

删除文件/文件夹有两种方式：临时删除和彻底删除。

一、临时删除

要临时删除文件/文件夹，应先选定文件/文件夹。在【我的电脑】窗口和【资源管理器】右窗格中选定文件/文件夹后，临时删除文件/文件夹的方法如下。

- 单击 ✕ 按钮。
- 按 Delete 键。
- 选择【文件】/【删除】命令。
- 直接将其拖动到【回收站】中。
- 单击鼠标右键，在弹出的快捷菜单中选择【删除】命令。

使用以上任何一种方法，系统都会弹出如图 4-8 所示的【确认文件删除】对话框（以删除“爱的真谛.doc”文件为例）。如果确实要删除，则可单击 是(Y) 按钮，否则单击 否(N) 按钮。

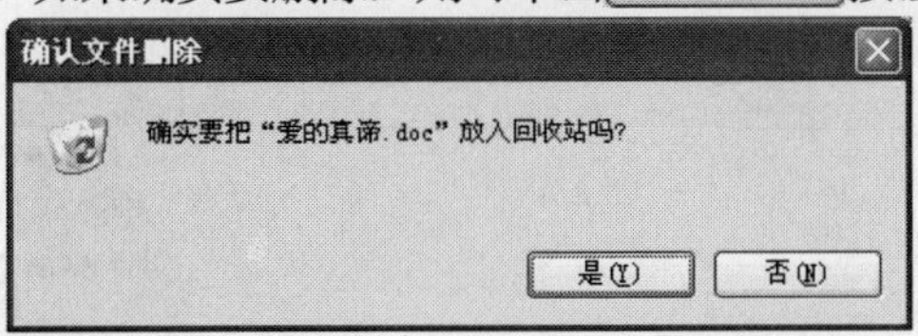

图4-8 【确认文件删除】对话框

临时删除只是将文件/文件夹移动到【回收站】中，并没有从磁盘上清除。如果还需要它们，则可从【回收站】中恢复。

二、彻底删除

彻底删除文件/文件夹的方法如下。

- 先临时删除，再打开【回收站】，从中删除相应的文件/文件夹。
- 选定要删除的文件/文件夹，然后按 Shift+Delete 键。

使用以上任何一种方法，都会弹出如图 4-9 所示的【确认文件删除】对话框（以删除“爱的真谛.doc”文件为例）。如果确实要删除，则可单击 是(Y) 按钮，否则单击 否(N) 按钮。

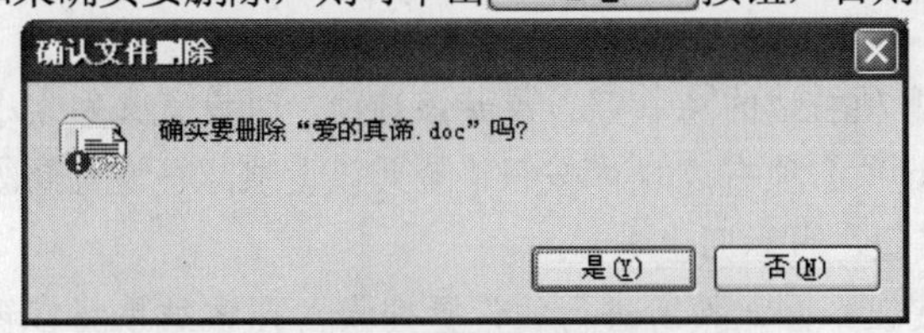

图4-9 【确认文件删除】对话框

与临时删除不同，彻底删除是将文件从磁盘上清除，不能再恢复，因此应特别小心。

4.1.12 恢复临时删除的文件/文件夹

对临时删除的文件/文件夹还可以恢复，恢复文件/文件夹通常有以下两种方法。

- 在【我的电脑】窗口或【资源管理器】窗口中，如果刚进行完删除操作，则可单击按钮或选择【编辑】/【撤消】命令，撤消删除操作，恢复原来的文件。
- 打开【回收站】，从中选定要恢复的文件，然后选择【文件】/【还原】命令即可。

4.1.13 搜索文件/文件夹

如果只知道文件/文件夹名，要想确定它在哪个文件夹中，则可使用【搜索】命令。执行【搜索】命令的方法如下。

- 在资源管理器中，单击搜索按钮。
- 在任务栏上，选择【开始】/【搜索】命令。
- 在桌面上右击【我的电脑】图标，在弹出的快捷菜单中选择【搜索】命令。

使用以上任何一种方法，【资源管理器】窗口或新打开的【搜索结果】窗口的左窗格（称为【搜索助理】任务窗格）如图 4-10 所示，从中选择【所有文件和文件夹】命令，此时的任务窗格如图 4-11 所示。

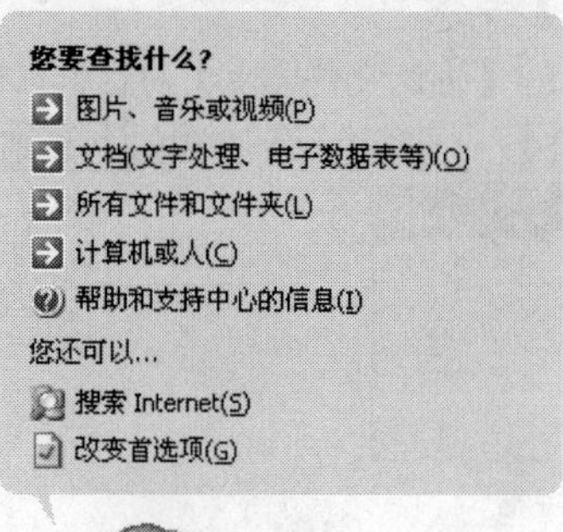

图4-10 【搜索助理】任务窗格

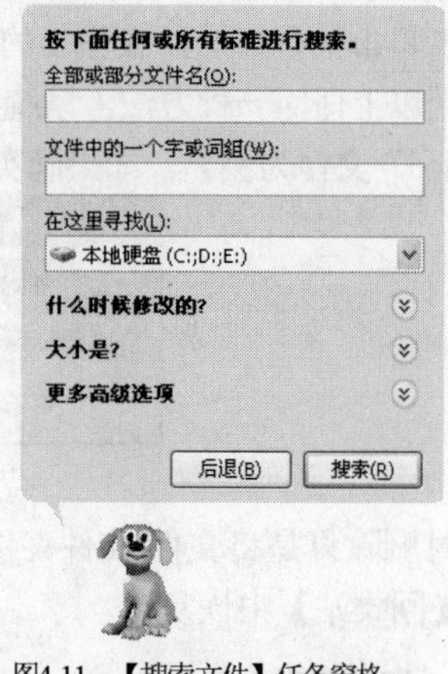

图4-11 【搜索文件】任务窗格

在【搜索文件】任务窗格中可以进行以下操作。

- 在【全部或部分文件名】文本框中，输入所要搜索文件的全部或部分文件名。
- 在【文件中的一个字或词组】文本框中，输入所要搜索文件中包含的字或词组。
- 在【在这里寻找】下拉列表中，选择要搜索的磁盘。
- 单击【什么时候修改的？】项右边的按钮，展开该选项，可设置文件最后修改时间的限制条件。
- 单击【大小是？】项右边的按钮，展开该选项，可设置文件大小的限制条件。
- 单击【更多高级选项】项右边的按钮，展开该选项，可设置高级搜索条件。
- 单击后退(B)按钮，可返回上一步。
- 单击搜索(R)按钮，开始按所进行的设置搜索，搜索结果将在窗口的工作区中显示。

4.2 Windows XP 的系统设置

常用的 Windows XP 的系统设置有设置日期时间、设置键盘、设置鼠标、设置显示和设置打印机等。

4.2.1 控制面板

Windows XP 的控制面板是对 Windows XP 进行设置的工具集，使用该工具集中的工具能够对系统进行各种设置。选择【开始】/【设置】/【控制面板】命令，或在【我的电脑】窗口中双击【控制面板】图标，即可打开如图 4-12 所示的【控制面板】窗口。

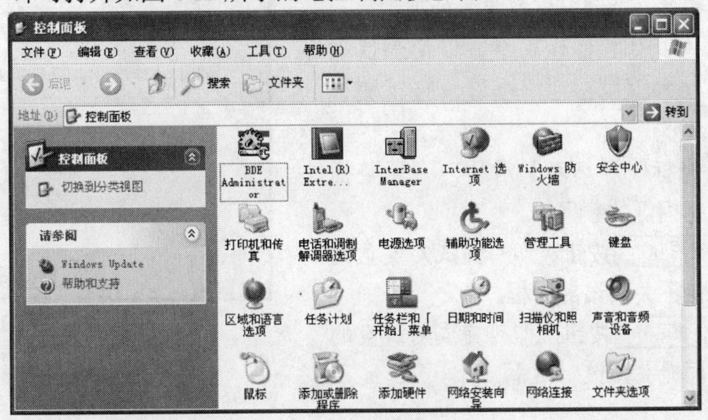

图4-12 【控制面板】窗口

在【控制面板】窗口中，双击某个图标即可启动该设置程序，系统会打开一个窗口或对话框，从中可以对系统进行相应的设置。

4.2.2 设置日期和时间

双击【控制面板】窗口中的【日期和时间】图标，或双击任务栏状态区中的数字时钟，将弹出如图 4-13 所示的【日期和时间 属性】对话框，进入【时间和日期】选项卡，从中可进行以下操作。

- 在【月份】下拉列表中，选择所要设置的月份。
- 在【年份】数值框中，输入或调整所要设置的年份。
- 在【日期】列表框中，单击所要设置的日期。
- 将插入点光标定位到【时间】数值框中的时、分、秒域上，然后输入或调整相应的值。
- 单击 应用(A) 按钮，即可完成对日期和时间的设置，但不关闭该对话框。
- 单击 确定 按钮，即可完成对日期和时间的设置，同时关闭该对话框。

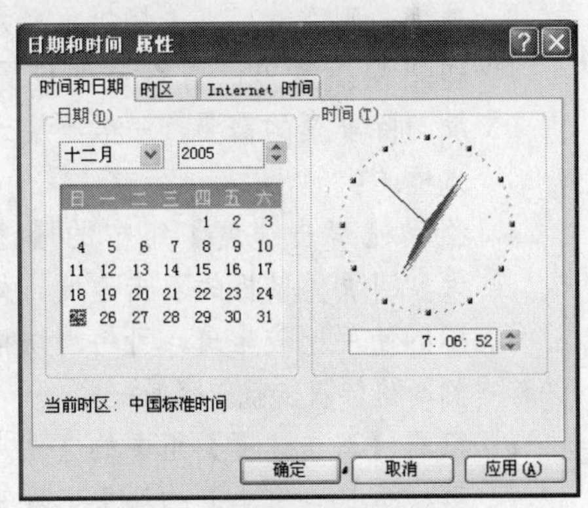

图4-13 【日期和时间属性】对话框

4.2.3 设置键盘

如果对键盘的反应速度或插入点光标的闪烁频率不满意，可对其重新设置。双击【控制面板】窗口中的【键盘】图标，弹出如图 4-14 所示的【键盘 属性】对话框，进入【速度】选项卡，从中可进行以下操作。

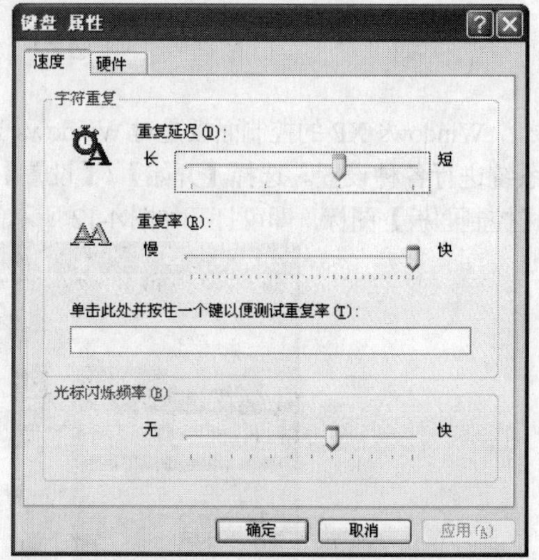

图4-14 【速度】选项卡

- 拖动【重复延迟】滑块，可调整重复延迟，即指在按住一个键后，字符重复出现的延迟时间。
- 拖动【重复率】滑块，可调整重复速度，即按住一个键时字符重复的速度。
- 在【单击此处并按住一个键以便测试重复率】文本框中按住一个键，可以测试重复率。
- 拖动【光标闪烁频率】滑块，可调整插入点光标闪烁的频率。
- 单击 应用(A) 按钮，即可完成对键盘的设置，但不关闭该对话框。
- 单击 确定 按钮，即可完成对键盘的设置，同时关闭该对话框。

4.2.4 设置鼠标

如果对鼠标的设置不满意，则可重新设置。双击【控制面板】窗口中的【鼠标】图标，弹出【鼠标 属性】对话框，从中可对鼠标进行以下设置。

一、设置鼠标键

在【鼠标 属性】对话框中，进入【鼠标键】选项卡，从中可进行以下操作。

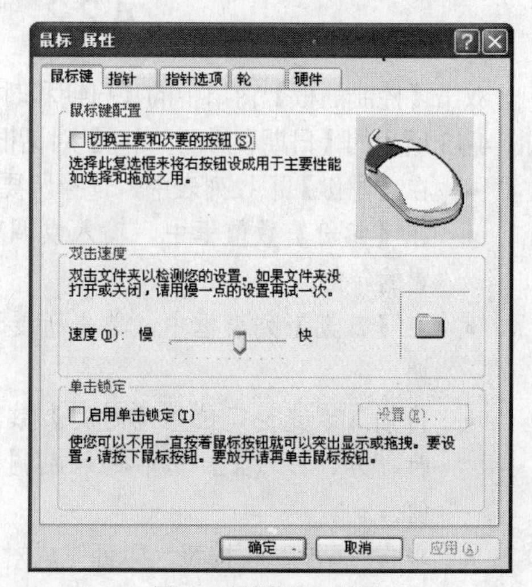

图4-15 【鼠标键】选项卡

- 如果选择【切换主要和次要的按钮】复选框，则右键用来选择对象，左键用来弹出快捷菜单，与默认的设置刚好相反。除非真的需要，一般不要选择该复选框。
- 拖动【双击速度】组中的【速度】滑块，可调整鼠标的双击速度。如果对鼠标的使用比较生疏，可将滑块拖动至左侧，这样双击就较容易一些。
- 双击【双击速度】组中的文件夹图标，可根据是否有小丑的形象出现来检测双击的速度。

二、设置指针

在【鼠标 属性】对话框中，进入【指针】选项卡，如图 4-16 所示，从中可进行以下操作。

- 在【方案】下拉列表中选择一种指针方案，下面的列表框中将列出该方案中各种指针的形状。
- 单击 另存为(V)... 按钮，系统将弹出一个对话框，从中可对当前的指针方案另取名保存。
- 单击 删除(D) 按钮，可删除所选择的指针方案。
- 在列表框中选择一个指针形状后，单击 浏览(B)... 按钮，系统将弹出一个【浏览】窗口，从中可选择一个鼠标指针形状，用来取代当前的鼠标指针形状。
- 如果选择了【启用指针阴影】复选框，则鼠标指针带有阴影，否则不带阴影。
- 如果替换了列表框中的指针形状，单击 使用默认值(F) 按钮，即可把指针形状还原为原先的形状。

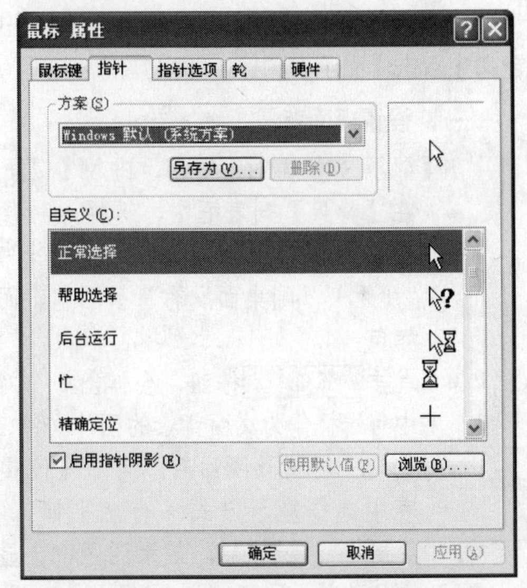

图4-16 【指针】选项卡

三、设置移动

在【鼠标 属性】对话框中，进入【指针选项】选项卡，如图 4-17 所示，从中可进行以下操作。

- 在【移动】分组框中，拖动【选择指针移动速度】滑块，可调整指针移动的速度。
- 在【取默认按钮】分组框中，如果选择【自动将指针移动到对话框中的默认按钮】复选框，当打开一个对话框时，指针就会自动移动到其中的默认按钮上。
- 在【可见性】分组框中，如果选择【显示指针踪迹】复选框，移动鼠标时，则显示鼠标指针的移动踪迹；如果选择【在打字时隐藏指针】复选框，在打字时，鼠标指针就不会出现，移动鼠标时又会重新出现；如果选择【当按 CTRL 键时显示指针的位置】复选框，按下 Ctrl 键松开后，系统就会在屏幕上指示鼠标指针的位置。
- 单击 确定 按钮，即可完成对鼠标的设置，同时关闭该对话框。

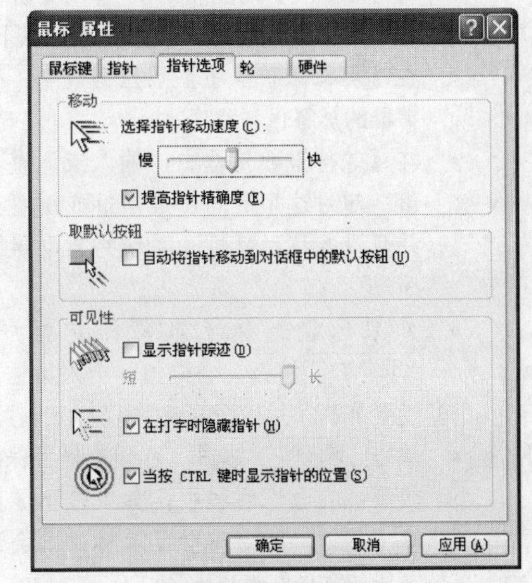

图4-17 【指针选项】选项卡

4.2.5 设置显示

在桌面的空白处单击鼠标右键，在弹出的快捷菜单中选择【属性】命令，或在【控制面板】窗口中双击【显示】图标，即可弹出【显示 属性】对话框，从中可以进行以下设置。

一、设置桌面背景

在【显示 属性】对话框中，进入【桌面】选项卡，如图4-18所示，从中可进行以下操作。

- 在【背景】列表框中，选择一种背景图片，效果图区中会显示相应的效果；如果选择"(无)"，则桌面没有背景图片，而只有背景颜色。
- 单击 浏览(B)... 按钮，会弹出一个对话框，从中可选择作为桌面背景的图片文件。
- 选定一种背景图片后，可从【位置】下拉列表中选择显示方式（有"平铺"、"拉伸"、"居中"等选项），效果图区中会显示该背景图片的效果。
- 如果没有背景图片，可从【颜色】下拉列表中选择一种颜色，以该颜色作为桌面的背景色。

图4-18 【桌面】选项卡

二、设置屏幕保护程序

在【显示 属性】对话框中，进入【屏幕保护程序】选项卡，如图4-19所示，从中可进行以下操作。

- 在【屏幕保护程序】下拉列表中，可选择所需要的屏幕保护程序。
- 在【等待】数值框中，输入或调整"分钟"值。超过这个时间没按鼠标或键盘上的键，并且没有移动鼠标，系统将启动屏幕保护程序。
- 如果已经选择了屏幕保护程序，单击 设置(T) 按钮，会弹出一个对话框，从中可设置屏幕保护程序的参数。
- 单击 预览(V) 按钮，可预览屏幕保护程序的效果。在预览过程中，如果按下了鼠标或键盘上的键，或者移动了鼠标，则会返回【屏幕保护程序】选项卡。

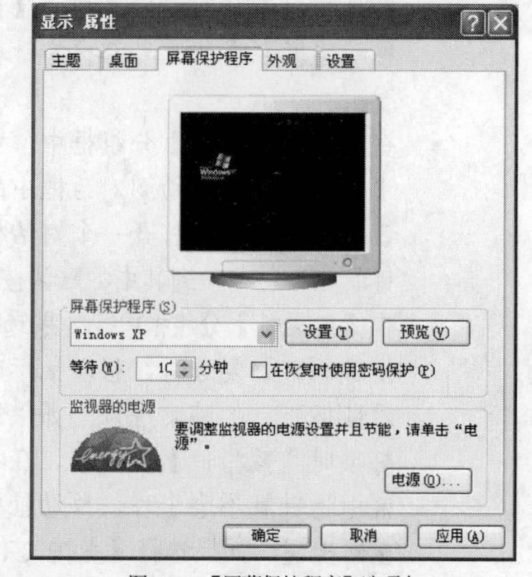

图4-19 【屏幕保护程序】选项卡

- 如果选择了【在恢复时使用密码保护】复选框，当屏幕保护开始后，则必须正确键入用户的登录密码才能结束屏幕保护程序。
- 单击 电源(O)... 按钮，会弹出一个对话框，从中可以调节监视器的电源节能设置。

三、设置外观

在【显示 属性】对话框中，进入【外观】选项卡，如图 4-20 所示，从中可进行以下操作。

- 在【窗口和按钮】下拉列表中选择一种外观样式，对话框上面的区域会显示该外观样式的效果。
- 在【色彩方案】下拉列表中选择一种色彩方案，对话框上面的区域会显示该色彩方案的效果。
- 在【字体大小】下拉列表中选择一种字体大小，对话框上面的区域会显示该字体大小的效果。
- 单击 效果(E)... 按钮，会弹出一个对话框，从中可设置外观效果的其他细节。
- 单击 高级(D) 按钮，会弹出一个对话框，从中可对外观效果进行高级设置。

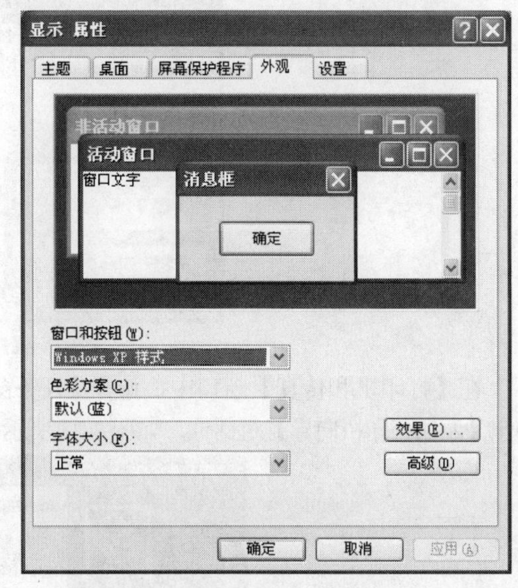

图4-20 【外观】选项卡

四、设置显示器

在【显示 属性】对话框中，进入【设置】选项卡，如图 4-21 所示，从中可进行以下操作。

- 在【颜色质量】下拉列表中选择显示器要达到的颜色数，在其下面的区域会显示相应的色彩。
- 拖动【屏幕分辨率】滑块，可将显示器的分辨率改为指定的分辨率。
- 单击 高级(D) 按钮，会弹出一个对话框，从中可以对显示器进行高级设置。

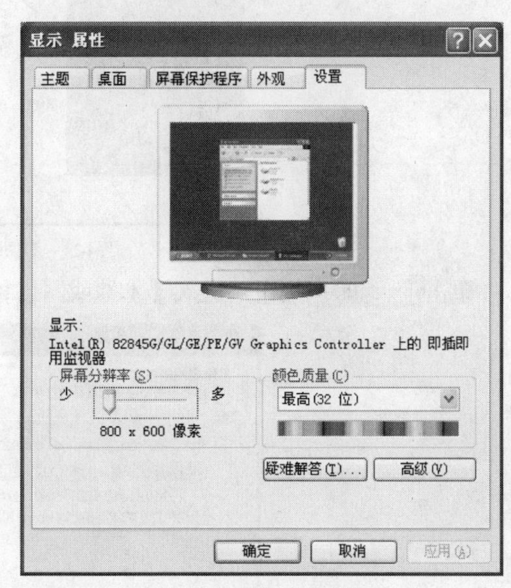

图4-21 【设置】选项卡

需要注意的是：设置显示器时，应充分了解自己的显示器和显卡的性能。一些低档次的显卡不支持高的颜色数和分辨率，设置后会显示异常。

设置完显示器后，可进行以下操作，使所进行的设置生效。

- 单击 应用(A) 按钮，即可完成对显示器的设置，但不关闭该对话框。
- 单击 确定 按钮，即可完成对显示器的设置，同时关闭该对话框。

4.2.6 添加打印机

打印机是计算机最常用的输出设备之一，仅把打印机连接到计算机上并不能使用，还需要安装相应的驱动程序。在【控制面板】窗口中双击【打印机和传真】图标，打开【打印机和传真】窗口，如图 4-22 所示。

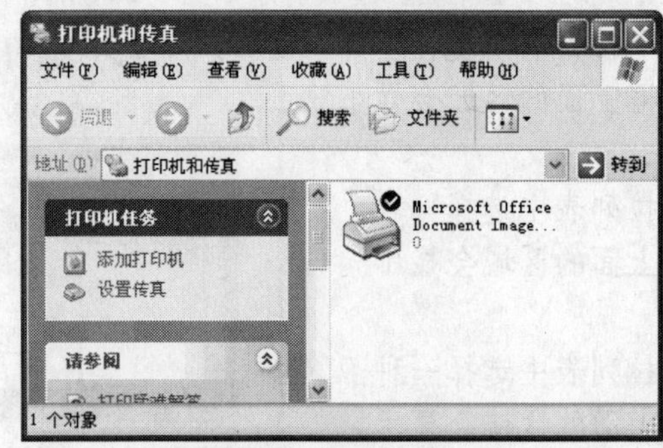

图4-22 【打印机和传真】窗口

在【打印机和传真】窗口中，选择【任务窗格】中【打印机任务】组中的【添加打印机】命令，弹出【添加打印机向导】对话框，如图 4-23 所示。

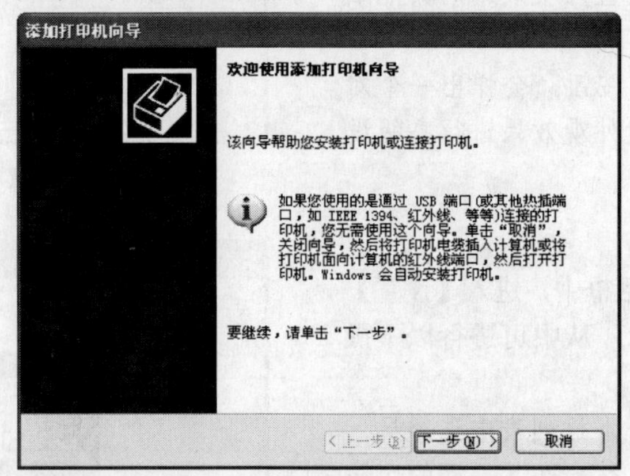

图4-23 【添加打印机向导】对话框

单击下一步(N) >按钮，进入【本地或网络打印机】向导页，如图 4-24 所示。

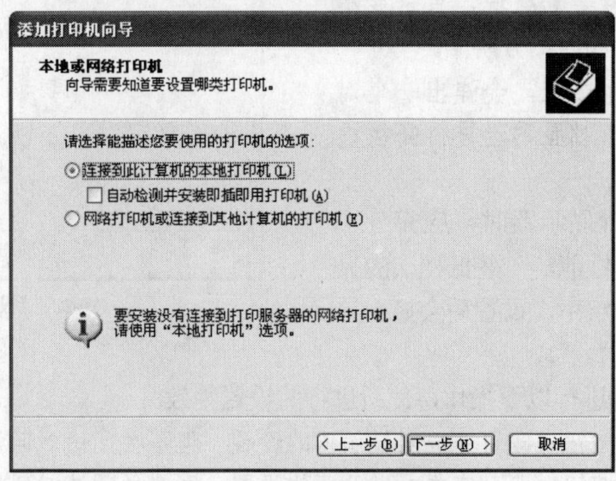

图4-24 【本地或网络打印机】向导页

在【本地或网络打印机】向导页中，根据需要选择相应的选项，然后单击下一步(N) >按钮，进入【选择打印机端口】向导页，如图 4-25 所示。

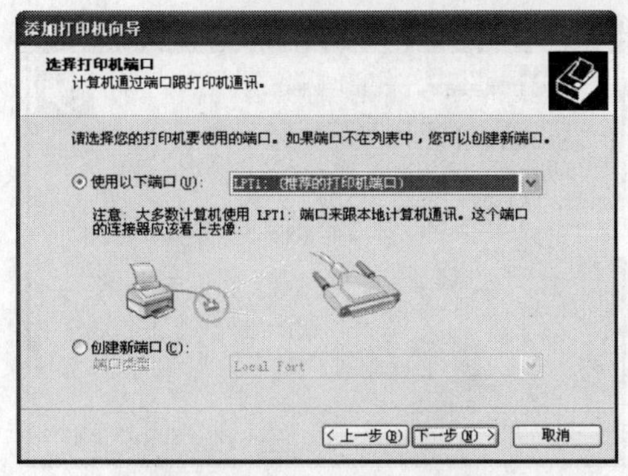

图4-25 【选择打印机端口】向导页

在【选择打印机端口】向导页中，根据需要选择打印机的端口，然后单击下一步(N) >按钮，进入【安装打印机软件】向导页，如图4-26所示。

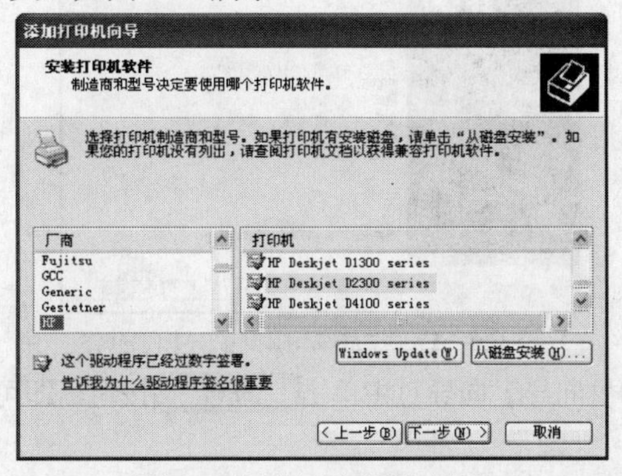

图4-26 【安装打印机软件】向导页

在【安装打印机软件】向导页中，根据需要选择打印机的类型，然后单击下一步(N) >按钮，进入【命名打印机】向导页，如图4-27所示。

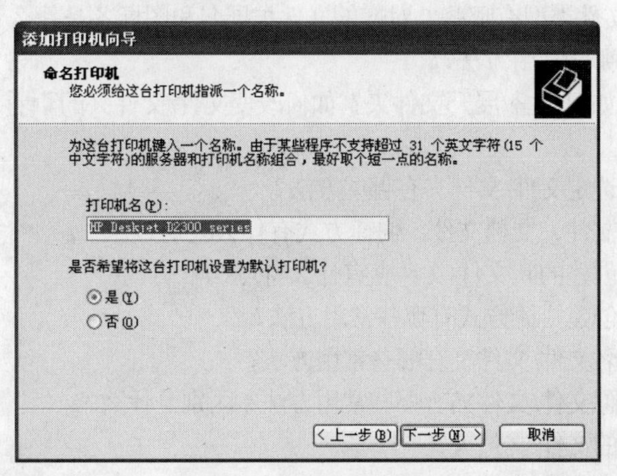

图4-27 【命名打印机】向导页

在【命名打印机】向导页中，根据需要设置打印机名，然后单击下一步(N) >按钮，进入【打印测试页】向导页，如图4-28所示。

在【打印测试页】向导页中，根据需要选择是否打印测试页，然后单击下一步(N) >按钮，进入【正在完成添加打印机向导】向导页，如图4-29所示。

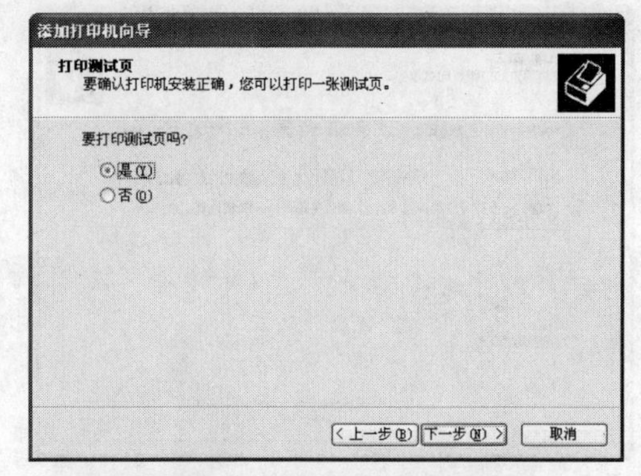

图4-28 【打印测试页】向导页

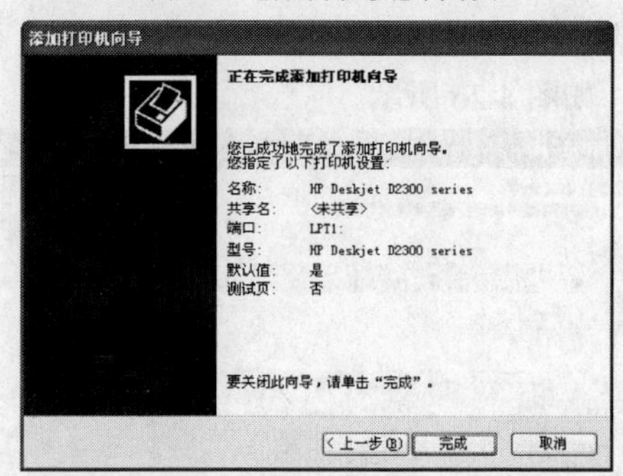

图4-29 【正在完成添加打印机向导】向导页

在【正在完成添加打印机向导】向导页中单击 完成 按钮，即可完成打印机的添加。

4.3 习题

1. 在 Windows XP 中，文件/文件夹的命名有哪些规则？
2. Windows XP 常用文件类型有哪些？对应的文件扩展名和图标各是什么？
3. 启动资源管理器有哪些常用方法？
4. 在资源管理器中，如何折叠/展开文件夹？如何改变文件/文件夹的查看方式？如何对文件/文件夹排序？
5. 在资源管理器中，选定文件/文件夹有哪些方法？
6. 打开文件夹、程序文件、文档文件、快捷方式有什么区别？
7. 在资源管理器中，创建的新文件/文件夹有什么特点？
8. 什么是快捷方式？创建快捷方式有哪些常用方法？
9. 复制、移动、重命名文件/文件夹有哪些常用方法？
10. 临时删除、永久删除文件/文件夹有哪些常用方法？区别是什么？
11. 如何恢复临时删除的文件/文件夹？
12. 如何在计算机中搜索文件/文件夹？
13. 对键盘可进行哪些设置？
14. 对鼠标可进行哪些设置？
15. 对显示器可进行哪些设置？
16. 如何添加打印机？

Word 2007 入门

Word 2007 是微软公司开发的办公软件 Office 2007 的一个组件，使用它可以方便地完成打字、排版、制作表格和图形处理等工作，是计算机办公的得力工具。本讲主要介绍 Word 2007 的入门知识。本讲课时为 2 小时。

学习目标

- ◆ 掌握Word 2007的启动与退出方法。
- ◆ 了解Word 2007的窗口组成与视图方式。
- ◆ 掌握Word 2007的文本编辑。
- ◆ 了解Word 2007的文档操作。

5.1 Word 2007 的启动与退出

Word 2007 的启动和退出是 Word 2007 的最基本操作。使用 Word 2007 时应先启动 Word 2007，使用完后应退出 Word 2007。

5.1.1 Word 2007 的启动

Word 2007 有多种启动方法，用户可根据自己的习惯或喜好选择其中的一种方法。

- 选择【开始】/【所有程序】/【Microsoft Office】/【Microsoft Office Word 2007】命令。
- 如果建立了 Word 2007 的快捷方式，双击该快捷方式即可。
- 双击一个 Word 文档文件图标（Word 2007 文档文件的图标是 ，Word 2007 先前版本文档文件的图标是 ）。

使用前 2 种方法启动 Word 2007 后，系统会自动建立一个名为“文档 1”的空白文档。使用第 3 种方法启动 Word 2007 后，系统会自动打开相应的文档，如果是 Word 2007 先前版本的文档文件，则会以“兼容方式”打开。

5.1.2 Word 2007 的退出

退出 Word 2007 的常用方法如下。

- 单击按钮，在打开的菜单中选择【退出 Word】命令。
- 如果 Word 2007 只打开了一个文档，那么关闭 Word 2007 窗口即可（关闭窗口的方法详见“3.2.2 窗口的操作方法”小节）。

退出 Word 2007 时，系统会关闭所打开的所有文档。如果有的文档（如“文档 1”）改动过，并且没有保存，系统会弹出如图 5-1 所示的对话框，询问用户是否保存文档。如果有多个文档没有保存，系统会提示多次。有关保存文档的操作，可参阅“5.4 Word 2007 的文档操作”一节。

图5-1 【Microsoft Office Word】对话框

5.2 Word 2007 的窗口组成与视图方式

与以前的版本相比，Word 2007 的窗口有了较大的变动。用户可在 Word 2007 不同的视图下使用 Word 2007。本节介绍 Word 2007 的窗口组成与视图方式。

5.2.1 Word 2007 的窗口组成

启动 Word 2007 后，会出现如图 5-2 所示的窗口。Word 2007 的窗口由 4 个区域组成：标题栏、功能区、文档区和状态栏。

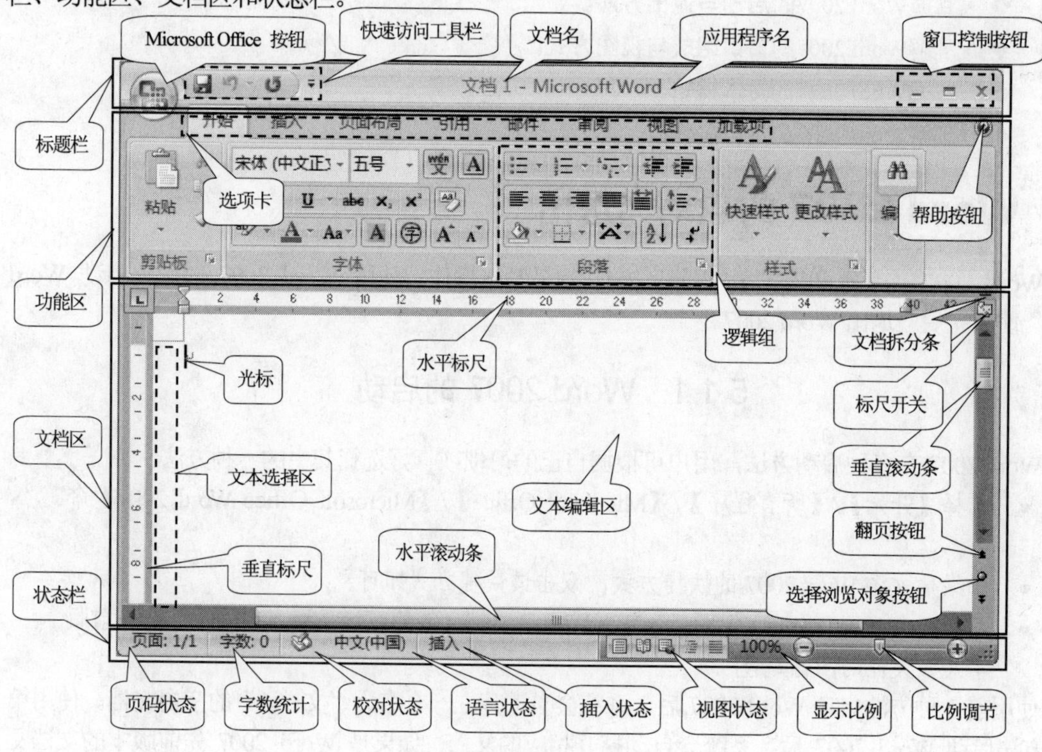

图5-2 Word 2007 窗口

一、标题栏

标题栏位于 Word 2007 窗口的顶端，包括 Microsoft Office 按钮、快速访问工具栏、标题和窗口控制按钮。

- Microsoft Office 按钮：该按钮取代了 Word 2007 先前版本的【文件】菜单，单击该按钮将打开一个菜单，用户可从中选择相应的文件操作命令。
- 快速访问工具栏：默认有保存（）、撤销（）和重复（）等 3 个命令按钮。单击最右边的按钮，可重新设置其中的命令按钮。
- 标题：标题包含文档名称（如文档 1）和应用程序名称（Microsoft Word），其中应用程序名称是固定不变的，文档名称随所操作文档的标题而不同。
- 窗口控制按钮：分别是最小化按钮、最大化按钮和关闭按钮。

二、功能区

Word 2007 的功能区取代了 Word 2007 先前版本的菜单栏和工具栏，包含若干个与某种功能相关的选项卡，选项卡中包含与之相关的逻辑组，逻辑组中包含与之相关的工具。

三、文档区

文档区占据了 Word 2007 窗口的大部分区域，包含以下内容。

- 标尺：标尺分为垂直标尺和水平标尺。设定标尺有两个作用，一是查看正文的宽度，二是设定左右界限、首行缩进位置以及制表符的位置。
- 滚动条：滚动条位于文档区的右边和下边，分别称为“垂直滚动条”和“水平滚动条”。使用滚动条可以滚动文档区中的内容，以显示窗口以外的部分。
- 文档拆分条：文档拆分条位于垂直滚动条的上方，拖动它可以把文档区分成两部分。
- 标尺开关：标尺开关位于文档拆分条的下方，单击该开关可显示或隐藏标尺。
- 文本选择区：文本选择区位于垂直标尺的右侧，在这个区域中可选定文本。
- 文本编辑区：文本编辑区位于文档区中央，文本编辑工作就在这个区域中进行。文档在进行编辑时，有一个闪动的光标，以指示当前编辑操作的位置。
- 翻页按钮：翻页按钮有两个，一个是前翻页按钮，一个是后翻页按钮，位于垂直滚动条下方。默认情况下，单击其中一个按钮将前翻一页或后翻一页。如果单击了选择浏览对象按钮，选择的不是【页面】对象，单击该按钮可浏览前一个对象或后一个对象。
- 选择浏览对象按钮：位于翻页按钮中间，单击该按钮会弹出一个菜单，用户可从中选择要浏览的对象（如页面、表格和图等）。

四、状态栏

状态栏位于 Word 2007 窗口的最下方，用于显示文档的当前状态，包括页码状态、字数统计、校对状态、语言状态、插入状态、视图状态、显示比例和比例调节滑尺等。在状态栏中，利用比例调节按钮或滑块，可以改变文档的显示比例。

5.2.2 Word 2007 的视图方式

Word 2007 提供有 5 种视图方式：页面视图、阅读版式视图、Web 版式视图、大纲视图和普通视图。单击状态栏中的某个视图按钮，或选择功能区【视图】选项卡【文档视图】逻辑组中的相应视图按钮，就会切换到相应的视图方式。

- 页面视图▣：在页面视图中，文档的显示与实际打印的效果一致。在页面视图中可以编辑页眉和页脚，调整页边距，处理栏和图形对象。
- 阅读版式视图▣：在阅读版式视图中，文档的内容根据屏幕的大小以适合阅读的方式显示。在阅读版式视图中，还可以进行文档的编辑工作。
- Web 版式视图▣：在 Web 版式视图中，可以创建能显示在屏幕上的 Web 页或文档，文本与图形的显示与在 Web 浏览器中的显示是一致的。
- 大纲视图▣：在大纲视图中，系统根据文档的标题级别显示文档的框架结构。该视图特别适合用来组织编写大纲。
- 普通视图▣：在普通视图中，主要显示文档中的文本及其格式，可以便捷地进行内容的输入和编辑工作。

5.3 Word 2007 的文本编辑

使用 Word 2007 时，大量的工作是对文本进行编辑，这也是对文本进行格式化的前期工作。文本编辑的常用操作包括移动插入点光标、选定文本、插入、改写、删除、移动、复制、查找和替换等。

5.3.1 移动光标

在 Word 2007 的文档编辑区内有一个闪动的竖条，称为插入点，俗称为光标。光标用来指示文本的插入位置。光标的位置也叫当前位置，光标所在的行叫当前行，光标所在的段叫当前段，光标所在的页叫当前页。移动光标有两种方法：用鼠标移动和用键盘移动。

一、用鼠标移动插入点光标

用鼠标可以把插入点光标移动到文本的某个位置上，常用方法如下。

- 当鼠标指针为 I 状时，表明鼠标指针位于文本区，这时在指定位置单击鼠标，插入点光标就会移动到文本区的指定位置。
- 当鼠标指针为 I≡、I 或 ≡I 状时，表明鼠标指针位于编辑空白区，这时双击鼠标，插入点光标就会移到空白区的相应位置，并自动设置该段落的对齐格式为左对齐（I≡）、居中（I）或右对齐（≡I）。

如果插入点光标所要移动到的文档位置不在当前窗口中，可先滚动窗口，使目标位置出现在窗口中。滚动窗口的常用方法如下。

- 单击水平滚动条上的◀（▶）按钮，可使窗口左（右）滚动。
- 单击垂直滚动条上的▲（▼）按钮，可使窗口向上（下）滚动一行。
- 拖动水平或垂直滚动条上的滚动滑块，可使文档窗口较快地滚动。
- 默认状态下，单击▲（▼）按钮，窗口可向上（下）滚动一页。

二、用键盘移动插入点光标

用键盘移动光标的方法很多，表 5-1 列出了一些常用的移动光标按键。

表 5-1　　常用的移动光标按键

按键	移动到	按键	移动到
←	左侧一个字符	Ctrl+←	向左一个词
→	右侧一个字符	Ctrl+→	向右一个词
↑	上一行	Ctrl+↑	前一个段落
↓	下一行	Ctrl+↓	后一个段落
Home	当前行的行首	Ctrl+Home	文档开始
End	当前行的行尾	Ctrl+End	文档最后
PageUp	上一屏	Ctrl+PageUp	上一页的开始
PageDown	下一屏	Ctrl+PageDown	下一页的开始
Alt+Ctrl+PageUp	窗口的顶端	Alt+Ctrl+PageDown	窗口的底端

5.3.2　选定文本

Word 2007 中的许多操作都需要先选定文本，被选定的文本底色为黑色。选定文本后，按任意光标移动键，或在文档任意位置单击鼠标，可取消所选定文本的选定状态。

一、用鼠标选定文本

用鼠标选定文本的方法有两种：在文本编辑区内选定和在文本选择区内选定。

在文本编辑区内选定文本的方法如下。

- 将插入点光标定位到要选定文本的开始位置，然后将鼠标光标拖动到要选定文本的结束位置时松开鼠标左键，可选定鼠标光标经过的文本。
- 双击鼠标，可选定插入点光标所在位置的单词。
- 快速单击鼠标 3 次，可选定插入点光标所在位置的段落。
- 按住 Ctrl 键单击鼠标，可选定插入点光标所在位置的句子。
- 按住 Alt 键拖动鼠标，可选定竖列文本。

文档正文左边的空白区域为文本选择区，将鼠标指针移到文本选择区中，鼠标指针变为 状。在文本选择区内选定文本的方法如下。

- 单击鼠标，可选定插入点光标所在的行。
- 双击鼠标，可选定插入点光标所在的段落。
- 拖动鼠标，可选定从开始行到结束行。
- 快速单击鼠标 3 次，可选定整个文档。
- 按住 Ctrl 键单击鼠标，可选定整个文档。

二、用键盘选定文本

使用键盘选定文本的方法如下。

- 按住 Shift 键的同时，按键盘上的快捷键使插入点光标移动，就可选定插入点光标经过的文本。表 5-2 中列出了选定文本的快捷键。
- 按 F8 键后移动插入点光标，再按 Esc 键，从插入点光标起初位置到插入点光标最后位置间的文本则被选定。

- 按Ctrl+Shift+F8键后移动插入点光标，从插入点光标起初位置到插入点光标最后位置间的竖列文本则被选定。按Esc键可取消所选定竖列文本的选定状态。
- 按Ctrl+A键，可选定整个文档。

表 5-2　　　　　　　　　　　　选定文本的快捷键

按键	将选定范围扩大到	按键	将选定范围扩大到
Shift+↑	上一行	Ctrl+Shift+↑	段首
Shift+↓	下一行	Ctrl+Shift+↓	段尾
Shift+←	左侧一个字符	Ctrl+Shift+←	单词开始
Shift+→	右侧一个字符	Ctrl+Shift+→	单词结尾
Shift+Home	行首	Ctrl+Shift+Home	文档开始
Shift+End	行尾	Ctrl+Shift+End	文档结尾

5.3.3　插入、删除与改写文本

在文档中插入、删除与改写文本是最常用的文本编辑操作，在操作过程中要注意当前是插入还是改写状态。

一、切换插入/改写状态

如果状态栏的【插入/改写】状态区中显示的是“插入”二字，则表明当前状态为插入状态。如果显示的是“改写”二字，则表明当前状态为改写状态。单击【插入/改写】状态区或按Insert键，可切换插入/改写状态。

二、插入文本

在插入状态下，从键盘上键入的字符或通过汉字输入法输入的汉字会自动插入到光标处。从键盘上无法直接输入的符号（如“※”），可用以下方法插入。

(1) 通过【符号】组插入特殊符号。

在 Word 2007【插入】/【符号】组（如图 5-3 所示）中，单击Ω符号按钮，打开如图 5-4 所示的【符号】列表。

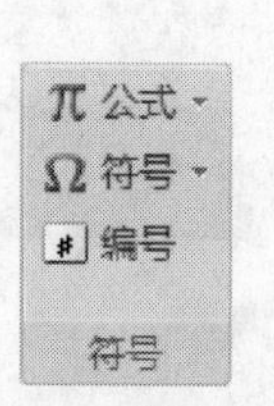

图5-3　【符号】组

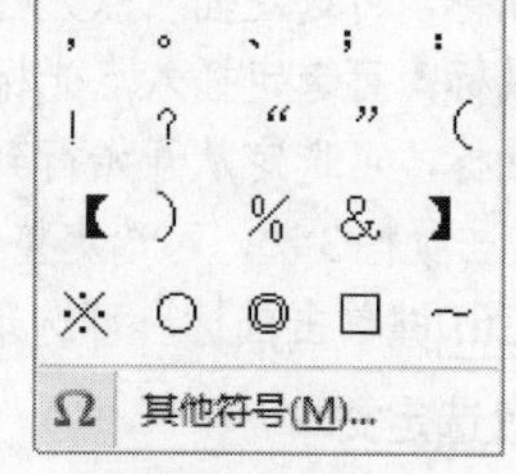

图5-4　【符号】列表

在【符号】列表中单击一个符号，可插入相应的符号。选择【其他符号】命令，弹出如图 5-5 所示的【符号】对话框，从中可选择要插入的符号。

图5-5 【符号】对话框

(2) 通过【特殊符号】组插入特殊符号。

在 Word 2007【插入】/【特殊符号】组（如图 5-6 所示）中，单击预设的符号按钮，可插入相应的符号；单击 符号 按钮，打开如图 5-7 所示的【特殊符号】列表，从中单击一个符号，可插入相应的符号；选择【更多】命令，弹出如图 5-8 所示的【插入特殊符号】对话框，从中打开不同的选项卡，会出现不同的特殊符号页，选择一个符号后单击 确定 按钮，即可在文档的光标处插入该符号。

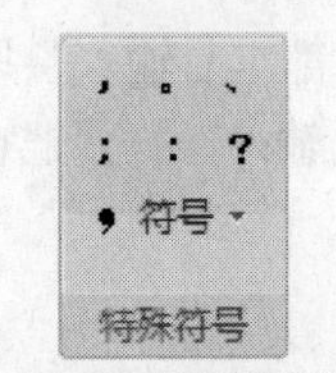

图5-6 【特殊符号】组

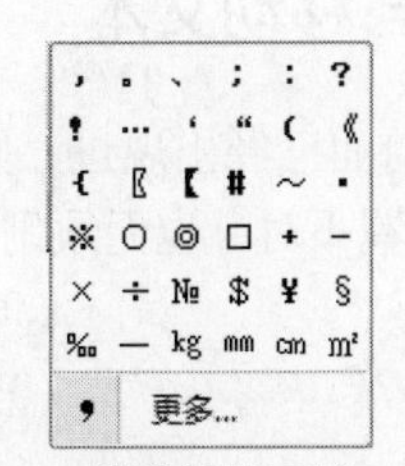

图5-7 【特殊符号】列表

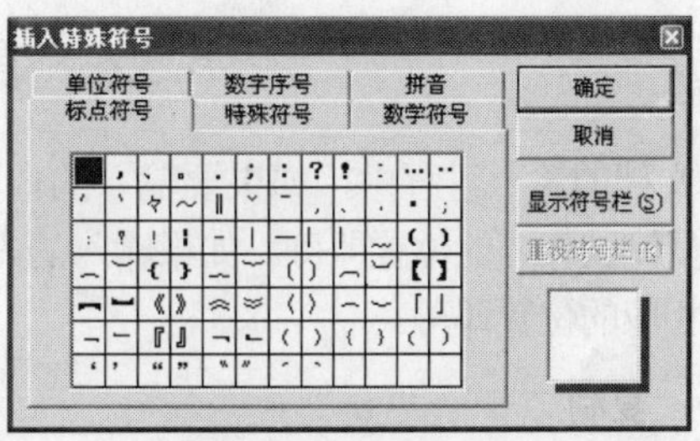

图5-8 【插入特殊符号】对话框

(3) 插入日期时间。

单击【插入】选项卡中【文本】组的 按钮，弹出如图 5-9 所示的【日期和时间】对话框，从中可进行以下操作。

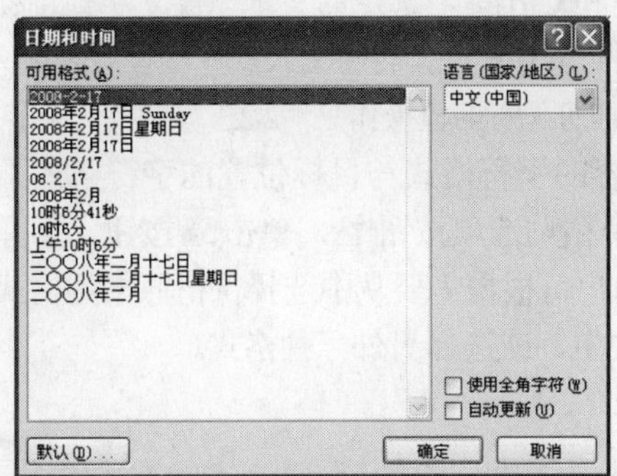

图5-9 【日期和时间】对话框

- 在【语言】下拉列表中，可选择一种语言的日期格式。
- 在【可用格式】列表框中，可选择一种日期或时间格式。
- 如果选择【使用全角字符】复选项，日期或时间中的字符就会使用全角字符。
- 如果选择【自动更新】复选项，日期和时间则按域方式插入，通过命令能自动更新。

- 单击 默认(D)... 按钮，可把选择的日期或时间格式作为默认的格式。
- 单击 确定 按钮，即可在光标处插入日期和时间。

三、删除文本

删除文本的方法如下。

- 按 Backspace 键，可删除光标左面的汉字或字符。
- 按 Delete 键，可删除光标右面的汉字或字符。
- 按 Ctrl+Backspace 键，可删除光标左面的一个词。
- 按 Ctrl+Delete 键，可删除光标右面的一个词。
- 如果选定了文本，按 Backspace 键或 Delete 键，可删除选定的文本。
- 如果选定了文本，把选定的文本剪切到剪贴板，可删除选定的文本。

四、改写文本

改写文本的方法如下。

- 在改写状态下输入文本，会覆盖掉光标处原有的文本。
- 选定要改写的文本，输入改写后的文本。
- 删除要改写的文本，输入改写后的文本。

5.3.4 复制与移动文本

在文档的输入过程中，如果要输入的内容在前面已经出现过，则无须每次都重复输入，只要把它们复制到相应的位置即可。如果输入的内容位置不对，也无须删除后再重新输入，只要把它们移动到相应的位置即可。

一、复制文本

在复制文本前，首先要选定复制的文本。复制方法的方法如下。

- 将鼠标指针移动到选定的文本上，当鼠标指针变为时，按住 Ctrl 键的同时拖动鼠标，鼠标指针变成，同时，旁边有一条表示插入点的虚竖线，当虚竖线到达目标位置后，松开鼠标左键和 Ctrl 键，选定的文本即被复制到目标位置。
- 先将选定的文本复制到剪贴板上，再将插入点光标移动到目标位置，然后把剪贴板上的文本粘贴到当前位置即可。剪贴板操作见“2.2.3 剪贴板”小节。

复制完成，如果复制内容的字符格式与目标位置的字符格式不同，在复制内容的右下方会有一个粘贴选项按钮，单击按钮，会弹出如图 5-10 所示的粘贴选项，用户可根据需要从中选择保留原来的格式，或匹配目标的格式，或仅保留文本，或选择另外一种格式。

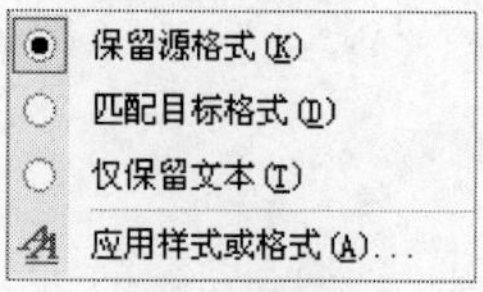

- ◉ 保留源格式(K)
- ○ 匹配目标格式(D)
- ○ 仅保留文本(T)
- 应用样式或格式(A)...

图5-10 粘贴选项

二、移动文本

在移动文本前，首先要选定移动的文本。移动文本的方法如下。

- 将鼠标指针移动到选定的文本上，当鼠标指针变为状时拖动，鼠标指针变成，同时，旁边出现一条表示插入点的虚竖线，当虚竖线到达目标位置后，松开鼠标左键，选定的文本即被移动到目标位置。
- 先将选定的文本剪切到剪贴板上，再将插入点光标移动到目标位置，然后把剪贴板上的文本粘贴到插入点光标处即可。

5.3.5 查找、替换与定位文本

在文档编辑过程中，经常要在文档中查找某些内容，或对某一内容进行统一替换，或把光标定位到文档的某处。对于较长的文档，如果手工操作不仅费时费力，而且可能会有遗漏。利用Word 2007提供的查找、替换和定位功能，可以很方便地完成这些工作。

一、查找文本

按Ctrl+F键或单击【开始】选项卡中【编辑】组的查找按钮，弹出【查找和替换】对话框，当前选项卡是【查找】，如图5-11所示。

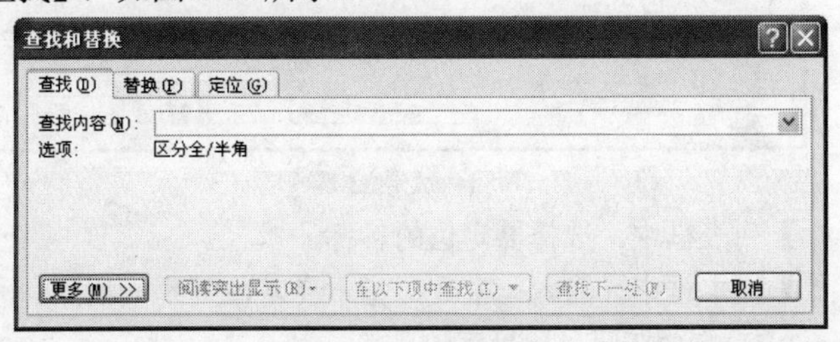

图5-11 【查找】选项卡

在【查找】选项卡中，可进行以下操作。

- 在【查找内容】文本框中，输入要查找的文本。
- 单击查找下一处(F)按钮，系统从光标处开始查找，查找到的内容即被选定。可以多次单击该按钮，进行多处查找。
- 单击更多(M) >>按钮，可展开【搜索选项】区域（如图5-12所示），从中可设置查找选项。

图5-12 【搜索选项】区域

二、替换文本

按Ctrl+H键或单击【开始】选项卡中【编辑】组的替换按钮，弹出【查找和替换】对话框，当前选项卡是【替换】（如图5-13所示），与【查找】选项卡的不同之处如下。

图5-13 【替换】选项卡

- 在【替换为】文本框中，输入替换后的文本。
- 单击替换(R)按钮，可替换查找到的内容。

- 单击全部替换(A)按钮，可替换全部查找到的内容，并在替换完后弹出一个对话框，提示完成了多少处替换。

三、定位文本

在【查找和替换】对话框中，打开【定位】选项卡（如图 5-14 所示），然后可进行以下操作。

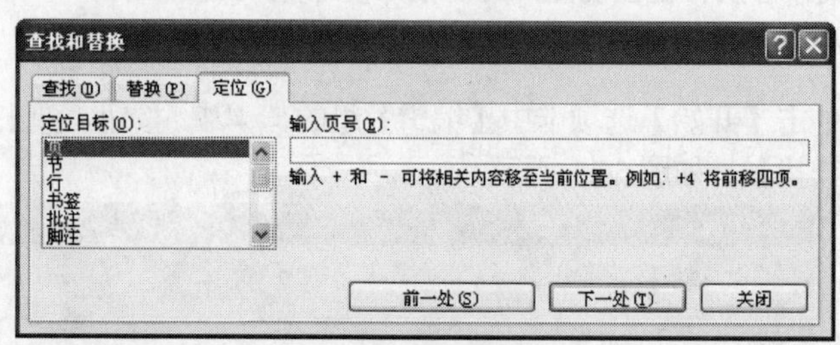

图5-14 【定位】选项卡

- 在【定位目标】列表框中，选择要定位的目标。
- 在【输入页号】文本框中，输入一个数，指示要定位到哪一项。
- 单击前一处(S)按钮，即可定位到前一处。
- 单击下一处(T)按钮，即可定位到下一处。

5.4 Word 2007 的文档操作

Word 2007 中常用的文档操作包括新建文档、保存文档、打印文档、打开文档和关闭文档等。

5.4.1 新建文档

启动 Word 2007 时，系统会自动建立一个默认模板的空白文档，默认的文档名是“文档 1”。在 Word 2007 中，还可以再新建文档，新建文档的方法如下。

- 按Ctrl+N键。
- 单击按钮，在打开的菜单中选择【新建】命令。

使用第 1 种方法，系统会自动建立一个默认模板的空白文档。使用第 2 种方法，将弹出如图 5-15 所示的【新建文档】对话框。

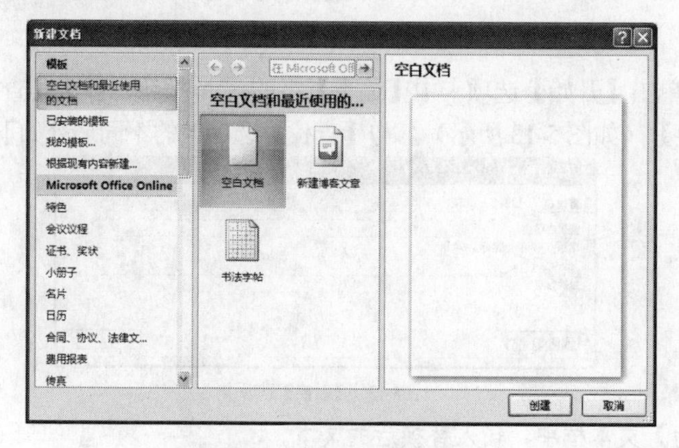

图5-15 【新建文档】对话框

在【新建文档】对话框中，可进行以下操作。

- 单击【模板】窗格（最左边的窗格）中的一个命令，【模板列表】窗格（中间的窗格）会显示该组模板中所有的模板。
- 单击【模板列表】窗格中的一个模板将其选中，【模板效果】窗格（最右边的窗格）会显示该模板的效果。
- 单击 创建 按钮，可基于所选择模板建立一个新文档。

在 Word 2007 中，建立任何一个文档都是基于某一个模板，模板是一个特殊的文档文件，文档中已定义了所需要的样式和页面布局，有的模板文档还包含了所需要的内容。以某模板建立一个文档，实际上就是复制一份模板文件作为当前的文档文件。

Word 2007 的默认模板是“空白文档”模板，该模板文件只定义了一些样式和页面布局，文档的内容是空白的。

5.4.2 保存文档

Word 2007 工作时，文档的内容驻留在计算机内存和磁盘的临时文件中，并没有正式保存。保存文档的方式有两种：保存和另存为。

一、保存

在 Word 2007 中，保存文档的方法如下。

- 按 Ctrl+S 键。
- 单击【快速访问工具栏】中的按钮。
- 单击按钮，在打开的菜单中选择【保存】命令。

如果文档已被保存过，系统会自动将文档的最新内容保存起来，不给出特别的提示。如果文档从未保存过，系统会要求用户指定文件的保存位置以及文件名，相当于进行另存为操作。

二、另存为

另存为是指把当前编辑的文档以新文件名或新的保存位置保存起来。在 Word 2007 中，按 F12 键，或单击按钮，在打开的菜单中选择【另保存】命令，即可弹出如图 5-16 所示的【另存为】对话框。

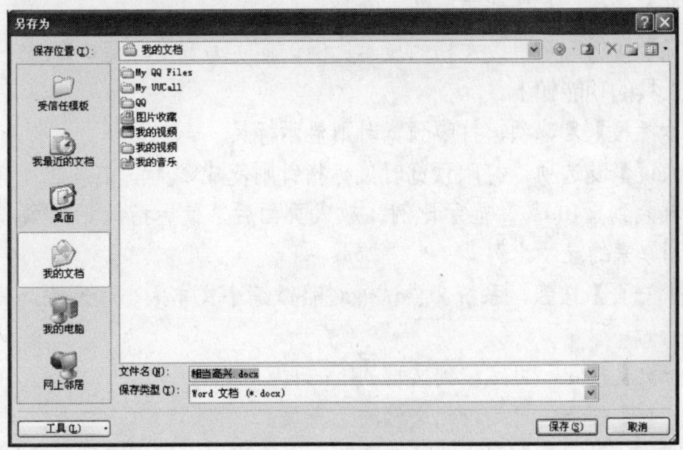

图5-16 【另存为】对话框

在【另存为】对话框中，可进行以下操作。

- 在【保存位置】下拉列表中，可选择要保存到的文件夹，也可在窗口左侧的预设保存位置列表中选择要保存到的文件夹。
- 在【文件名】下拉列表中，可输入或选择一个文件名。
- 在【保存类型】下拉列表中，可选择所要保存文件的类型。应注意：Word 2007 先前版本默认的保存类型是.doc 型文件，而 Word 2007 中则是.docx 型文件。
- 单击 保存(S) 按钮，按所进行的设置保存文件。

5.4.3 打印文档

虽然 Word 2007 是“所见即所得”的文字处理软件，但由于受屏幕大小的限制，往往不能看到一个文档的实际打印效果，这时可以用打印预览功能预览打印效果，一切满意后再打印，这样可以避免不必要的浪费。

一、打印预览

单击 按钮，在打开的菜单中选择【打印】/【打印预览】命令，进入打印预览状态，这时功能区只有【打印预览】选项卡，如图 5-17 所示。

图5-17 【打印预览】选项卡

【显示比例】组中工具的功能如下。

- 单击【显示比例】按钮，弹出【显示比例】对话框，从中可设置显示比例，默认的显示比例是【整页】。
- 单击【100%】按钮，可将文档缩放为正常大小的 100%显示。
- 单击【单页】按钮，一次只能预览一页文档。
- 单击【双页】按钮，一次能预览两页文档。
- 单击【页宽】按钮，可更改文档的显示比例，使页面宽度与窗口宽度一致。

【预览】组中工具的功能如下。

- 选择【显示标尺】复选项，打印预览时则显示标尺。
- 选择【放大镜】复选项，打印预览时鼠标指针则变成 状，在页面上单击鼠标，预览的页面放大到“100%”显示比例。放大页面后，鼠标指针变成 状，单击鼠标又可恢复到原来的显示比例。
- 单击【减少一页】按钮，系统会尝试通过略微缩小文本大小和间距，将文档缩成一页。
- 单击【下一页】按钮，可定位到文档的下一页。
- 单击【上一页】按钮，可定位到文档的上一页。
- 单击【关闭打印预览】按钮，则可关闭打印预览窗口，返回文档编辑状态。

二、打印文档

在 Word 2007 中，打印文档的常用方法如下。

- 按Ctrl+P键。
- 单击按钮，在打开的菜单中选择【打印】/【打印】命令。
- 单击按钮，在打开的菜单中选择【打印】/【快速打印】命令。

使用最后一种方法将按默认方式打印全部文档一份，使用前两种方法则会弹出如图 5-18 所示的【打印】对话框。

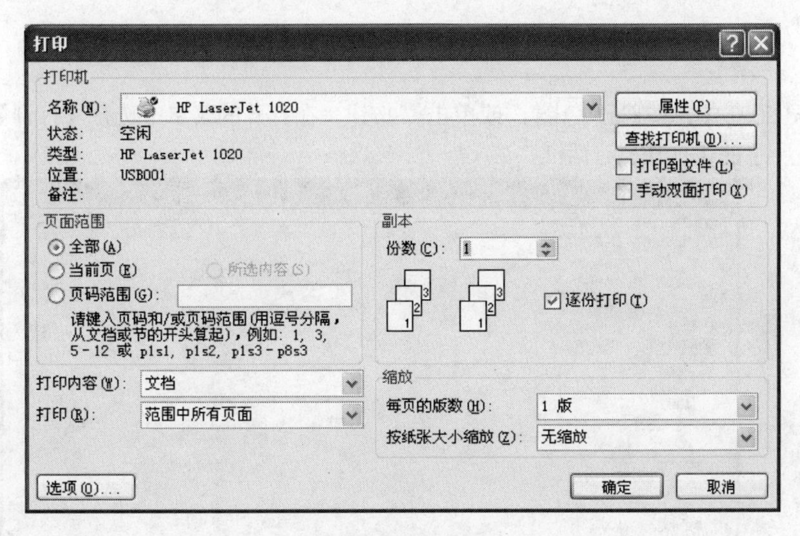

图5-18 【打印】对话框

在【打印】对话框中，可进行以下操作。

- 在【名称】下拉列表中，可选择所用的打印机。
- 单击属性(P)按钮，弹出一个【打印机属性】对话框，从中可以选择纸张大小、方向、纸张来源、打印质量和打印分辨率等。
- 选择【打印到文件】复选项，可把文档打印到某个文件上。
- 选择【手动双面打印】复选项，可在一张纸的正反面打印文档。
- 选择【全部】单选项，则打印整个文档。
- 选择【当前页】单选项，则只打印光标所在页。
- 选择【页码范围】单选项，可以在其右侧的文本框中输入打印的页码。
- 如果事先已选定打印内容，【所选内容】单选项则被激活，否则未被激活（按钮呈灰色），不能使用。
- 在【份数】数值框中，可输入或调整要打印的份数。
- 选择【逐份打印】复选项，则打印完从起始页到结束页一份后，再打印其余各份，否则起始页打印够指定张数后，再打印下一页。
- 在【每页的版数】下拉列表中，可选择一页打印的版数。
- 在【按纸张大小缩放】下拉列表中，可选择一种纸张类型。
- 单击选项(O)...按钮，弹出【Word 选项】对话框，在其【打印选项】组（如图 5-19 所示）中可设置相应的打印选项。

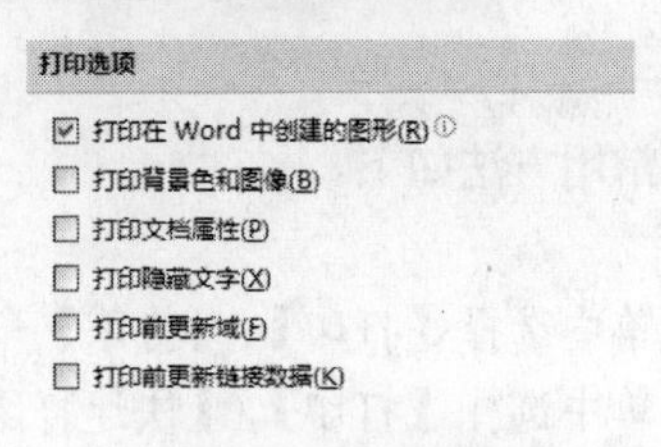

图5-19 【打印选项】组

- 单击 确定 按钮，即可按进行的设置打印。

5.4.4 打开文档

在 Word 2007 中，按Ctrl+O键，或单击按钮，在打开的菜单中选择【打开】命令，即可弹出如图 5-20 所示的【打开】对话框。

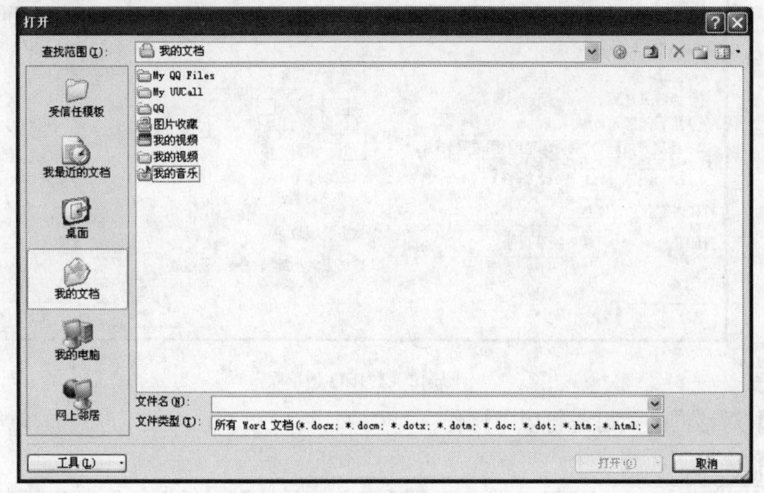

图5-20 【打开】对话框

在【打开】对话框中，可进行以下操作。

- 在【查找范围】下拉列表中，可选择要打开文件所在的文件夹，也可在窗口左侧的预设位置列表中，选择要打开文件所在的文件夹。
- 在打开的文件列表中，单击一个文件图标，选择该文件。
- 在打开的文件列表中，双击一个文件图标，打开该文件。
- 在【文件名】下拉列表中，可输入或选择所要打开文件的名称。
- 单击 打开(O) 按钮，可打开所选择的文件或在【文件名】文本框中指定的文件。

5.4.5 关闭文档

在 Word 2007 中，关闭文档的常用方法如下。

- 单击 Word 2007 窗口右上角的【关闭】按钮。
- 双击按钮。
- 单击按钮，在打开的菜单中选择【关闭】命令。

关闭文档时，如果文档改动过，并且没有保存，则会弹出如图 5-1 所示的【Microsoft Office Word】对话框（以“文档 1”为例），以确定是否保存，操作方法同前。

需要注意的是：弹出图 5-1 所示的【Microsoft Office Word】对话框后，切莫不假思索地就单击 否(N) 按钮，以免把千辛万苦建立的文档白白丢失。

5.5 习题

一、问答题

1. 启动 Word 2007 有哪些常用方法？
2. 退出 Word 2007 有哪些常用方法？
3. Word 2007 窗口由哪几部分组成？
4. Word 2007 的功能区都包含什么？
5. 文档有哪几种视图方式？各有什么特点？如何切换？
6. 如何快速将插入点光标移动到行首或行尾？
7. 如何快速将插入点光标移动到文档的开始或最后？
8. 选定文档的全部内容有哪些方法？
9. 如何切换插入/改写状态？
10. 按 Delete 键删除文本和按 BackSpace 键删除文本有什么区别？
11. 按 Delete 键删除选定的文本和按 Ctrl+X 键删除选定的文本在功能上有什么区别？
12. 复制文本有哪些常用方法？
13. 移动文本有哪些常用方法？
14. 如何在文档中快速查找文本？
15. 如何在文档中快速替换文本？
16. 如何在文档中快速定位？
17. 新建一个空文档有哪些方法？
18. 如何建立基于某一模板的文档？
19. 保存一个新建文档与保存旧文档的操作有什么区别？
20. 如何打印预览文档？
21. 如何打印文档？
22. 如何打开文档？
23. 如何关闭文档？

二、操作题

1. 建立一个文档，内容如下，以“故事.docx”为文件名保存到“我的文档”文件夹中。

从前，有一座老山，老山下有一条老路，老路通往一座老庙，老庙里住着一个老和尚，老和尚坐在一把老椅子上，在讲一个老故事，故事是：

“从前，有一座大山，大山下有一条大路，大路通往一座大庙，大庙里住着一个大和尚，大和尚坐在一把大椅子上，在讲一个大故事，故事是：

‘从前，有一座小山，小山下有一条小路，小路通往一座小庙，小庙里住着一个小和尚，小和尚坐在一把小椅子上，看新和尚练棍棒←↑→↓↖↗↘↙、练拳脚〈〉《》「」『』【】〔〕〖〗、练太极■□▲△▼▽◆◇○◎●★☆，小和尚看得前仰后合、忘乎所以，从小椅子上摔了下来。因受惊吓，晚上发烧到 44.4℃。’”

2. 假定“我的文档”文件夹中有一个文档“狼来了.docx”。修改该文档，并把修改的文档保存到“我的文档”文件夹中的“狼来了(修改稿).docx”文件中。

文档原始内容如下。

> 狼来了
>
> 从前，有一个在山上方羊。有一天这个小孩突然大汉：“狼来了，狼来了，狼来了！在地里的农民听道了叫喊，急忙那这镰刀扁担……跑上了山坡。大家看了一看，那儿来的狼阿？小孩哈哈大小，说：“我这是脑这完呢”农民大声批评小孩，教他不要说慌。
>
> 国了好几天，狼长这大嘴，见了羊就咬……小孩大喊：“浪来了，救命呀”大家都因为小孩有在说慌，结果狼咬死了。小孩跑的快，检了一条命。从此以后，他再也不说谎了。
>
> 过了今天，有听见再喊：“浪来了，狼来了” 在地里的农民听到喊声，有都跑到上，大家又骗了，还是小孩在玩。

修改后的内容如下。

> 狼来了
>
> 从前，有一个小孩在山上放羊。
>
> 有一天，这个小孩忽然大喊：“狼来了，狼来了！”在地里干活的农民听到了，急忙拿着镰刀、扁担……跑上了山。大家一看，羊还在吃草，哪儿来的狼呀？小孩哈哈大笑，说：“我是闹着玩呢。”农民批评了小孩，叫他以后不要说谎。
>
> 过了几天，又听见小孩在喊：“狼来了，狼来了！”农民们听到喊声，又都跑到山上，大家又受骗了，还是小孩在闹着玩。
>
> 过了几天，狼真的来了，张着大嘴，见了羊就咬……小孩大喊：“狼来了，救命呀！”大家都以为小孩又在说谎，谁也没上山，结果羊全被狼咬死了。小孩跑得快，捡了一条命。
>
> 从此以后，他再也不说谎了。

Word 2007的排版操作

对文档进行排版，可以使文档更加规范和美观。本讲介绍 Word 2007 的排版操作方法，包括文字排版操作、段落排版操作、页面排版操作和高级排版操作。本讲课时为 4 小时。

学习目标

- 掌握文字的排版操作方法。
- 掌握段落的排版操作方法。
- 掌握页面的排版操作方法。
- 掌握高级排版操作方法。

6.1 文字排版操作

在 Word 2007 中，文本排版常用的格式设置包括字体、字号、字颜色、粗体、斜体、下划线、删除线、上标、下标、大小写、边框、底纹和突出显示等。文本排版通常使用【开始】/【字体】组（如图 6-1 所示）中的工具来完成。在设置文本格式时，如果选定了文本，那么设置则对选定的文本生效；否则对光标后面输入的文本生效。

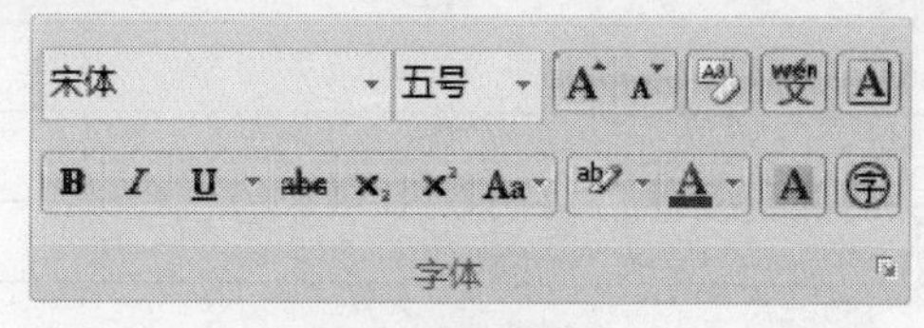

图6-1 【字体】组

6.1.1 设置字体、字号和字颜色

一、设置字体

字体分中文字体（如【宋体】、【黑体】等）和英文字体（如【Calibri】、【Times New Roman】等）两大类。通常情况下，英文字体对英文字符起作用，中文字体对英文、汉字都起作用。Word 2007 默认的英文字体是【Calibri】，默认的中文字体是【宋体】。

单击【字体】组 宋体 (中文正文) 中的 ▾ 按钮，打开字体下拉列表，从中可选择要设置的字体。图6-2是字体设置示例。

中文字体名	效果示例	英文字体名	效果示例
宋体	中文 Word 2007	Calibri	Word 2007
黑体	中文 Word 2007	Times New Roman	Word 2007
隶书	中文 Word 2007	Courier New	Word 2007
幼圆	中文 Word 2007	Arial	Word 2007
仿宋_GB2312	中文 Word 2007	French Script MT	Word 2007
楷体_GB2312	中文 Word 2007	Freestyle Script	Word 2007

图6-2 字体设置示例

二、设置字号

字号体现字符的大小，Word 2007 默认的字号是【五号】。设置字号的常用方法如下。

- 单击【字体】组 五号 中的 ▾ 按钮，打开字号下拉列表，从中选择一种字号。
- 单击 A˄ 按钮或按 Ctrl+> 键，选定的文本增大一级字号。
- 单击 A˅ 按钮或按 Ctrl+< 键，选定的文本减小一级字号。

在 Word 2007 中，字号有"号数"和"磅值"两种单位，表 6-1 列出了两种单位之间的换算关系。

表 6-1 "号数"和"磅值"之间的换算关系

号数	磅值	号数	磅值
初号	42 磅	四号	14 磅
小初	36 磅	小四	12 磅
一号	26 磅	五号	10.5 磅
小一	24 磅	小五	9 磅
二号	22 磅	六号	7.5 磅
小二	18 磅	小六	6.5 磅
三号	16 磅	七号	5.5 磅
小三	15 磅	八号	5 磅

图 6-3 是字号设置示例。

初号 小初 一号 小一 二号

小二 三号 小三 四号 小四 五号 小五 六号 小六 七号 八号

图6-3 字号设置示例

三、设置字颜色

Word 2007 默认的字颜色是黑色。【字体】组中A按钮上所显示的颜色为最近使用过的颜色。单击【字体】组中的A按钮右边的▾按钮，打开颜色列表，单击其中一种颜色，即可将文字的颜色设置为该颜色。

6.1.2 设置粗体、斜体、下划线和删除线

一、设置粗体

设置粗体的常用方法如下。

- 按Ctrl+B键。
- 单击【字体】组中的B按钮。

将文本设置为文字的粗体效果后，再次单击B按钮或按 Ctrl+B 键，即可取消所设置的粗体效果。

二、设置斜体

设置斜体的常用方法如下。

- 按Ctrl+I 键。
- 单击【字体】组中的I按钮。

将文本设置为文字的斜体效果后，再次单击I按钮或按 Ctrl+I 键，即可取消所设置的斜体效果。

三、设置下划线

设置下划线的常用方法如下。

- 单击【字体】组中的U按钮或按 Ctrl+U 键，可将文字的下划线设置为最近使用过的下划线类型。
- 单击【字体】组中的U按钮右边的▾按钮，打开一个下划线类型列表，单击其中的一种类型，即可将文字的下划线设置为该类型。

为文本设置了下划线后，再次单击【字体】组中的U按钮或按 Ctrl+U 键，即可取消所设置的下划线。

四、设置删除线

删除线就是文字中间的一条横线，单击【字体】组中的abc按钮，可以给文字加上删除线。再次单击该按钮，则可取消所加的删除线。

图 6-4 是粗体、斜体、下划线和删除线设置示例。

正常字体　**粗体**　*斜体*　下划线　~~删除线~~

粗体+斜体　**粗体+下划线**　***粗体+斜体+下划线***

单线下划线　双线下划线　粗线下划线

点下划线　短线下划线　点短线下划线

双点-短线下划线　波浪线下划线　只在 字下 加线

图6-4　粗体、斜体、下划线和删除线设置示例

6.1.3 设置上标、下标和大小写

一、设置上标

设置上标的常用方法如下。

- 按 Ctrl+Shift++ 键。
- 单击【字体】组中的 x^2 按钮。

对文本设置上标后，再次单击【字体】组中的 x^2 按钮或按 Ctrl+Shift++ 键，即可取消设置的上标。

二、设置下标

设置下标的常用方法如下。

- 按 Ctrl+Shift+- 键。
- 单击【字体】组中的 x_2 按钮。

对文本设置下标后，再次单击【字体】组中的 x_2 按钮或按 Ctrl+Shift+- 键，即可取消设置的下标。

图 6-5 是上标和下标设置示例。

三、设置大小写

单击【字体】组中的 Aa 按钮，打开如图 6-6 所示的【大小写】菜单，从中选择一个命令，即可进行相应的大小写设置。

$$a_3x^3+a_2x^{-2}+a_1x+a_0=0$$

图6-5 上标和下标设置示例

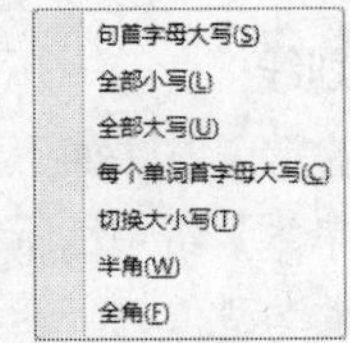

图6-6 【大小写】菜单

6.1.4 设置边框、底纹和突出显示

一、设置边框

单击【字体】组中的 A 按钮，可以给文字加上边框。再次单击该按钮，则可取消所加的边框。单击【段落】组中 按钮右边的 ▾ 按钮，在打开的框线类型列表中选择【外侧框线】，也可以给文字加上边框。

二、设置底纹

单击【字体】组中的 A 按钮，可以给文字加上灰色底纹。再次单击该按钮，则可取消所加的底纹。单击【段落】组中 按钮中的 ▾ 按钮，在打开的颜色列表中选择一种颜色，即可给文字加上该种颜色的底纹，如果选择【无颜色】，则可取消文字的底纹。

图 6-7 是字符加边框和底纹的示例。

汉字加边框　　汉字加底纹

图6-7 字符加边框和底纹的示例

三、设置突出显示

突出显示就是将文字设置成看上去像是用荧光笔做了标记一样。单击【字体】组中的按钮，突出显示的颜色为最近使用过的突出显示颜色。单击【字体】组中按钮右边的按钮，打开一个颜色列表，单击其中的一种颜色，即可选择该颜色为突出显示的颜色。

如果选定了文本，该文本则用相应的突出显示颜色标记；如果没有选定文本，鼠标指针变成状，用鼠标选定文本，该文本则用相应的突出显示颜色标记。再次用相同的突出显示的颜色标记该文字，则可取消突出显示的设置。

6.2 段落排版操作

两个回车符之间的内容（包括后一个回车符）为一个段落。段落格式主要包括对齐、缩进、行间距、段间距以及边框和底纹等。段落排版通常使用【开始】选项卡的【段落】组（如图 6-8 所示）中的工具来完成。

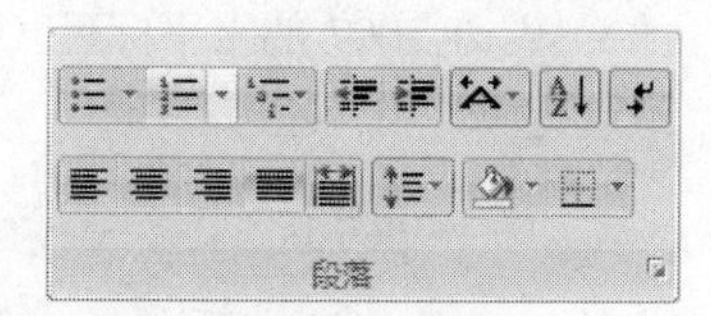

图6-8 【段落】组

在设置段落格式时，如果选定了段落，那么设置则对选定的段落生效；否则对光标所在的段落生效。

6.2.1 设置对齐方式

Word 2007 中段落的对齐方式主要有“左对齐”、“居中”、“右对齐”、“两端对齐”和“分散对齐”等。其中，“两端对齐”是默认对齐方式。设置对齐方式的方法有以下几种。

- 单击【段落】组中的按钮，可将当前段或选定的各段设置成“左对齐”方式，正文沿页面的左边对齐。
- 单击【段落】组中的按钮，可将当前段或选定的各段设置成“居中”方式，段落最后一行正文在该行中间。
- 单击【段落】组中的按钮，可将当前段或选定的各段设置成“右对齐”方式，段落最后一行正文沿页面的右边对齐。
- 单击【段落】组中的按钮，可将当前段或选定的各段设置成“两端对齐”方式，正文沿页面的左右边对齐。
- 单击【段落】组中的按钮，可将当前段或选定的各段设置成“分散对齐”，段落最后一行正文均匀分布。

图 6-9 是段落对齐的效果示例。

示例	对齐方式
培训班开学通知书	居中对齐
________先生/女士：	左 对 齐
“微机实用操作”培训班将于 5 月 18 日开课，时间是每星期四下午 2:00~4:00，由经验丰富的专家讲授，采取边学习边实践的教学方法，请准时上课。	两端对齐
上 课 地 点 ： 三 楼 微 机 室	分散对齐
2008 年 5 月 16 日	右 对 齐

图6-9 段落对齐的效果示例

6.2.2 设置段落缩进

段落缩进是指正文与页边距之间保持的距离，有“左缩进”、“右缩进”、“首行缩进”和“悬挂缩进”等方式。用工具按钮设置段落缩进的方法如下。

- 单击【段落】组中的按钮一次，当前段或选定各段的左缩进位置减少一个汉字的距离。
- 单击【段落】组中的按钮一次，当前段或选定各段的左缩进位置增加一个汉字的距离。

Word 2007 的水平标尺（如图 6-10 所示）上有 4 个小滑块，这几个滑块不仅体现了当前段落或选定段落相应缩进的位置，还可以设置相应的缩进。

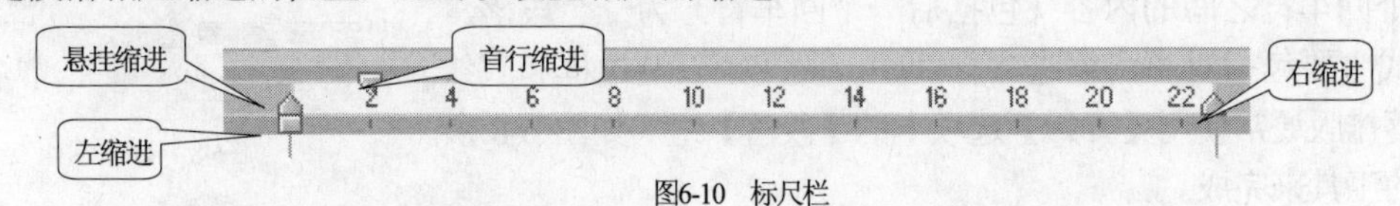

图6-10 标尺栏

用水平标尺设置段落缩进的方法如下。

- 拖动首行缩进滑块，可调整当前段或选定各段第 1 行缩进的位置。
- 拖动左缩进滑块，可调整当前段或选定各段左边界缩进的位置。
- 拖动悬挂缩进滑块，可调整当前段或选定各段中首行以外其他行缩进的位置。
- 拖动右缩进滑块，可调整当前段或选定各段右边界缩进的位置。

图 6-11 是段落缩进的示例。

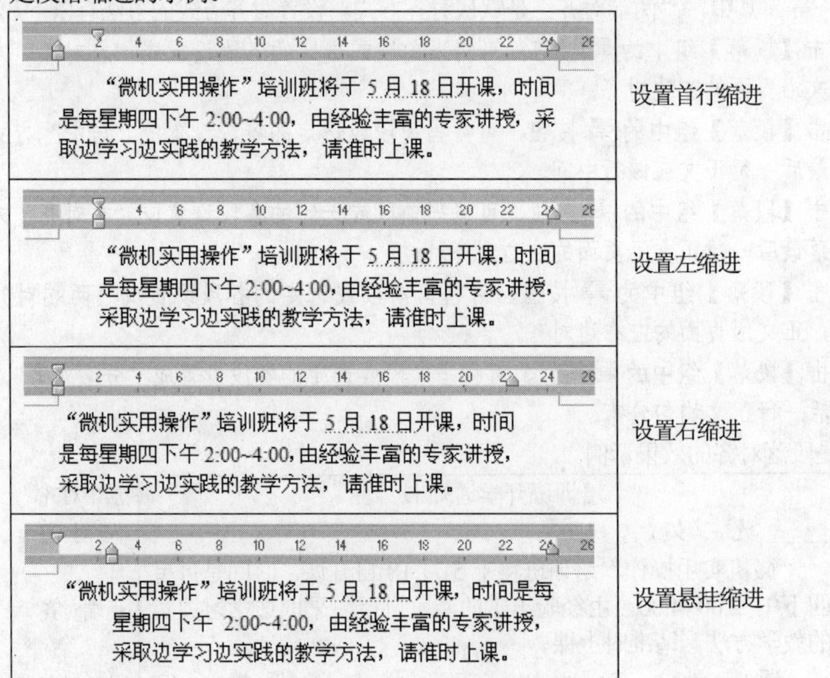

图6-11 段落缩进的示例

6.2.3 设置行间距

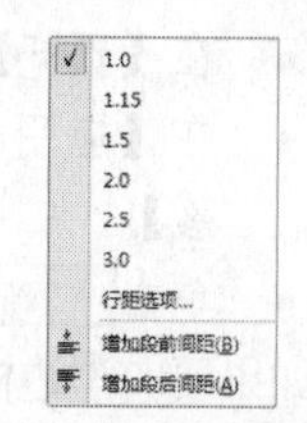

图6-12 【行距】列表

行间距是段落中各行文本间的垂直距离。Word 2007 默认的行间距称为基准行距，即单倍行距。

单击【段落】组中的按钮，打开如图 6-12 所示的【行距】列表，列表中的数值是基准行距的倍数，选择其中的一个，即可将当前段落或选定段落的行距设置成相应倍数的基准行距。如果选择【行距选项】命令，则会弹出一个对话框，从中可以设置更精确的行间距。

6.2.4 设置段落间距

段落间距是指相邻两段除行距外加大的距离，分为段前间距和段后间距。段落间距默认的单位是“行”，段落间距的单位还可以是“磅”。Word 2007 默认的段前间距和段后间距都是 0 行。

单击【段落】组中的按钮，打开如图 6-12 所示的【行距】列表，选择【增加段前间距】命令，即可将当前段落或选定段落的段前间距增加 12 磅；选择【增加段后间距】命令，即可将当前段落或选定段落的段后间距增加 12 磅。

增加了段前间距或段后间距后，【行距】列表中的【增加段前间距】命令将变成【删除段前间距】命令，【增加段后间距】命令将变成【删除段后间距】命令。选择一个命令，则可删除段前间距或段后间距，恢复成默认的段前间距或段后间距。

6.2.5 设置边框和底纹

一、设置边框

选定整个段落，单击【段落】组按钮中的按钮，在打开的边框列表中选择【外围框线】命令，即可将选定的段落加上边框；如果选择【无框线】命令，则可取消段落边框；如果选择【边框和底纹】命令，则弹出图 6-13 所示的【边框和底纹】对话框，当前选项卡是【边框】选项卡。

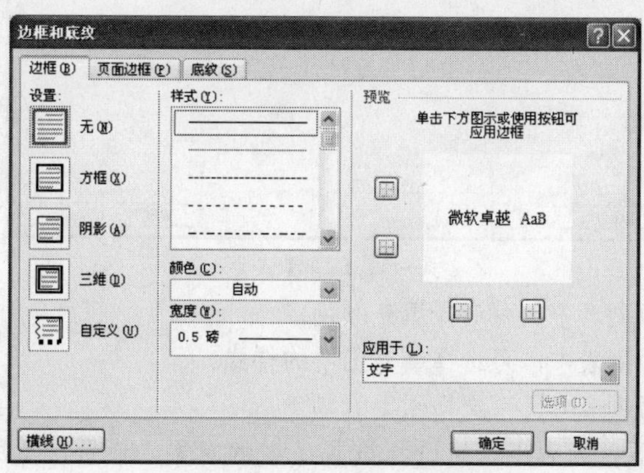

图6-13 【边框和底纹】对话框

在【边框】选项卡中，可进行以下操作。

- 在【设置】组中，可选择边框的类型。
- 在【样式】列表框中，可选择边框的线型。

- 在【颜色】下拉列表中，可选择边框的颜色。
- 在【宽度】下拉列表中，可选择边框的宽度。
- 在【预览】组中，单击相应的某个按钮，可设置或取消边线。
- 在【应用于】下拉列表中，可选择设置边框的对象，设置段落的边框应选择【段落】。
- 单击 确定 按钮，即可完成边框的设置。

如果要取消边框，在【边框和底纹】对话框中的【设置】选项中选择【无】选项即可。图 6-14 是段落边框设置的示例。

示例	边框类型
微机实用操作培训班将于 5 月 18 日开课，时间是每星期四下午 2:00~4:00，由经验丰富的专家讲授，采取边学习边实践的教学方法，请准时上课。	实线边框
微机实用操作培训班将于 5 月 18 日开课，时间是每星期四下午 2:00~4:00，由经验丰富的专家讲授，采取边学习边实践的教学方法，请准时上课。	双线边框
微机实用操作培训班将于 5 月 18 日开课，时间是每星期四下午 2:00~4:00，由经验丰富的专家讲授，采取边学习边实践的教学方法，请准时上课。	阴影边框

图6-14　段落边框设置示例

二、设置底纹

在【边框和底纹】对话框中打开【底纹】选项卡，如图 6-15 所示，从中可进行以下操作。

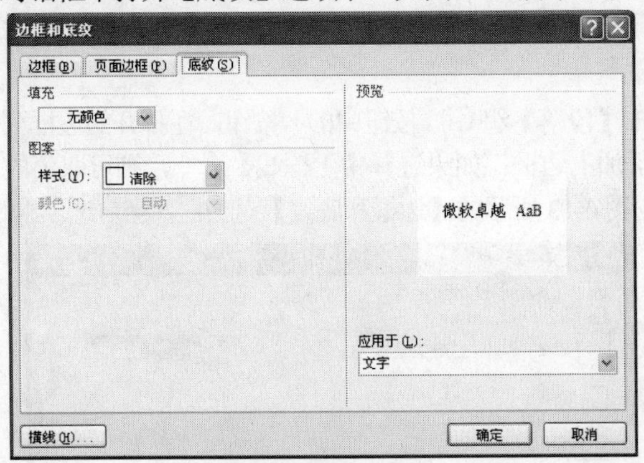

图6-15　【底纹】选项卡

- 在【填充】下拉列表中，可选择填充颜色。
- 在【样式】下拉列表中，可选择填充图案的样式。
- 在【颜色】下拉列表中，可选择图案的颜色。
- 在【应用于】下拉列表中，可选择设置底纹的对象，设置段落的底纹应选择【段落】。
- 单击 确定 按钮，即可完成底纹的设置。

如果要取消底纹，在【底纹】选项卡中的【填充】选项中选择【无颜色】选项，并且在【样式】下拉列表中选择【清除】选项即可。图 6-16 是底纹设置的示例。

微机实用操作培训班将于 5 月 18 日开课，时间是每星期四下午 2:00~4:00，由经验丰富的专家讲授，采取边学习边实践的教学方法，请准时上课。	12.5%灰色
微机实用操作培训班将于 5 月 18 日开课，时间是每星期四下午 2:00~4:00，由经验丰富的专家讲授，采取边学习边实践的教学方法，请准时上课。	25%灰色
微机实用操作培训班将于 5 月 18 日开课，时间是每星期四下午 2:00~4:00，由经验丰富的专家讲授，采取边学习边实践的教学方法，请准时上课。	下斜线
微机实用操作培训班将于 5 月 18 日开课，时间是每星期四下午 2:00~4:00，由经验丰富的专家讲授，采取边学习边实践的教学方法，请准时上课。	棚架

图6-16 底纹设置示例

6.2.6 设置项目符号

项目符号是放在段落前的圆点或其他符号，以增加强调效果。段落加上项目符号后，该段自动设置成悬挂缩进方式。项目符号有不同的列表级别，第一级没有左缩进，每增加一级，左缩进增加相当于两个汉字的位置。不同级别的项目符号，采用不同的符号。设置项目符号的常用方法如下。

- 单击【段落】组中的☰按钮，则用最近使用过的项目符号和列表级别设置当前段或选定各段的项目符号。
- 单击【段落】组☰按钮右边的▾按钮，打开如图 6-17 所示的【项目符号】列表，选择一种项目符号后，即可给当前段或选定各段加上该项目符号，列表级别是最近使用过的列表级别。
- 在【项目符号】列表中选择【定义新项目符号】命令，打开【定义新项目符号】对话框，从中可选择一个新的项目符号，或设置项目符号的字体和字号，还可选择一个图片作为项目符号。

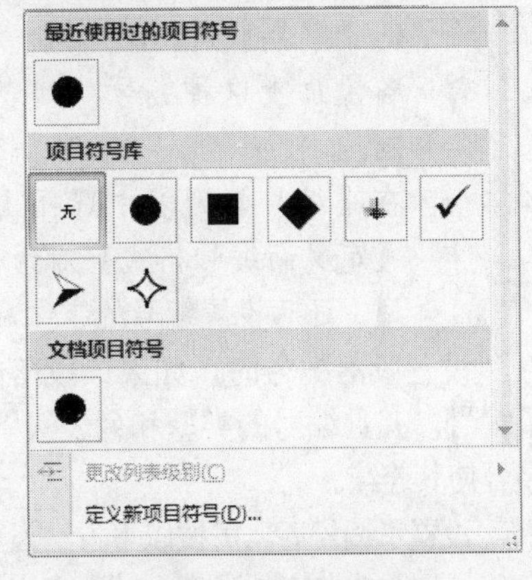

图6-17 【项目符号】列表

设置了项目符号后，可按以下方法设置项目符号的缩进。

- 把光标移动到项目符号第一项的段落中，单击【段落】组中的☰按钮，可增加该组所有项目符号的左缩进。
- 把光标移动到项目符号第一项的段落中，单击【段落】组中的☰按钮，可减少该组所有项目符号的左缩进。

设置了项目符号后，可按以下方法设置项目符号的列表级别。

- 把光标移动到项目符号非第一项的段落中，单击【段落】组中的☰按钮，可为项目符号增加一级列表级别。
- 把光标移动到项目符号非第一项的段落中，单击【段落】组中的☰按钮，可为项目符号减少一级列表级别。

设置了项目符号后，再次单击【段落】组中的按钮，即可取消所加的项目符号。图 6-18 是项目符号的示例。

● 项目符号第 1 项	● 第 1 级，第 1 项
● 项目符号第 2 项	■ 第 2 级，第 1 项
● 项目符号第 3 项	◆ 第 3 级，第 1 项
● 项目符号第 4 项	◆ 第 3 级，第 2 项
● 项目符号第 5 项	■ 第 2 级，第 2 项
● 项目符号第 6 项	● 第 1 级，第 2 项

图6-18　项目符号示例

6.2.7　设置编号

编号是放在段落前面的序号，以增强顺序性。段落加上编号，该段则自动设置成悬挂缩进方式。段落编号是自动维护的，添加和删除段落后，Word 2007 会自动调整编号，以保持编号的连续性。编号也有列表级别，其定义与项目符号的列表级别类似，只不过不同的列表级别，是使用不同的编号式样。常用的设置方法如下。

- 单击【段落】组中的按钮，则用最近使用过的编号方式和列表级别设置当前段或选定各段的编号。
- 单击【段落】组按钮右边的按钮，打开如图 6-19 所示的【编号】列表，选择一种编号后，即可给当前段或选定各段加上这种编号，列表级别则是最近使用过的列表级别。
- 在【编号】列表中选择【定义新编号格式】命令，打开【定义新编号格式】对话框，从中可选择一个新的编号类型，还可设置编号的字体和字号。

图6-19　【编号】列表

设置段落编号时，如果该段落的前一段落或后一段落已经设置了编号，并且编号的类型和列表级别相同，系统则会自动调整编号的序号使其连续。

设置了编号后，可按以下方法设置编号的缩进。

- 把光标移动到第一个编号的段落中，单击【段落】组中的按钮，可增加该组所有编号的左缩进。
- 把光标移动到第一个编号的段落中，单击【段落】组中的按钮，可减少该组所有编号的左缩进。

设置了编号后，可按以下方法设置编号的列表级别。

- 把光标移动到非第一个编号的段落中，单击【段落】组中的按钮，为编号增加一级列表级别。
- 把光标移动到非第一个编号的段落中，单击【段落】组中的按钮，为编号减少一级列表级别。

设置了编号后，再次单击【段落】组中的按钮，即可取消所加的编号。图 6-20 是编号设置的示例。

1. 编号第1项 2. 编号第2项 3. 编号第3项 4. 编号第4项 5. 编号第5项 6. 编号第6项	1. 第1级，第1项 a) 第2级，第1项 i.第3级，第1项 ii.第3级，第2项 b) 第2级，第2项 2. 第1级，第2项

图6-20 编号设置示例

6.3 页面排版操作

在 Word 2007 中，要设置整个页面的效果，可以对页面进行排版。页面排版内容包括：设置纸张，设置页面背景和边框，设置分栏，插入分隔符，插入页眉，页脚和页码。

6.3.1 设置纸张

Word 文档最后通常要在纸张上打印出来，纸张的大小和方向直接影响排版的效果。纸张的设置包括纸张大小、纸张方向和页边距。设置纸张通常使用【页面布局】选项卡【页面设置】组（如图 6-21 所示）中的工具来完成。

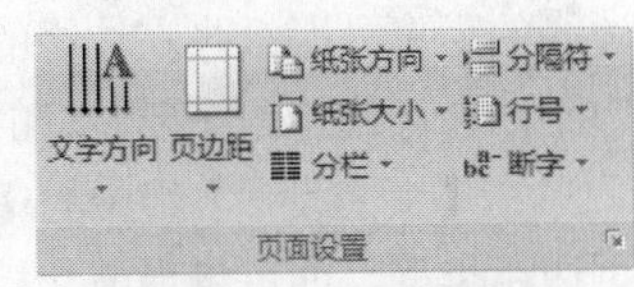

图6-21 【页面设置】组

一、设置纸张大小

单击【页面设置】组中的纸张大小按钮，打开图 6-22 所示的【纸张大小】列表，从中选择一种纸张类型，即可将当前文档的纸张设置为相应的大小。如果选择【其他页面大小】命令，则可弹出【页面设置】对话框，当前选项卡是【纸张】，如图 6-23 所示。

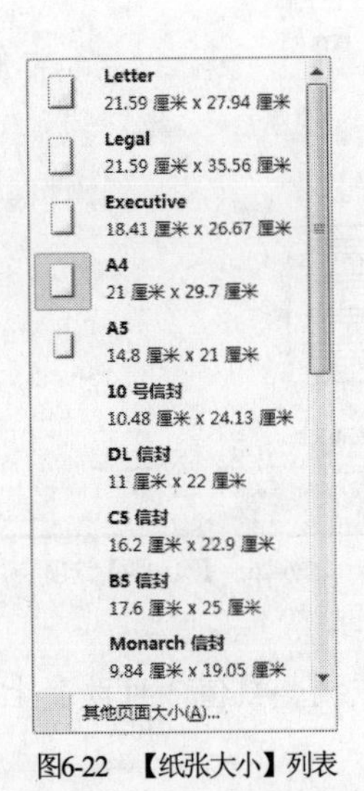

图6-22 【纸张大小】列表

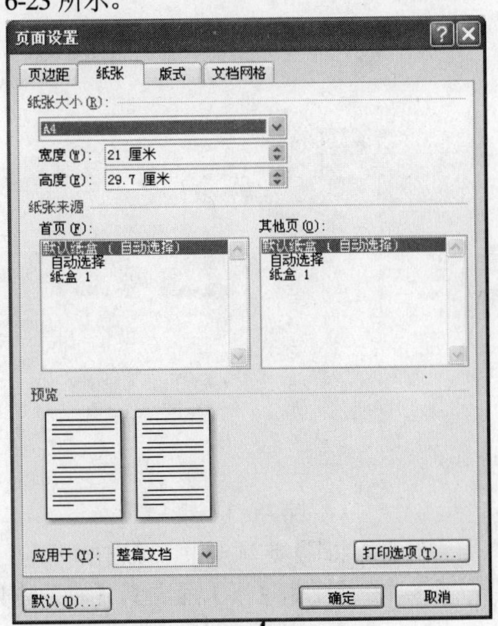

图6-23 【纸张】选项卡

在【纸张】选项卡中，可进行以下操作。

- 在【纸张大小】下拉列表中选择所需要的标准纸张类型，Word 2007 默认的设置为

【A4（21 厘米×29.7 厘米）】纸。

- 如果标准纸张类型不能满足需要，可在【高度】和【宽度】数值框内输入或调整高度或宽度数值。
- 在【应用于】下拉列表中，可选择要应用的文档范围，默认范围是【整篇文档】。
- 单击 确定 按钮，即可完成纸张的设置。

二、设置纸张方向

纸张的方向有横向和纵向两种，通常情况下，默认的纸张方向是纵向。根据需要，可以改变纸张的方向。单击【页面设置】组中的 纸张方向 按钮，打开如图 6-24 所示的【纸张方向】列表，从中选择一种方向，即可将当前文档的纸张设置为相应的方向。

图6-24 【纸张方向】列表

三、设置页边距

页边距是页面四周的空白区域。通常可以在页边距的可打印区域中插入文字和图形；也可以将某些项放在页边距中，如页眉、页脚和页码等。页边距包括 4 项：距纸张上边缘的距离、距纸张下边缘的距离、距纸张左边缘的距离和距纸张右边缘的距离。除了页边距外，有时还需要设置装订线边距，装订线边距在要装订的文档两侧或顶部添加额外的边距空间，以免因装订而遮住文字。

单击【页面设置】组中的【页边距】按钮，打开如图 6-25 所示的【页边距】列表，从中选择一种页边距类型，即可将当前文档的纸张设置为相应的边距。如果选择【自定义边距】命令，则可弹出【页面设置】对话框，当前选项卡是【页边距】，如图 6-26 所示。

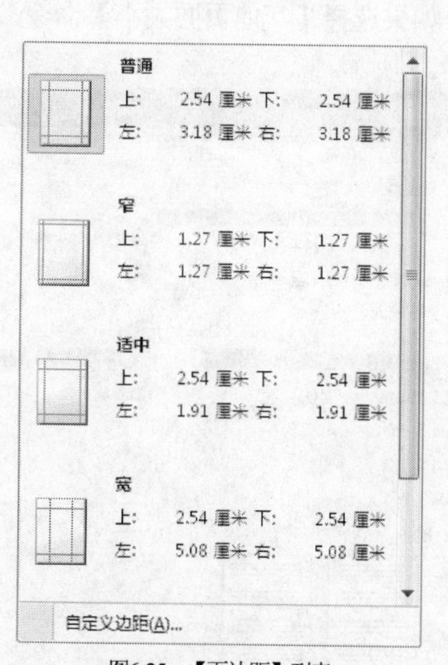

图6-25 【页边距】列表

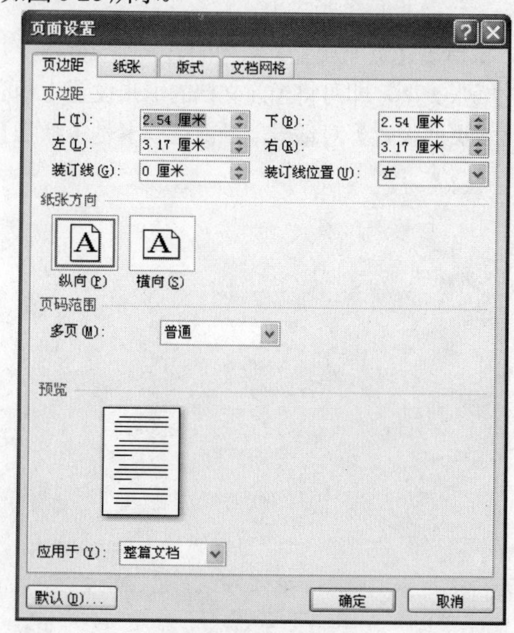

图6-26 【页边距】选项卡

在【页边距】选项卡中，可进行以下操作。

- 在【上】、【下】、【左】、【右】等数值框中输入数值或调整数值，可改变上、下、左、右边距。
- 在【装订线】数值框中输入或调整数值，打印后将保留出装订线距离。
- 在【装订线位置】下拉列表中可选择装订线的位置。

- 在【应用于】下拉列表中，可选择页边距的作用范围。
- 单击 确定 按钮，即可完成页边距的设置。

6.3.2 设置页面背景和边框

页面背景是指文本后面的文本或图片，页面背景通常用于增加趣味或标识文档状态。页面背景设置包括水印和页面颜色。通常使用【页面布局】选项卡【页面背景】组（如图 6-27 所示）中的工具来完成。

图6-27 【页面背景】组

一、设置水印

水印是出现在文档文本后面的浅色文本或图片。单击【页面背景】组中的 水印 按钮，打开如图 6-28 所示的【水印】列表，从中可进行以下操作。

- 选择一种水印类型，可将页面的背景设置为相应的水印效果。
- 选择【删除水印】命令，可取消页面背景的水印效果。
- 选择【自定义水印】命令，弹出如图 6-29 所示的【水印】对话框。

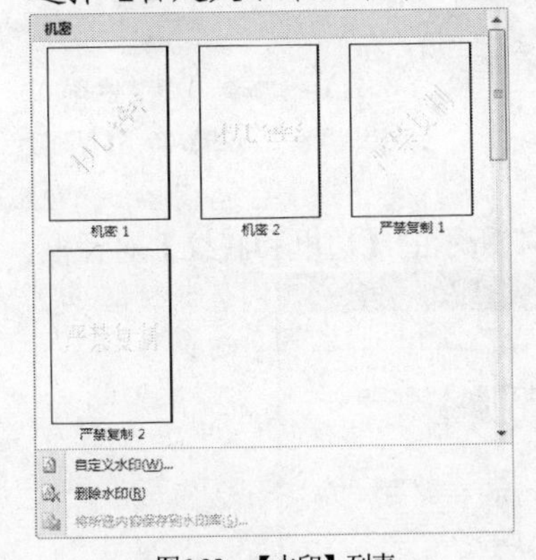

图6-28 【水印】列表

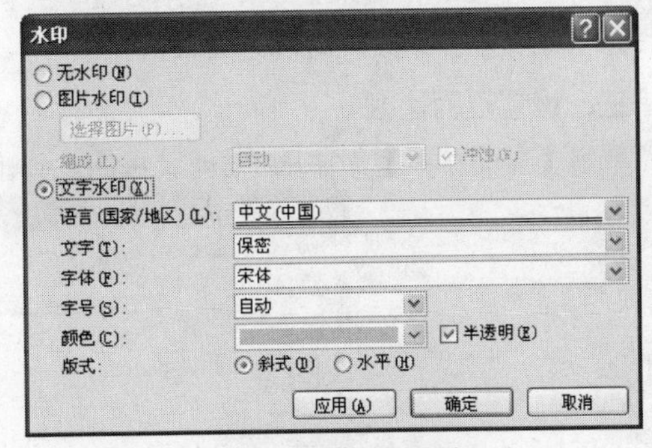

图6-29 【水印】对话框

在【水印】对话框中，可进行以下操作。

- 选择【无水印】单选项，则页面无水印。
- 选择【图片水印】单选项，则以图片为页面水印，该组中其他选项被激活。
- 选择【图片水印】单选项后，单击 选择图片(P)... 按钮，打开【插入图片】对话框，可从中选择一个图片作为水印。
- 选择【图片水印】单选项后，在【缩放】下拉列表中可选择图片的缩放比例。
- 选择【图片水印】单选项后，如果选择【冲蚀】复选项，即可将所选择的图片淡化处理后作为水印。
- 选择【文字水印】单选项，则以文字作为页面水印，该组中的选项被激活。
- 选择【文字水印】单选项后，在【语言】下拉列表中选择语言的种类，则以该语言的文字作为水印。
- 选择【文字水印】单选项后，在【文字】下拉列表中可选择或输入水印的文字。
- 选择【文字水印】单选项后，在【字体】下拉列表中可选择水印文字的字体。
- 选择【文字水印】单选项后，在【字号】下拉列表中可选择水印文字的字号。
- 选择【文字水印】单选项后，在【颜色】下拉列表中可选择水印文字的颜色。

- 选择【文字水印】单选项后，如果选择【版式】组中的【斜式】单选项，水印文字则斜排；如果选择【水平】单选项，水印文字则水平排列。
- 选择【文字水印】单选项后，如果选择【半透明】复选项，水印文字则呈半透明状态。
- 单击 应用(A) 按钮，按所进行的设置水印，不关闭对话框。
- 单击 确定 按钮，按所进行的设置水印，关闭对话框。

二、设置页面颜色

单击【页面背景】组中的 页面颜色 按钮，打开如图 6-30 所示的【页面颜色】列表，从中可进行以下操作。

- 从【页面颜色】列表中选择一种颜色，即可将页面的背景色设置为相应的颜色。
- 选择【无颜色】命令，则取消页面背景色的设置。
- 选择【其他颜色】命令，弹出【颜色】对话框，从中可自定义一种颜色作为页面的背景色。
- 选择【填充效果】命令，弹出【填充效果】对话框，从中可设置页面颜色的填充效果。

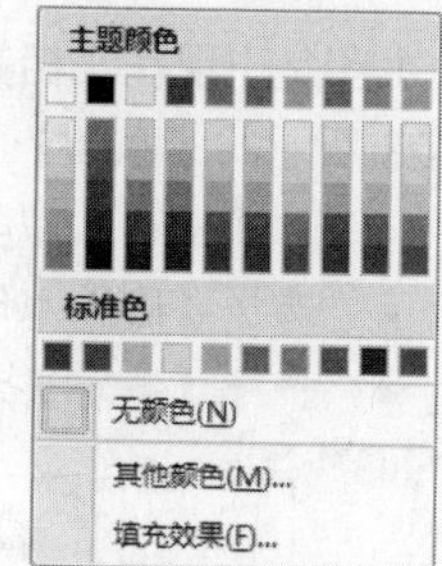

图6-30 【页面颜色】列表

三、设置页面边框

单击【页面背景】组中的 页面边框 按钮，弹出如图 6-31 所示的【边框和底纹】对话框。

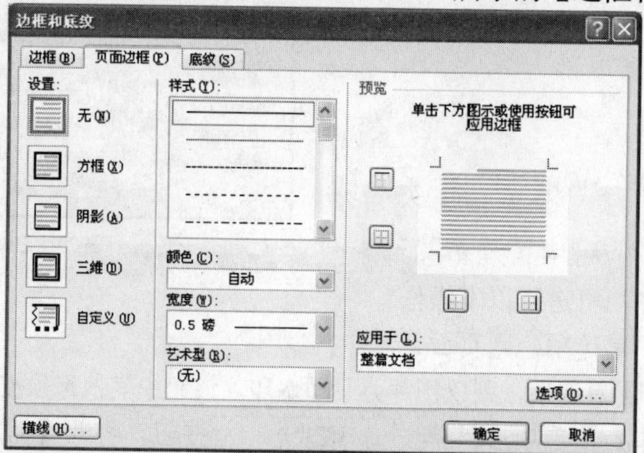

图6-31 【边框和底纹】对话框

在【边框和底纹】对话框的【页面边框】选项卡中，可进行以下操作。

- 在【设置】组中可选择某种类型的页面边框。如果选择【无】类型，页面则没有边框。
- 在【样式】列表框中，可选择页面边框线的样式。
- 在【颜色】下拉列表中，可选择页面边框的颜色。
- 在【宽度】下拉列表中，可选择页面边框线的宽度。
- 在【艺术型】下拉列表中，可选择一种艺术型的页面边框。
- 在【应用于】下拉列表中，可选择页面边框应用的范围，默认是【整篇文档】。
- 单击 选项(O)... 按钮，弹出【边框和底纹选项】对话框，从中可设置边框在页面中的位置。
- 单击 确定 按钮，可确认设置的页面边框。

6.3.3 设置分栏

分栏就是将文档的内容分成多列显示，每一列称为一栏。设置分栏时，如果选定了段落，选定的段落则被设置成相应的分栏格式；如果没有选定段落，当前节内的所有段落则设置成相应的分栏格式。有关节的概念，可参阅“6.3.4 插入分隔符”小节。

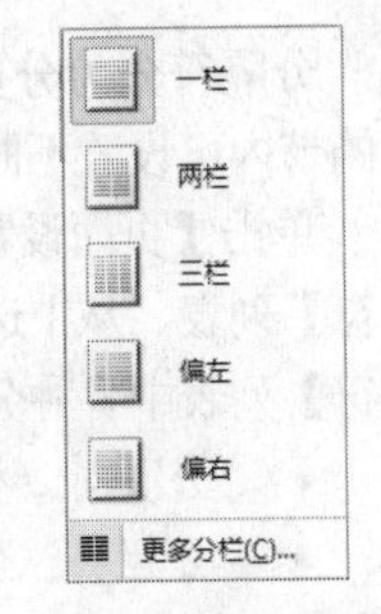

图6-32 【分栏】列表

单击【页面设置】组中的分栏按钮，打开如图 6-32 所示的【分栏】列表，选择某一分栏样式后，就可进行相应的分栏。如果选择【一栏】类型，即可取消分栏的设置；如果选择【更多分栏】命令，则会弹出如图 6-33 所示的【分栏】对话框。

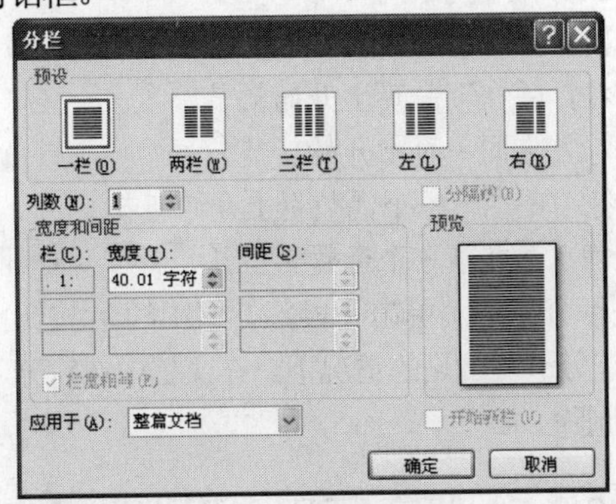

图6-33 【分栏】对话框

在【分栏】对话框中，可进行以下操作。

- 在【预设】组中，可选择所需要的分栏样式，【一栏】表示不分栏。
- 在【列数】数值框中可输入或调整所需的栏数。
- 在各个【宽度】数值框中可输入所需的栏宽度，在各个【间距】数值框中可输入本栏与其右边栏之间的间距。
- 如果选择【分隔线】复选项，各栏间会加上分隔线。
- 如果选择【栏宽相等】复选项，各栏的宽度相同。
- 单击 确定 按钮，即可按所进行的设置分栏。

如果没有选定段落就设置分栏，常常会出现最后一页的最后一栏与前面栏的高度不同的情况，如图 6-34 所示。只要在最后一栏的末尾插入一个【连续】分节符（可参阅“6.3.4 插入分隔符”小节），即可使各栏的高度相同，如图 6-35 所示。

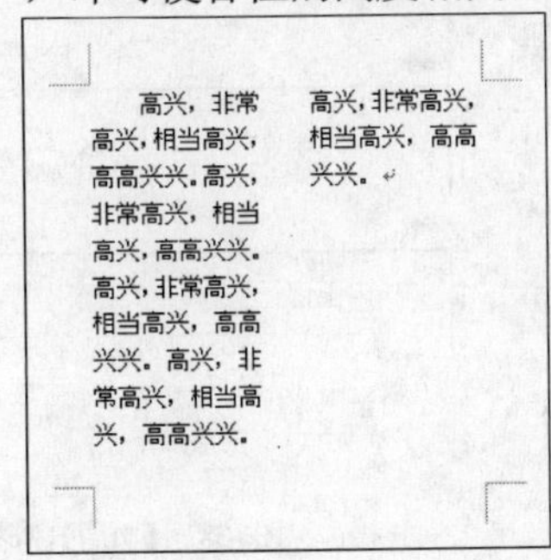

图6-34 未插入【连续】分节符的分栏

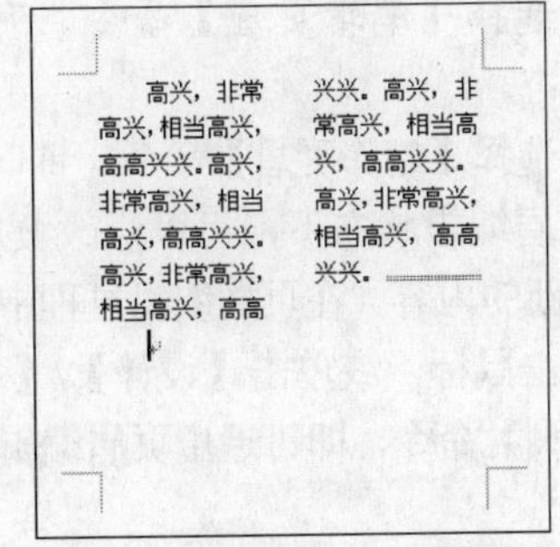

图6-35 插入【连续】分节符分栏

6.3.4　插入分隔符

分隔符分为分页符和分节符两种，分页符用来开始新的一页，分节符用来开始新的一节，不同的节内可设置不同的排版方式，默认情况下整个文档是一节。

单击【页面设置】组中的分隔符按钮，打开如图 6-36 所示的【分隔符】列表，从中选择一种分隔符，即可在光标处插入该分隔符。【分隔符】列表中各种分隔符的作用如下。

- 分页符：标记一页终止，并开始下一页。
- 分栏符：指示分栏符后面的文字将从下一栏开始。有关分栏的内容，可参阅“6.3.3 设置分栏”小节。
- 自动换行符：分隔网页上对象周围的文字。
- 下一页：插入分节符，并在下一页上开始新节。
- 连续：插入分节符，并在同一页上开始新节。
- 偶数页：插入分节符，并在下一个偶数页上开始新节。
- 奇数页：插入分节符，并在下一个奇数页上开始新节。

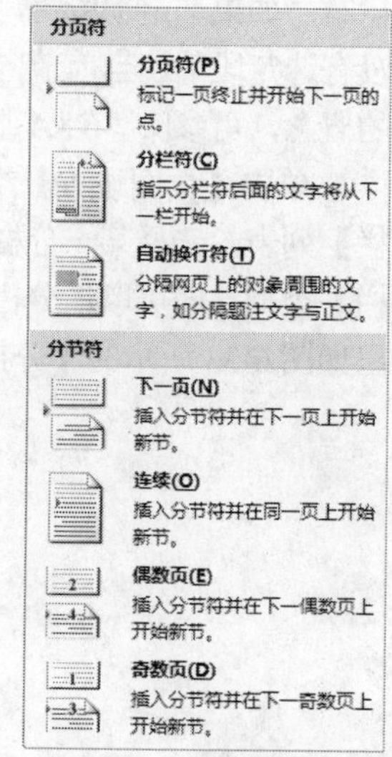

图6-36　【分隔符】列表

默认情况下，分节符是不可见的。单击【段落】组中的按钮，可显示段落标记和分节符。在分节符可见的情况下，在文档中选定分节符后，按Delete键即可将其删除。

6.3.5　插入页眉、页脚和页码

页眉和页脚是文档中每个页面的顶部、底部和两侧的页边距中的区域。在页眉和页脚中可插入文本或图形。页码是为文档每页所编的号码，通常添加在页眉或页脚中。通常使用【插入】/【页眉和页脚】组（如图 6-37 所示）中的工具，插入页眉、页脚和页码。

图6-37　【页眉和页脚】组

一、插入页眉

单击【页眉和页脚】组中的【页眉】按钮，打开如图 6-38 所示的【页眉】列表，从中可进行以下操作。

- 选择一种页眉类型，可插入该类型的页眉。这时光标会出现在页眉中，可以修改页眉。同时，功能区中会增添一个【设计】选项卡。
- 选择【编辑页眉】命令，可以进入页眉编辑状态。
- 选择【删除页眉】命令，可以删除插入的页眉。

在页眉编辑状态下，可以修改页眉中各域的内容，也可以输入新的内容。在页眉编辑过程中，不能编辑文档。在文档中双击鼠标，或单击【设计】/【关闭】组中的【关闭页眉和页脚】命令，即可退出页眉编辑状态，返回文档编辑状态。

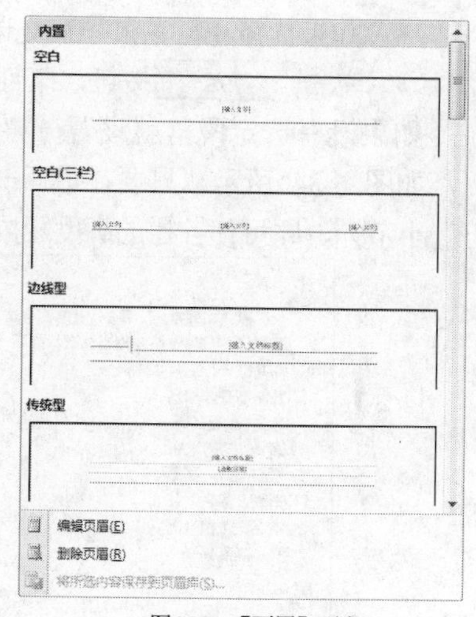

图6-38　【页眉】列表

二、插入页脚

单击【页眉和页脚】组中的【页脚】按钮，打开【页脚】列表，【页脚】列表与【页眉】列表类似，相应的操作也类似，这里不再重复。

三、插入页码

页码是文档页数的编号，页码通常插在页眉或页脚中。单击【页眉和页脚】组中的【页码】按钮，打开如图 6-39 所示的【页码】列表，从中可进行以下操作。

- 选择【页面顶端】命令，打开【页面顶端】子菜单，从中选择一种页码类型后，即可在页面顶端插入相应类型的页码。
- 选择【页面底端】命令，打开【页面底端】子菜单，从中选择一种页码类型后，即可在页面底端插入相应类型的页码。
- 选择【页边距】命令，打开【页边距】子菜单，从中选择一种页码类型后，即可在页边距中插入相应类型的页码。

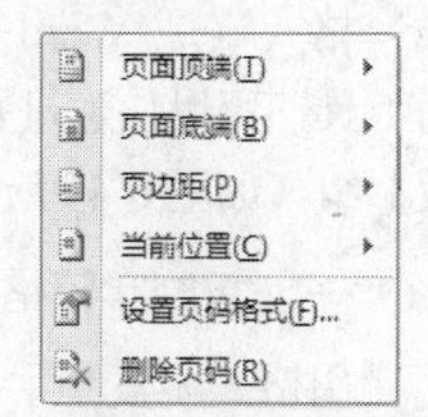

图6-39 【页码】列表

- 选择【当前位置】命令，打开【当前位置】子菜单，从中选择一种页码类型后，即可在当前位置插入相应类型的页码。
- 选择【删除页码】命令，可以删除已插入的页码。
- 选择【设置页码格式】命令，弹出如图 6-40 所示的【页码格式】对话框。

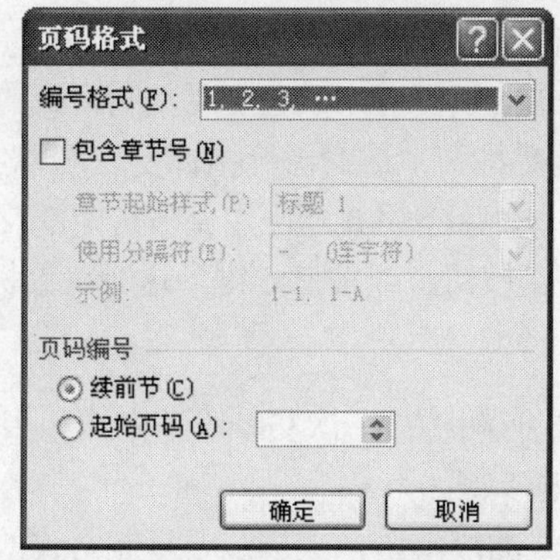

图6-40 【页码格式】对话框

在【页码格式】对话框中，可进行以下操作。

- 在【编号格式】下拉列表中，可选择一种页码的编号格式。
- 选择【包含章节号】复选项，页码中可包含章节号，该组中的选项被激活，可继续进行相应的设置。
- 选择【包含章节号】复选项后，在【章节起始样式】下拉列表中可选择起始标题的级别（如标题 1、标题 2 等）。
- 选择【包含章节号】复选项后，在【使用分隔符】下拉列表中可选择不同级别标题之间的分隔符。
- 选择【续前节】单选项，页码接着前一节的编号，如果整个文档只有一节，页码则从 1 开始编号。
- 选择【起始页码】单选项，可在右边的数值框中输入或调整起始页码。
- 单击 确定 按钮，可确认设置的页码格式。

6.4 高级排版操作

Word 2007 的高级排版操作包括使用格式刷、使用样式和使用模板。

6.4.1 使用格式刷

格式刷是 Word 2007 提供的用来复制文本、段落和一些基本图形格式的工具，可以快速进行格式化。格式刷按钮被组织在【开始】选项卡【剪贴板】组（如图 6-41 所示）中。

图6-41 【剪贴板】组

一、复制字符格式

用格式刷复制字符格式的方式有两种：一次复制字符格式和多次复制字符格式。

用格式刷一次复制字符格式的步骤如下。

(1) 将光标移动到要复制格式的字符前，或选定要复制格式的字符。

(2) 单击【剪贴板】组中的按钮，这时鼠标指针变成状。

(3) 用鼠标在文档中选定文本，字符格式即应用到被选定的文本上，这时，鼠标指针恢复到 I 状。

用格式刷多次复制字符格式的步骤如下。

(1) 将光标移动到要复制格式的字符前，或选定要复制格式的字符。

(2) 双击【剪贴板】组中的按钮，这时鼠标指针变成状。

(3) 用鼠标在文档中选定文本，字符格式即应用到被选定的文本上。这一步骤可多次使用。

(4) 单击【剪贴板】组中的按钮，或按 Esc 键，这时，鼠标指针恢复到 I 状。

二、复制段落格式

用格式刷复制段落格式的方式有两种：一次复制段落格式和多次复制段落格式。

用格式刷一次复制段落格式的步骤如下。

(1) 将光标移动到要复制格式的段落中，或选定要复制格式的段落（包括段落标记）。

(2) 单击【剪贴板】组中的按钮，这时鼠标指针变成状。

(3) 用鼠标选定整个段落，或在段落中单击鼠标，段落格式即应用到被选定的段落或当前段落上，这时，鼠标指针恢复到 I 状。

用格式刷多次复制段落格式的步骤如下。

(1) 将光标移动到要复制格式的段落中，或选定要复制格式的段落（包括段落标记）。

(2) 双击【剪贴板】组中的按钮，这时鼠标指针变成状。

(3) 用鼠标选定整个段落，或在段落中单击鼠标，段落格式即应用到被选定的段落或当前段落上。这一步骤可多次使用。

(4) 单击【剪贴板】组中的按钮，或按 Esc 键，这时，鼠标指针恢复到 I 状。

6.4.2 使用样式

在 Word 2007 中，用户可以使用系统提供的样式，或使用自己定义的样式。样式是经过特殊打包的格式的集合，可以一次应用多种格式。Word 2007 还提供有快速样式，快速样式是一些精心设计的样式集合（如多种级别的标题样式、正文文本样式、引用的样式等），这些样式可以非常协调地相互搭配，能使文档的外观具有专业水准。

文档的模板中预定义了若干种样式和快速样式，在排版过程中使用这些样式，不仅可以快速排版，而且可使排版的风格前后统一。通过【开始】/【样式】组（如图 6-42 所示）中的工具，可以方便地使用样式。

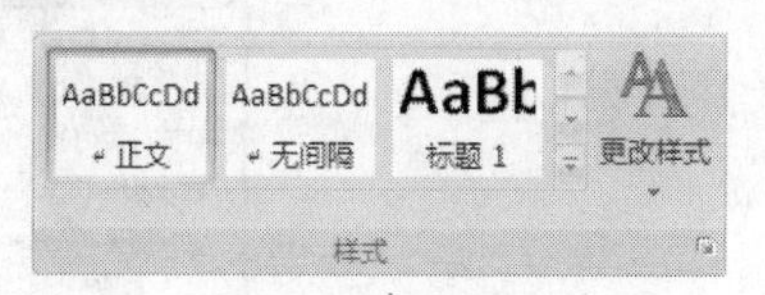

图6-42 【样式】组

一、应用样式

要对文本应用快速样式，应先选定这些文本。要对段落应用样式，应先选定该段落或将光标移动到段落中。应用样式的方式有两种：应用快速样式和应用样式。

(1) 应用快速样式。

在【样式】组中，应用快速样式的方法如下。

- 单击【快速样式】列表中的一个的样式（图 6-42 中为“正文”、“无间隔”和“标题 1”等 3 种快速样式），文本或段落即可应用该快速样式。
- 单击 按钮，以展开【快速样式】列表（如图 6-43 所示），单击其中的一个样式，文本或段落即可应用该快速样式。

(2) 应用样式。

单击【样式】组右下角的 按钮，打开【样式】任务窗格，如图 6-44 所示。

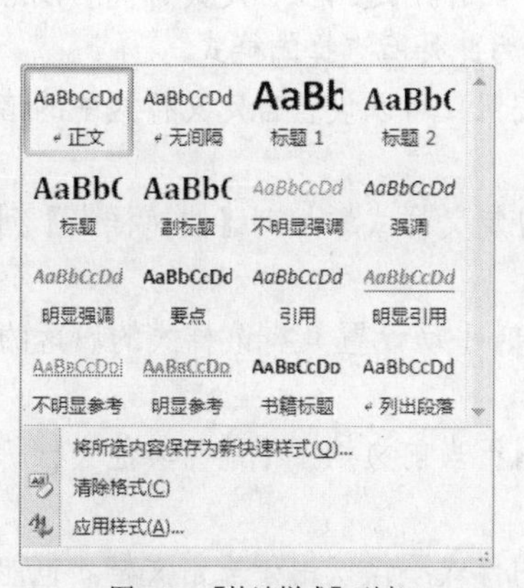

图6-43 【快速样式】列表

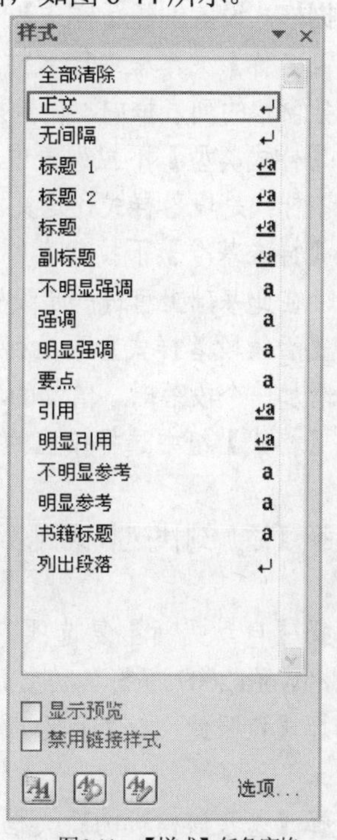

图6-44 【样式】任务窗格

【样式】任务窗格中列出了文档模板所定义的样式以及用户自定义的样式。【样式】任务窗格中样式的使用方法与快速样式的使用方法大致相同。

二、自定义样式

在【样式】任务窗格中单击 按钮，弹出如图 6-45 所示的【根据格式设置创建新样式】对话框。

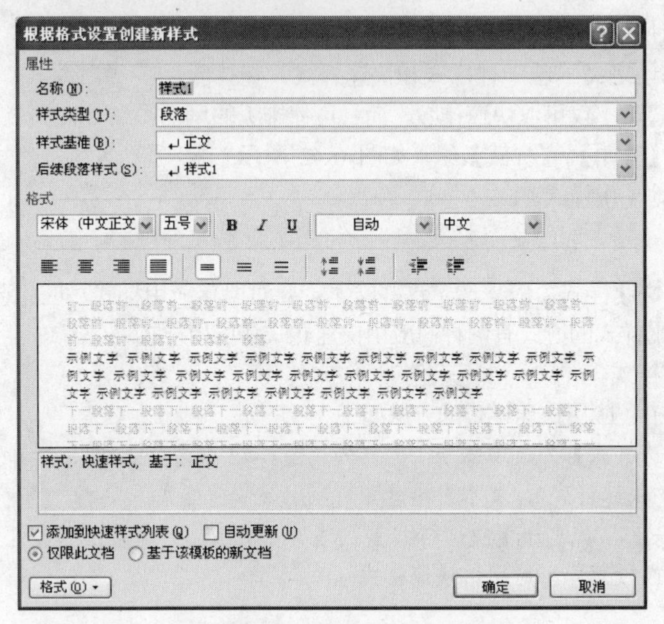

图6-45 【根据格式设置创建新样式】对话框

在【根据格式设置创建新样式】对话框中，可进行以下操作。

- 在【名称】文本框中输入样式的名称。样式设置完成后，该名称将出现在【样式】任务窗格的列表框中，供选择使用。
- 在【样式类型】下拉列表中选择样式的类型，有【段落】和【文本】两个选项，表示该样式是段落样式还是文本样式。
- 在【样式基准】下拉列表中选择一种样式，把该样式的所有设置复制到自定义样式中，在此基础上可进一步设置。
- 在【后续段落样式】下拉列表中选择一种样式，其作用是：在自定义样式的段落后面增加一个段落时，增加的段落所采用的样式即为此处所选择的样式。
- 在【格式】组中选择相应的选项或单击相应的按钮，可以设置自定义样式中的诸格式。
- 选择【添加到快速样式列表】复选项，则将该自定义样式添加到【快速样式】列表中。
- 选择【自动更新】复选项，则在文档中无论何时手动设置具有该样式的段落的格式，Word 2007 都将自动重新定义该样式。
- 选择【仅限此文档】单选项，所创建的样式仅用于当前文档，不能为其他文档所使用。
- 选择【基于该模板的新文档】单选项，所创建的样式不仅仅用于当前文档，也能为基于当前文档的模板所建立的新文档所使用。
- 单击 格式(O) 按钮，在弹出的格式列表中选择一个格式，可对自定义样式中的该格式进行相应的设置。
- 单击 确定 按钮，即可完成自定义样式，同时关闭对话框。

进行自定义样式操作后，在【样式】任务窗格中会看到所定义的样式。如果自定义样式时选择了【添加到快速样式列表】复选项，在【快速样式】列表中则会看到所定义的样式。

6.4.3 使用模板

Word 文档都是基于模板的，模板是一种文档类型，包含了相应的页面布局、样式等。在创建基于某模板的文档时，会创建模板本身的副本。在 Word 2007 中，模板可以是一个“.dotx”文件，或者是“.dotm ”文件（“.dotm”文件类型允许在文件中启用宏）。

例如，商务计划是在 Word 中编写的一种常用文档。用户可以使用具有预定义的页面布局、字体、边距和样式的模板，而不必从头开始创建商务计划的结构。用户只需打开一个模板，然后填充特定于自己文档的文本和信息即可。

可以在模板中提供建议的部分或必需的文本以供其他人使用，还可以提供内容控件（如预定义的下拉列表或特殊徽标），在这方面模板与文档极其相似。可以对模板中的某个部分添加保护，也可以对模板应用密码，以防止对模板的内容进行更改。

使用模板，不仅可以快速地建立特定的文档，还可以对文档的格式进行统一的设置。用户可以创建一个基于特定模板的文档，还可以对已经建立的文档加载模板。另外，用户也可以自定义模板。

一、应用模板

应用模板的方式有两种：使用模板创建文档和加载模板。

(1) 使用模板创建文档。

在启动 Word 2007 时，都会建立一个基于默认模板（Normal.dotm）的文档，该模板中包含了决定文档基本外观的默认样式和自定义设置。如果没有特殊要求，对于一般的应用，Normal.dotm 模板就足够了。

还可以使用 Word 2007 自带的其他模板建立文档（可参阅“5.4 Word 2007 的文档操作”一节）。此外，可以在 Microsoft Office Online 上找到大多数种类的文档的 Word 模板，如小册子、会议议程、贺卡、合同、费用报表、传真、新闻稿和备忘录等。

通过模板来创建特定的文档，可以充分地利用专业人员的设计成果，不仅省时、省力，而且效果美观。图 6-46 是基于“设计名片（横式）3”模板建立的文档，图 6-47 是基于“产品宣介 3”模板建立的文档。像这类文档，用户只需要在模板的基础上添加相应的信息，或稍加改动，即可快速产生一份图文并茂、生动活泼、布局合理、色彩协调的具有专业设计水准的文档。

图6-46 基于“设计名片（横式）3”模板建立的文档

图6-47 基于“产品宣介 3”模板建立的文档

(2) 加载模板。

对于已经建立好的文档，还可以更改模板。这样，会对文档进行统一的格式设置。例如，作者将书稿提交给出版社后，出版社在编辑书稿时，可把书稿的模板更改为专用的出版模板，这样，即可快速对书稿进行排版。

加载模板的操作步骤如下。

1. 单击按钮，在打开的菜单中选择【Word 选项】命令，弹出【Word 选项】对话框。
2. 单击加载项按钮，此时的【Word 选项】对话框如图 6-48 所示。
3. 在【管理】下拉列表中，选择【Word 加载项】，然后单击转到(G)...按钮，弹出【模板和加载项】对话框，打开【模板】选项卡，如图 6-49 所示。

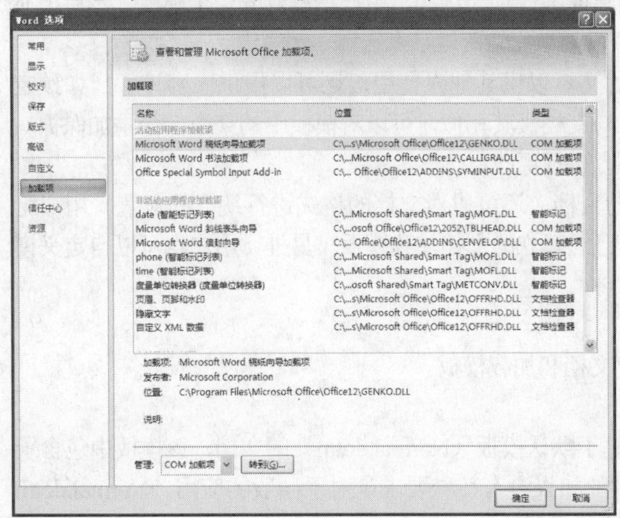

图6-48 【Word 选项】对话框

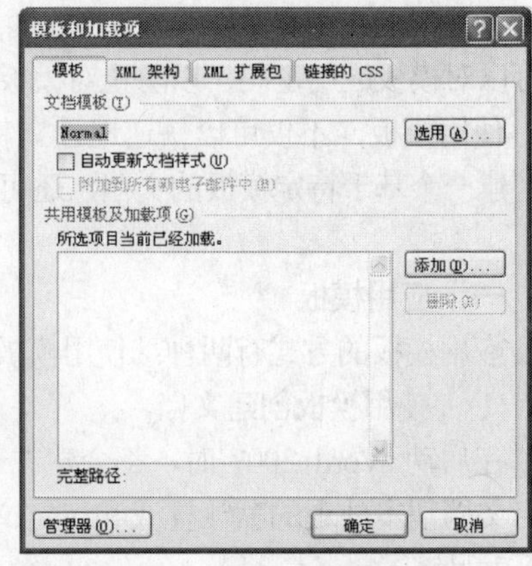

图6-49 【模板和加载项】对话框

4. 单击选用(A)...按钮，从弹出的对话框中可选择所需要的模板。
5. 单击确定按钮，当前模板即加载为指定的模板。

二、自定义模板

自定义模板的方式有 3 种：从空白模板开始创建模板、基于现有的文档创建模板和基于现有的模板创建模板。

(1) 从空白模板开始创建模板。

从空白模板开始创建模板的步骤如下。

1. 单击按钮，在打开的菜单中选择【新建】命令，弹出如图 6-50 所示的【新建文档】对话框。
2. 选择【空白文档】，然后单击创建按钮。
3. 根据需要，对边距设置、页面大小和方向、样式以及其他格式进行更改。
4. 还可以根据希望出现在基于该模板创建的所有新文档中的内容，添加相应的说明文字、内容控件（如日期选取器）和图形等。
5. 单击按钮，在打开的菜单中选择【另存为】命令，弹出如图 6-51 所示的【另存为】对话框。
6. 在【保存位置】组选择【受信任模板】。
7. 在【文件名】文本框中指定新模板的文件名，在【保存类型】下拉列表中选择【Word 模板】，然后单击保存(S)按钮即可。

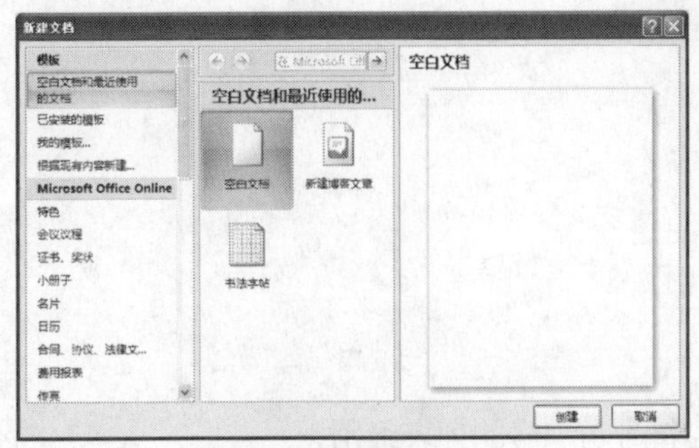

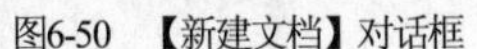
图6-50 【新建文档】对话框

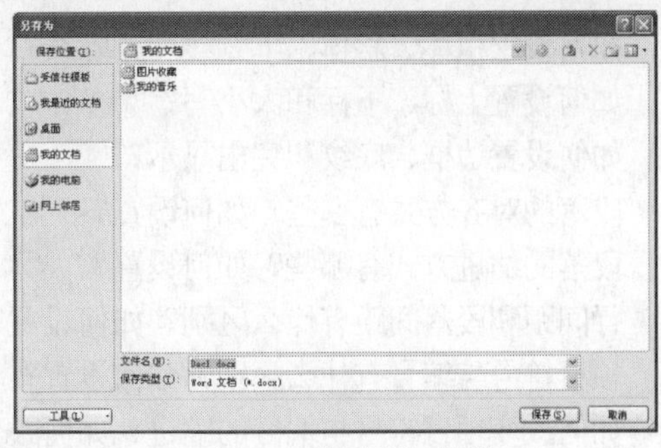

图6-51 【另存为】对话框

(2) 基于现有的文档创建模板。

基于现有的文档创建模板的步骤如下。

1. 单击按钮，在打开的菜单中选择【打开】命令，弹出【打开】对话框。
2. 打开所需的文档。
3. 单击按钮，在打开的菜单中选择【另存为】命令，弹出如图 6-51 所示的【另存为】对话框。
4. 在【保存位置】组选择【受信任模板】。
5. 在【文件名】文本框中指定新模板的文件名，在【保存类型】下拉列表中选择【Word 模板】，然后单击 保存(S) 按钮即可。

(3) 基于现有的模板创建模板。

基于现有的模板创建模板的步骤如下。

1. 单击按钮，在打开的菜单中选择【新建】命令，弹出如图 6-50 所示的【新建文档】对话框。
2. 在【模板】组中选择【根据现有内容新建】命令。
3. 在【模板列表】中选择与要创建的模板相似的模板，然后单击 创建 按钮。
4. 根据需要，对边距设置、页面大小和方向、样式以及其他格式进行更改。
5. 还可以根据希望出现在基于该模板创建的所有新文档中的内容，添加相应的说明文字、内容控件（如日期选取器）和图形。
6. 单击按钮，在打开的菜单中选择【另存为】命令，弹出如图 6-51 所示的【另存为】对话框。
7. 在【保存位置】组中选择【受信任模板】。
8. 在【文件名】文本框中指定新模板的文件名，在【保存类型】下拉列表中选择【Word 模板】，然后单击 保存(S) 按钮即可。

自定义的模板，其作用与 Word 2007 自带的模板相同。自定义模板后，在图 6-50 所示的【新建文档】对话框的【模板】组中，选择【我的模板】命令，在弹出的【新建】对话框中可以看到自定义的模板。

6.5 习题

一、问答题

1. 如何设置字体、字号和字颜色？

2. 如何设置粗体、斜体、下划线和删除线？
3. 如何设置上标、下标和大小写？
4. 如何设置边框、底纹和突出显示？
5. 段落的对齐方式有哪些？如何设置？
6. 段落的缩进方式有哪些？如何设置？
7. 行间距和段落间距有什么区别？如何设置？
8. 项目符号与编号有什么区别？如何设置？
9. 如何改变项目符号与编号的缩进？如何改变项目符号与编号的列表级别？
10. 如何设置页面的纸张类型？
11. 如何设置页面的页边距？
12. 装订线和页边距有什么区别？如何设置？
13. 如何设置分栏？如何取消分栏？
14. 如何在文档中加页眉、页脚和页码？
15. 如何使用格式刷？
16. 什么是样式？如何使用样式？如何自定义样式？
17. 什么是模板？如何使用模板？如何自定义模板？

二、操作题

1. 建立以下文档。

关于在新生中举办“我与计算机”的征文通知

各班级新生：

在新生入学之际，为激发学习计算机的热情、交流学习计算机的经验，校团委将于 2008 年 9 月 1 日～9 月 30 日在全校新生中举办以“我与计算机”为主题的征文活动。现将有关事项通知如下。

一、征文时间：即日起至 2008 年 9 月 30 日止。

二、征文对象：全校新生均可自愿参加。

三、征文组织办法：以班级为单位收集征文，送交校团委宣传部。

四、征文具体要求如下。

1. 作品要求叙述学习计算机的经验、收获、心得和乐趣。

2. 体裁不限，作品不超出 3000 字。如果作品附有图片，图片不得超过一页 16 开纸，需打印的图片，请尽量用彩色打印。不得附有与内容无关的图片。

3. 参赛作品用楷书在稿纸上誊写清楚，也可用计算机打印。稿件上首页第一行请详细写明班级及作者姓名。第二行写作品标题，文字请居中。接下去直接写正文。

4. 每位参赛者最多送两件作品，每件作品单独装订。参赛作品不退稿，请作者自留底稿。

5. 本次征文比赛不收取参赛费及其他任何费用。

五、奖项设置：本次征文评出一等奖 5 名、二等奖 10 名、三等奖 20 名、鼓励奖 30 名，所有获奖者均发给证书、奖品。

校团委

2008 年 9 月 1 日

2. 建立以下文档。

十位最杰出的物理学家

英国《**物理世界**》杂志在世界范围内对 100 余名一流物理学家进行了问卷调查，根据投票结果，评选出有史以来10位最杰出的**物理学家**，刊登在新推出的千年特刊上，他们是：

爱因斯坦（德国）、牛顿（英国）、麦克斯韦（英国）、玻尔（丹麦）、海森伯格（德国）、伽利略（意大利）、费曼（美国）、狄拉克（英国）、薛定谔（奥地利）、卢瑟福（新西兰）。

在当代物理学家眼中，爱因斯坦的狭义和广义相对论、牛顿的运动和引力定律再加上量子力学理论，是有史以来最重要的三项**物理学发现**。

接受调查的物理学家们还列举了21世纪有待解决的一些主要**物理学难题**：

- 量子引力
- 聚变能
- 高温超导体
- 太阳磁场

3. 建立以下文档。

龟与兔赛跑

有一天，龟与兔相遇于草场，龟在夸大他的恒心，说兔不能吃苦，只管跳跃寻乐，长此以往，将来必无好结果，兔子笑而不辩。

“多辩无益，”兔子说，“我们来赛跑，好不好？就请狐狸大哥为评判员。”

“好。”龟不自量力地说。

于是龟动身了，四只脚作八只脚跑了一刻钟，只有三丈余，兔子不耐烦了，而有点懊悔。“这样跑法，可不要跑到黄昏吗？我一天宝贵的光阴，都牺牲了。”

于是，兔子利用这些光阴，去吃野草，随兴所之，极其快乐。

龟却在说：“我会吃苦，我有恒心，总会跑到。”

到了午后，龟已精疲力竭了，走到阴凉之地，很想打盹一下，养养精神，但是一想昼寝是不道德，又奋勉前进。龟背既重，龟头又小，五尺以外的平地，便看不见。他有点眼花缭乱了。这时的兔子，因为能随兴所之，越跑越有趣，越有趣越精神，已经赶到离路半里许的河边树下。看见风景清幽，也就顺便打盹。醒后精神百倍，把赛跑之事完全丢在脑后。在这正愁无事可做之时，看见前边一只松鼠跑过，认为怪物，一定要追上去看他，看看他的尾巴到底有多大，可以回来告诉他的母亲。

于是他便开步追，松鼠见他追，便开步跑。奔来跑去，忽然松鼠跳上一棵大树。兔子正在树下翘首高望之时，忽然听见背后有叫声道：“兔弟弟，你夺得冠军了！”

兔子回头一看，原来是评判员狐狸大哥，而那棵树，也就是他们赛跑的终点。那只龟呢，因为他想吃苦，还在半里外匍匐而行。

凡事须求性情所近，始有成就。

世上愚人，类皆有恒心。

做龟的不应同兔赛跑。

Word 2007 的表格与对象处理

Word 2007 除了具有文字编辑和排版功能外，还有非常强大的表格功能，还能处理形状、图片、剪贴画、文本框、艺术字等对象。本讲介绍 Word 2007 的表格与对象处理方法。本讲课时为 4 小时。

学习目标

- ◆ 掌握Word 2007的表格处理方法。
- ◆ 掌握Word 2007的对象处理方法。

7.1 Word 2007 的表格处理

在文档中，用表格显示数据既简明又直观。Word 2007 提供有强大的表格处理功能，包括建立表格、编辑表格和设置表格等。

7.1.1 建立表格

表格是行与列的集合，行和列交叉形成的单元叫做单元格。Word 2007 有多种建立表格的方法，表格建立后，可以在单元格中输入文字，也可以修改表格中的文字。

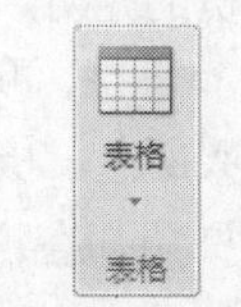

图7-1 【表格】组

一、建立表格

在【插入】选项卡的【表格】组（如图 7-1 所示）中，单击【表格】按钮，打开如图 7-2 所示的【插入表格】菜单，通过该菜单，可插入表格。Word 2007 插入表格的方法有多种，这些方法都可以通过【插入表格】菜单来完成。以下是常用的插入表格的方法。

(1) 用可视化方式建立表格。

在【插入表格】菜单的表格区域拖动鼠标，文档中会出现相应行和列的表格，松开鼠标左键，即可在光标处插入相应的表格。用这种方式插入的表格有以下几个特点。

- 表格的宽度与页面正文的宽度相同。
- 表格各列的宽度相同，表格的高度是最小高度。

- 单元格中的数据在水平方向上两端对齐，在垂直方向上顶端对齐。

(2) 绘制表格。

在【插入表格】菜单中选择【绘制表格】命令，鼠标指针变为 状，同时功能区出现【设计】选项卡，在文档中拖动鼠标，可在文档中绘制表格线。单击【设计】选项卡中【绘图边框】组（如图 7-3 所示）中的【擦除】按钮，鼠标变成 状，在要擦除的表格线上拖动鼠标，即可擦除一条表格线。

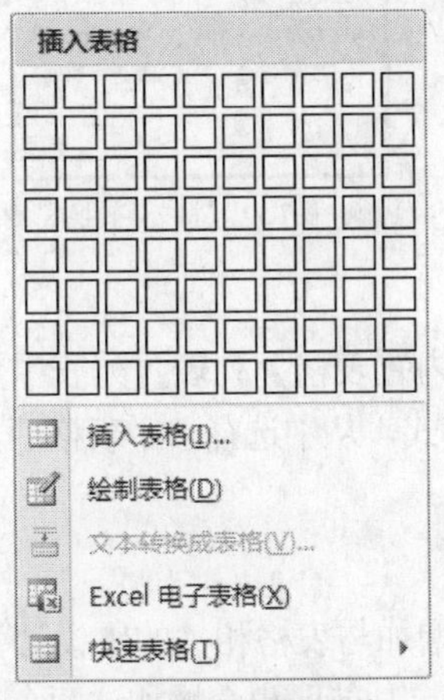

图7-2 【插入表格】菜单

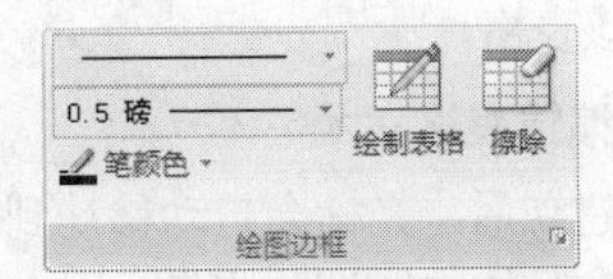

图7-3 【绘图边框】组

绘制完表格后，双击鼠标或者再次单击【绘图边框】组中的【绘制表格】按钮或【擦除】按钮，光标恢复正常形状，结束表格的绘制。

(3) 用对话框建立表格。

在【插入表格】菜单中选择【插入表格】命令，弹出如图 7-4 所示的【插入表格】对话框，从中可进行以下操作。

- 在【列数】和【行数】数值框中可输入或调整列数和行数。
- 选择【固定列宽】单选项，则表格宽度与正文宽度相同，表格各列宽度相同。也可在右边的数值框中输入或调整列宽。
- 选择【根据内容调整表格】单选项，表格将根据内容调整大小。
- 选择【根据窗口调整表格】单选项，插入的表格将根据窗口大小调整大小。
- 选择【为新表格记忆此尺寸】复选项，下一次打开【插入表格】对话框时，则默认行数、列数以及列宽为以上设置的值。
- 单击 确定 按钮，即可按所进行的设置在光标处插入表格。

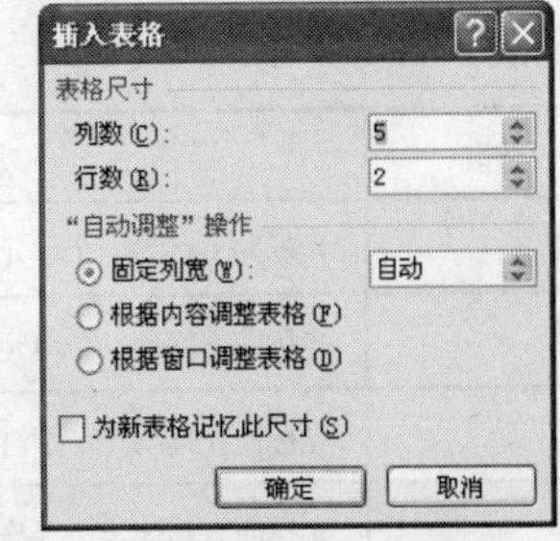

图7-4 【插入表格】对话框

(4) 将文字转换成表格。

已经按一定格式输入的文本（一个段落转换为表格的一行，各列间用分隔符分隔，分隔符号可以是制表符、英文逗号、空格、段落标记等字符），可以很方便地转换为表格。

在将文字转换成表格前，应先选定要转换的文本，然后在【插入表格】菜单中选择【文本转换成表格】命令，弹出如图 7-5 所示的【将文字转换成表格】对话框，从中可进行以下操作。

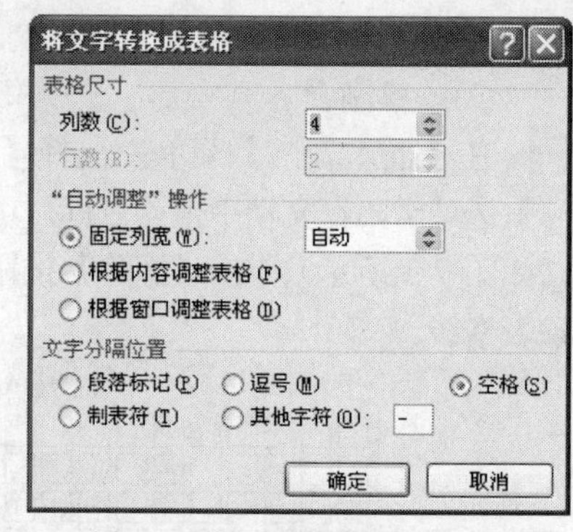

图7-5 【将文字转换成表格】对话框

- 在【列数】数值框中，系统会根据选定的文本自动地产生一个列数，如果必要，可输入或调整这个数值。
- 在【"自动调整"操作】组中可选择一种表格调整方式。
- 在【文字分隔位置】选项组中，可根据需要选择一种分隔符。如果选择了【其他字符】单选项，则应在其右侧的文本框中输入所采用的分隔符。
- 单击 确定 按钮，选定的文本即可按所进行的设置转换成相应的表格。

(5) 建立快速表格。

在【插入表格】菜单中选择【快速表格】命令，打开【内置表格】列表，列表中包含了预先建立好的常用表格，表格中已填写了文字，并设置了相应的格式，从中选择一个表格后，即可在光标处插入该表格。

二、编辑表格文本

表格建立后，光标会自动移动到表格内，这时功能区会增加与表格相关的【设计】选项卡和【布局】选项卡。在文档中移动光标，如果光标移动到表格内，功能区也会增加这两个选项卡。编辑表格文本常用的操作有：表格内移动光标、表格内输入文本和表格内删除文本。

(1) 表格内移动光标。

只有将光标移动到某一个单元格，才可以在该单元格中输入、修改或删除文本。单击某单元格，光标会自动移动到该单元格中。也可通过快捷键在表格内移动光标，表 7-1 列出了表格中常用的移动光标的快捷键。

表 7-1　　表格中常用的移动光标快捷键

按键	功能	按键	功能
↑	光标向上移动一个单元格	Alt+Home	光标移到当前行的第一个单元格
↓	光标向下移动一个单元格	Alt+End	光标移到当前行的最后一个单元格
←	光标向左移动一个字符	Alt+Page Up	光标移到当前列的第一个单元格
→	光标向右移动一个字符	Alt+Page Down	光标移到当前列的最后一个单元格
Tab	光标移到下一个单元格	Shift+Tab	光标移到上一个单元格

在表格中移动光标有以下几个特点。

- 光标位于单元格的第 1 个字符时，按←键光标向左移动一个单元格。
- 光标位于单元格的最后一个字符时，按→键光标向右移动一个单元格。
- 光标位于表格的最后一个单元格时，按 Tab 键会增加一个新行。

(2) 表格内输入文本。

将光标移动到指定单元格后，在这个单元格中可以直接输入文本。如果输入的文本有多段，按回车键可另起一段。如果输入的文本超过了单元格的宽度，系统会自动换行，并调整单元格的高度。

(3) 表格内删除文本。

在表格内，按 Backspace 键可删除光标左面的汉字或字符，按 Delete 键可删除光标右面的汉字或字符。如果选定了单元格（参阅下一小节），按 Delete 键则可删除所选定单元格中的所有文本；若按 Backspace 键，则不仅删除文本，而且会连单元格一起删除。

7.1.2 编辑表格

建立表格以后，如果表格不满足要求，可以对表格进行编辑。常用的表格编辑操作有：选定表格、行、列和单元格，插入行和列，删除表格、行、列和单元格，合并、拆分单元格，合并、拆分表格。

一、选定表格、行、列和单元格

要选定表格、行、列和单元格，除了使用鼠标直接选定外，通常是单击【布局】选项卡【表】组（如图 7-6 所示）中的 选择 按钮，打开如图 7-7 所示的【选择】菜单，然后从中选择相应的命令。

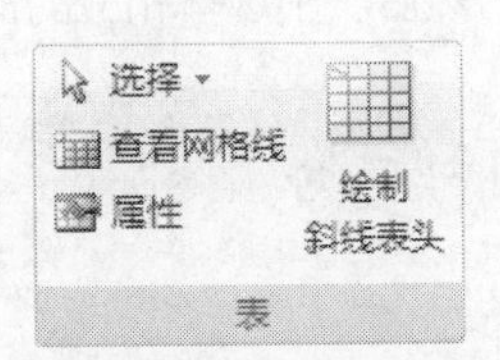

图7-6 【表】组

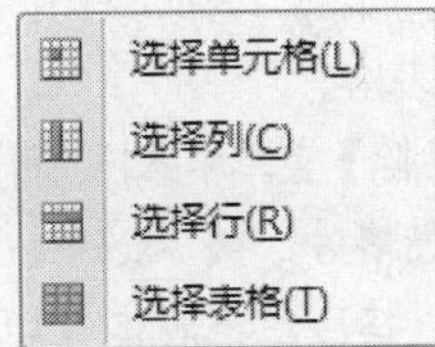

图7-7 【选择】菜单

(1) 选定表格。

- 把鼠标指针移动到表格中，表格的左上方会出现一个表格移动手柄⊞，单击该手柄即可选定表格。
- 在【选择】菜单中选择【选择表格】命令。

(2) 选定表格行。

- 将鼠标指针移动到表格左侧，鼠标指针变为↗状时单击，即可选定相应行。
- 将鼠标指针移动到表格左侧，鼠标指针变为↗状时拖动，即可选定多行。
- 在【选择】菜单中选择【选择行】命令，可选定光标所在行。

(3) 选定表格列。

- 将鼠标指针移动到表格顶部，鼠标指针变为↓状时单击，即可选定相应列。
- 将鼠标指针移动到表格顶部，鼠标指针变为↓状时拖动，即可选定多列。
- 在【选择】菜单中选择【选择列】命令，可选定光标所在列。

(4) 选定单元格。

- 将鼠标指针移动到单元格左侧，鼠标指针变为↗状时单击，即可选定该单元格。
- 将鼠标指针移动到单元格左侧，鼠标指针变为↗状时拖动，即可选定多个相邻的单元格。
- 在【选择】菜单中选择【选择单元格】命令，可选定光标所在单元格。

二、插入行和列

要插入行和列，除了使用键盘直接插入外，通常是使用【布局】选项卡内【行和列】组（如图 7-8 所示）中的工具。

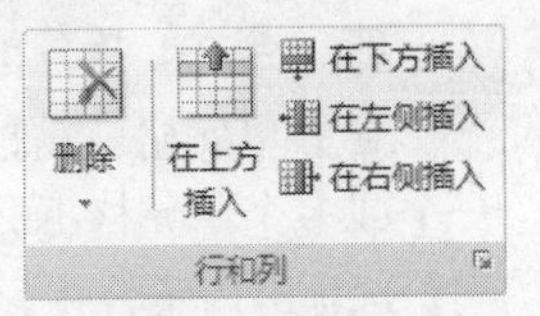

图7-8 【行和列】组

(1) 插入表格行。

- 将光标移动到表格的最后一个单元格，按 Tab 键，即可在表格的末尾插入一行。

- 将光标移动到表格某行尾的段落分隔符上，按回车键，即可在该行下方插入一行。
- 单击【行和列】组中的【在上方插入】按钮，即可在当前行上方插入一行。
- 单击【行和列】组中的【在下方插入】按钮，即可在当前行下方插入一行。

如果选定了若干行，使用前两种方法插入的行数则与所选定的行数相同。

(2) 插入表格列。

- 单击【行和列】组中的【在右侧插入】按钮，即可在当前列右侧插入一列。
- 单击【行和列】组中的【在左侧插入】按钮，即可在当前列左侧插入一列。

如果选定了若干列，进行以上操作时，插入的列数则与所选定的列数相同。

三、删除表格、行、列和单元格

要删除表格、行、列和单元格，除了使用键盘直接删除外，通常是单击【布局】选项卡内【行和列】组中的【删除】按钮，打开如图 7-9 所示的【删除】菜单，然后从中选择相应的命令。

(1) 删除表格。

- 在【删除】菜单中选择【删除表格】命令，即可删除光标所在的表格。
- 选定表格后，按 Backspace 键。
- 选定表格后，把表格剪切到剪贴板，则即可删除表格。

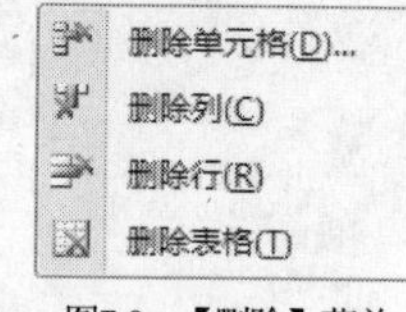

图7-9 【删除】菜单

(2) 删除表格行。

- 在【删除】菜单中选择【删除行】命令，即可删除光标所在的行或选定的行。
- 选定一行或多行后，按 Backspace 键，可删除这些行。
- 选定一行或多行后，把选定的行剪切到剪贴板，则可删除这些行。

(3) 删除表格列。

- 在【删除】菜单中选择【删除列】命令，即可删除光标所在的列或选定的列。
- 选定一列或多列后，按 Backspace 键，可删除这些列。
- 选定一列或多列后，把选定的列剪切到剪贴板，则可删除这些列。

(4) 删除单元格。

选定一个或多个单元格后，按 Backspace 键，或在【删除】菜单中选择【删除单元格】命令，弹出如图 7-10 所示的【删除单元格】对话框，其中各选项的作用如下。

- 选择【右侧单元格左移】单选项，则删除光标所在单元格或选定的单元格，其右侧的单元格左移。
- 选择【下方单元格上移】单选项，则删除光标所在单元格或选定的单元格，下方单元格上移，表格底部自动补齐。
- 选择【删除整行】单选项，则删除光标所在行或选定的行。
- 选择【删除整列】单选项，则删除光标所在列或选定的列。

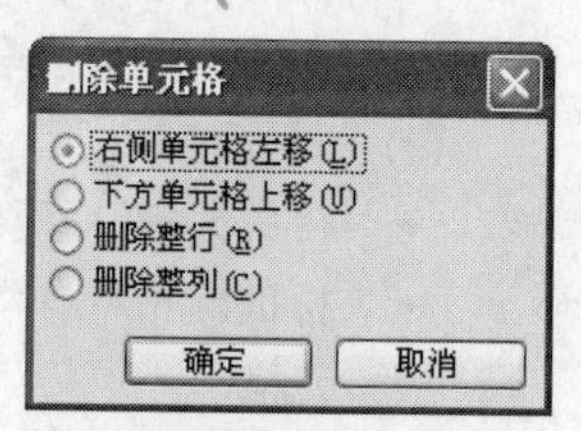

图7-10 【删除单元格】对话框

四、合并、拆分单元格

合并单元格就是把多个单元格合并为一个单元格。拆分单元格是将一个或多个单元格拆分成多个单元格。合并、拆分单元格通常使用【布局】选项卡内【合并】组（如图 7-11 所示）中的工具。

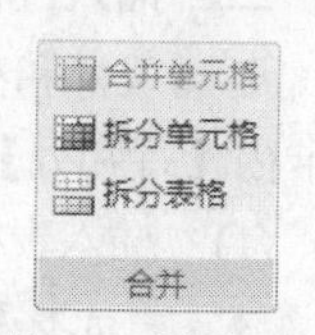

图7-11 【合并】组

(1) 合并单元格。

在合并单元格前，应先选定要合并的单元格区域，然后单击【合并】组中的合并单元格按钮，所选定的单元格区域就会合并为一个单元格。

合并单元格后，单元格区域中各单元格的内容也会合并到一个单元格中，原来每个单元格中的内容各占据一段。

(2) 拆分单元格。

在拆分单元格前，应先选定要拆分的单元格或单元格区域，然后单击【合并】组中的拆分单元格按钮，弹出如图 7-12 所示的【拆分单元格】对话框，从中可进行以下操作。

- 在【列数】数值框中，输入或调整拆分后的列数。
- 在【行数】数值框中，输入或调整拆分后的行数。
- 单击 确定 按钮，即可按所进行的设置拆分单元格，拆分后的各单元格的宽度相同。

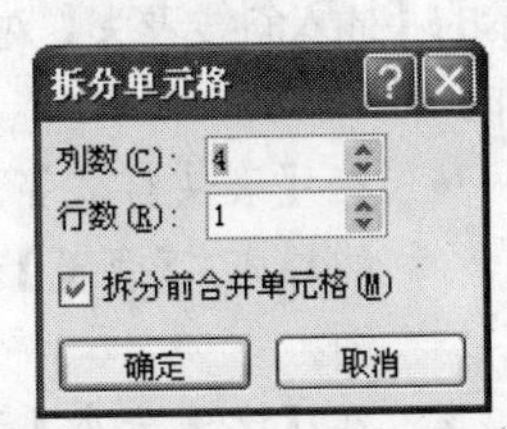

图7-12 【拆分单元格】对话框

拆分单元格后，被拆分单元格中的内容被分配到拆分后的第 1 个单元格中，拆分后的其他单元格为空单元格。

图 7-13 是合并和拆分单元格的示例（左为原表格，右为合并、拆分单元格后的表格）。

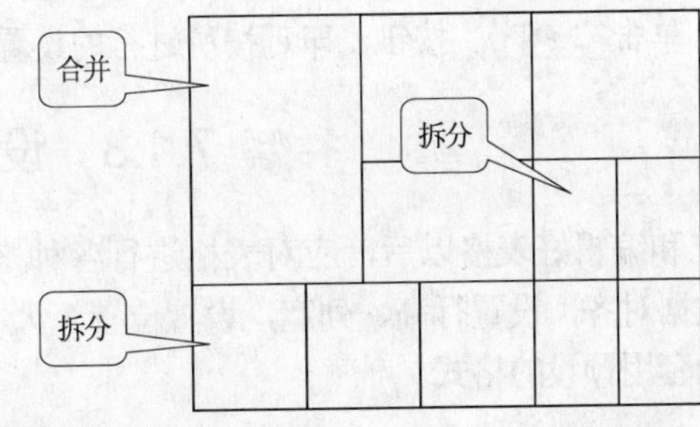

图7-13 合并和拆分单元格示例

五、拆分、合并表格

拆分表格就是把一个表格分为两个表格，合并表格就是把两个表格合并为一个表格。

(1) 拆分表格。

将光标移动到要拆分的行中，然后单击【合并】组中的拆分表格按钮，就可将表格拆分为两个独立的表格。

(2) 合并表格。

没有专门的工具用来将两个或多个表格合并为一个表格，只要将表格之间的空行（段落标识符）删除，它们就会自动合并。

六、绘制斜线表头

许多表格有斜线表头，只有一条斜线的表头称为简单斜线表头，多于一条斜线的表头称为复杂斜线表头，图 7-14 是带斜线表头的表格。

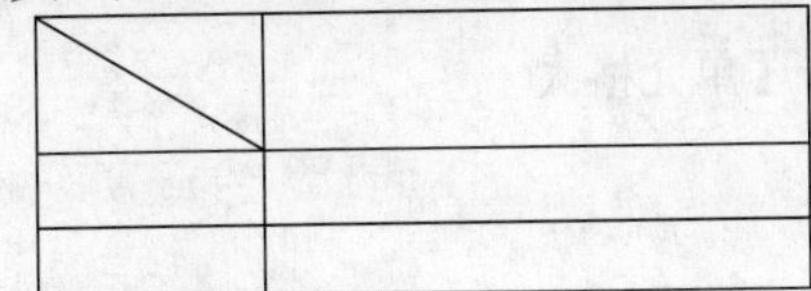
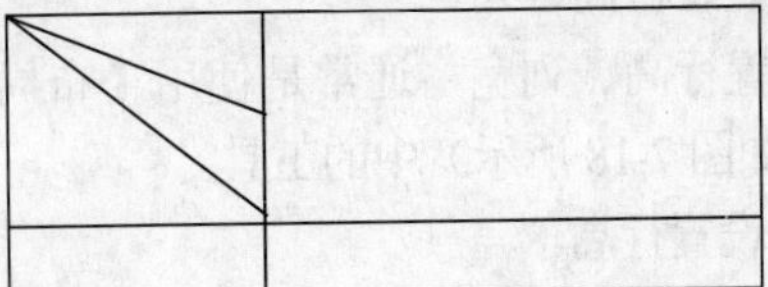
图7-14 带斜线表头的表格

(1) 绘制简单斜线表头。

- 单击【绘图边框】组（见图 7-3）中的【绘制表格】按钮，鼠标指针变为✎状，在要加斜线处拖动鼠标，即可绘出斜线表头。
- 将光标移动到相应的单元格，单击【绘图边框】组（见图 7-21）中【边框】按钮右边的▾按钮，在打开的边框列表中选择◸按钮，即可绘出斜线表头。

(2) 绘制复杂斜线表头。

将光标移动到表格中，单击【表】组（见图 7-6）中的【绘制斜线表头】按钮，弹出如图 7-15 所示的【插入斜线表头】对话框，从中可进行以下操作。

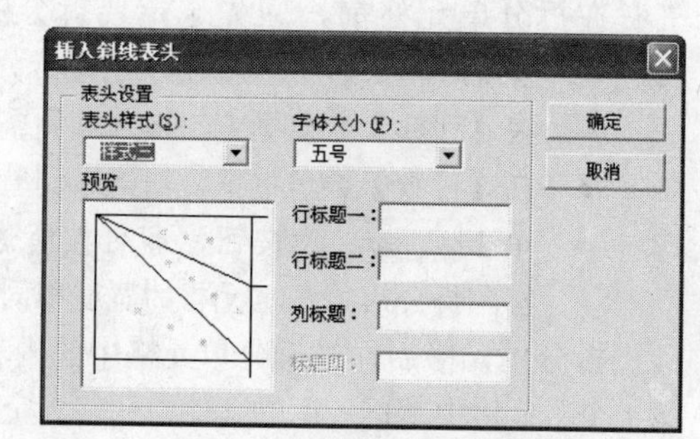

图7-15 【插入斜线表头】对话框

- 在【表头样式】下拉列表中选择所需要的样式，【预览】框中会出现相应的效果图。
- 在【字体大小】下拉列表中，可选择表头标题的字号。
- 在【行标题一】、【行标题二】、【列标题】等文本框中，可输入表头文本。
- 单击【确定】按钮，即可按所进行的设置为表格建立斜线表头。

7.1.3 设置表格

建立和编辑好表格以后，应对表格进行各种格式设置，以使其更加美观。常用的格式化操作有设置数据对齐，设置行高、列宽，设置位置、大小，设置对齐、文字环绕，设置边框、底纹，还可以自动套用预设的格式。

一、设置数据对齐

表格中数据格式的设置与文档中文本和段落格式的设置大致相同，这里不再重复。与段落对齐不同的是，单元格内的数据不仅可水平对齐，而且可垂直对齐。使用【布局】选项卡的【对齐方式】组（如图 7-16 所示）中的对齐工具，可同时设置水平对齐方式和垂直对齐方式。图 7-17 是这些对齐方式的示例。

图7-16 【对齐方式】组

靠上两端对齐	靠上居中	靠上右对齐
中部两端对齐	中部居中	中部右对齐
靠下两端对齐	靠下居中	靠下右对齐

图7-17 对齐方式示例

二、设置行高、列宽

要设置行高、列宽，通常是使用【布局】选项卡【单元格大小】组（如图 7-18 所示）中的工具。

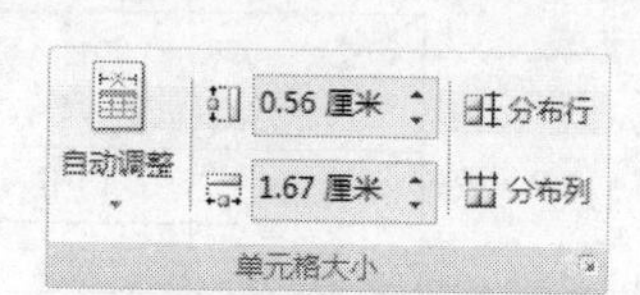

图7-18 【单元格大小】组

(1) 设置行高。

- 移动鼠标指针到一行的底边框线上，这时鼠标指针变为

÷状，拖动鼠标即可调整该行的高度。

- 将光标移动到表格内，拖动垂直标尺上的行标志，也可以调整行高。
- 在【单元格大小】组中的【行高】数值框 0.56 厘米 中输入或调整一个数值，当前行或选定行的高度即为该值。
- 选定表格中的若干行，单击【单元格大小】组中的 分布行 按钮，即可将选定的行设置为相同的高度，它们的总高度不变。

(2) 设置列宽。

- 移动鼠标指针到列的边框线上，这时鼠标指针变为⫲状，拖动鼠标可增加或减少边框线左侧列的宽度，同时边框线右侧列会减少或增加相同的宽度。
- 移动鼠标指针到列的边框线上，这时鼠标指针变为⫲状，双击鼠标，可将表格线左边的列设置成最合适的宽度。双击表格最左边的表格线，所有列均可被设置成最合适的宽度。
- 将光标移动到表格内，拖动水平标尺上的列标志，可调整列标志左边列的宽度，其他列的宽度不变；拖动水平标尺最左列的标志，可移动表格的位置。
- 在【单元格大小】组中的【列宽】数值框 0.89 厘米 中输入或调整一个数值，当前列或选定列的宽度即为该值。
- 选定表格中的若干列，单击【单元格大小】组中的 分布列 按钮，即可将选定的列设置为相同的宽度，它们的总宽度不变。

三、设置位置、大小

(1) 设置表格位置。

将光标移动到表格内，表格的左上方会出现表格移动手柄⊞，拖动它可移动表格到不同的位置。

(2) 设置表格大小。

将光标移动到表格内，表格的右下方会出现表格缩放手柄□，拖动□可改变整个表格的大小，同时保持行和高的比例不变。

四、设置对齐、文字环绕

表格文字环绕是指表格被嵌在文字段中时，文字环绕表格的方式，默认情况下表格无文字环绕。若表格无文字环绕，表格的对齐相对于页面；若表格有文字环绕，表格的对齐则相对于环绕的文字。

将光标移至表格内，单击【布局】选项卡中【表】组（见图 7-6）中的 属性 按钮，弹出如图 7-19 所示的【表格属性】对话框，进入【表格】选项卡，从中可进行以下的对齐、环绕设置。

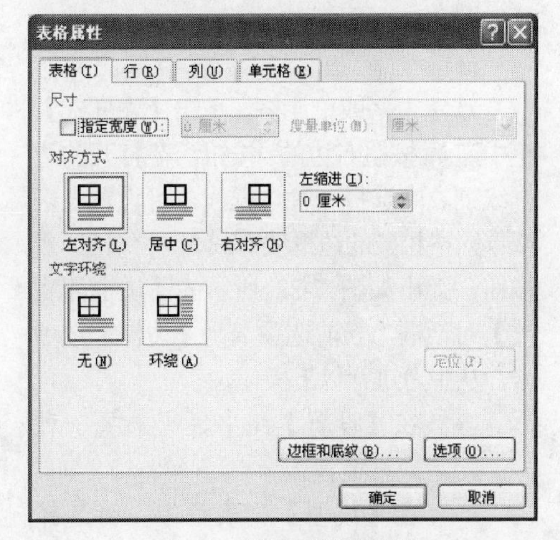

图7-19 【表格属性】对话框

- 单击【左对齐】框，表格左对齐。
- 单击【居中】框，表格居中对齐。
- 单击【右对齐】框，表格右对齐。
- 在【左缩进】数值框中，可输入或调整表格左缩进的大小。

- 单击【无】框，表格无文字环绕。
- 单击【环绕】框，表格有文字环绕。
- 单击 确定 按钮，可按所进行的设置对齐和环文字环绕。

表格的对齐也可通过【格式】工具栏完成。选定表格后，单击【开始】选项卡中【段落】组的、、、、等按钮，即可实现表格的左对齐、居中、右对齐等。图 7-20 是表格对齐和环绕的示例。

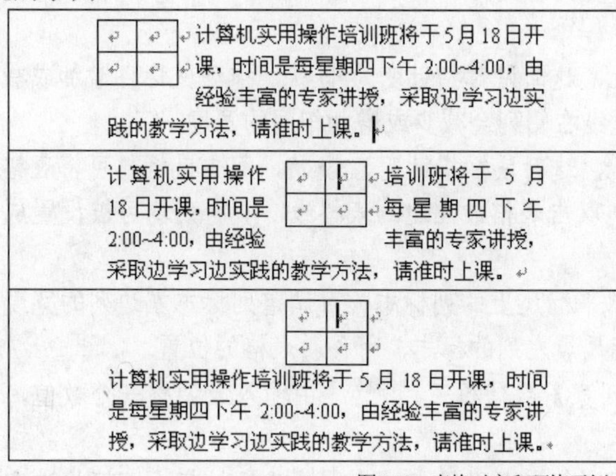

图7-20 表格对齐和环绕示例

五、设置边框、底纹

新建一个表格后，默认的情况下，表格边框类型是网格型（所有的表格线都有），表格线为粗 1/2 磅的黑色实线，无表格底纹。用户可根据需要设置表格边框和底纹。设置边框、底纹通常是使用【设计】选项卡的【表样式】组（如图 7-21 所示）中的工具。

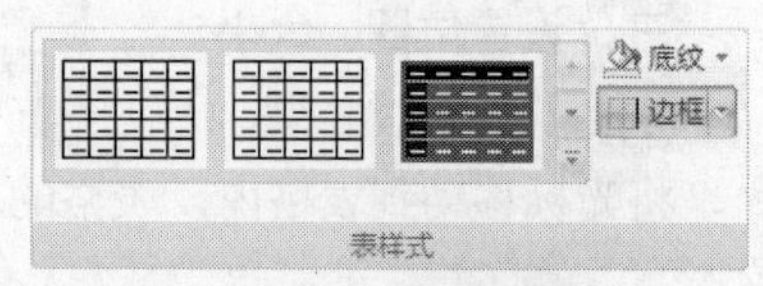

图7-21 【表样式】组

(1) 设置边框。

选定表格或单元格，单击【表样式】组中边框按钮右边的按钮，在打开的边框线列表中选择一种边框线，可设置表格或单元格相应的边框线有或无。单击边框按钮，弹出如图 7-22 所示的【边框和底纹】对话框，当前选项卡是【边框】选项卡，从中可进行以下操作。

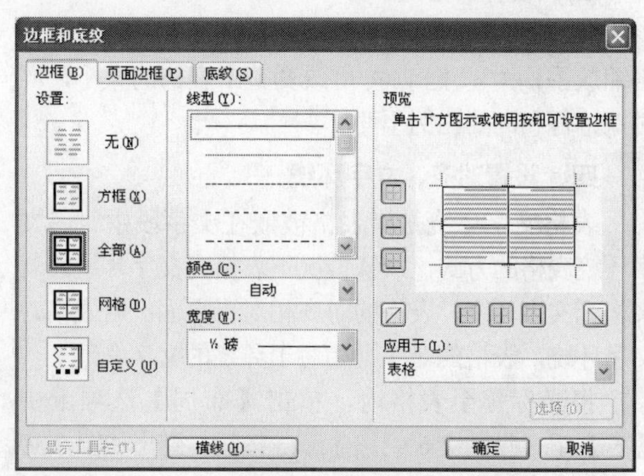

图7-22 【边框】选项卡

- 在【设置】组中，可选择一种边框类型。
- 在【线型】列表框中，可选择边框的线型。
- 在【颜色】下拉列表中，可选择边框的颜色。
- 在【宽度】下拉列表中，可选择边框线的宽度。
- 在【预览】组中单击某一边线按钮，若表格中无该边线，则设置为相应的边线，否则取消相应的边线。

- 在【应用于】下拉列表中，可选择边框应用的范围（有【表格】、【单元格】、【段落】和【文字】等选项）。
- 单击 确定 按钮，即可完成边框的设置。

在【设置】组中，各边框方式的含义如下。

- 【无】：取消所有边框。
- 【方框】：只给表格最外面加边框，并取消内部单元格的边框。
- 【全部】：表格内部和外部都加相同的边框。
- 【网格】：只给表格外部的边框设置线型，表格内部的边框不改变样式。
- 【自定义】：在【预览】组内选择不同的框线进行自定义。

(2) 设置底纹。

选定表格或单元格，单击【表样式】组中的 底纹 按钮，打开如图 7-23 所示的【颜色】列表，从中可进行以下操作。

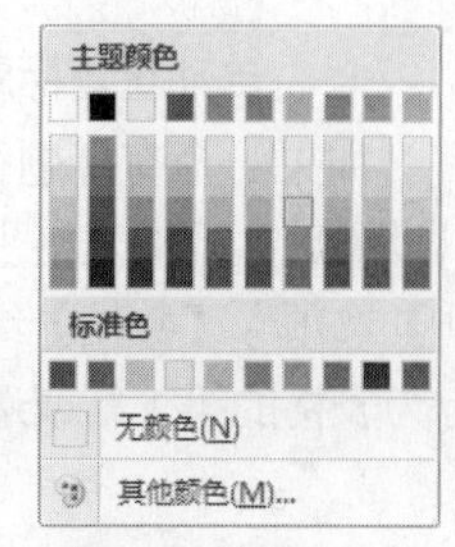

图7-23 【颜色】列表

- 从【颜色】列表中选择一种颜色，表格的底纹即为相应的颜色。
- 选择【无颜色】命令，则取消表格底纹的设置。
- 选择【其他颜色】命令，弹出【颜色】对话框，从中可自定义一种颜色作为表格的底纹。

六、套用表格样式

Word 2007 预设有许多常用的表格样式，用户可以对表格自动套用某一种样式，以简化表格的设置。在【设计】选项卡的【表格样式】组中包含近 100 种表格样式，单击其中的一种表格样式，当前表格的格式即自动套用该样式。单击【表格样式】列表中的 按钮，表格样式上翻一页；单击 按钮，表格样式下翻一页；单击 按钮，打开如图 7-24 所示的【表格样式】列表，从中可进行以下操作。

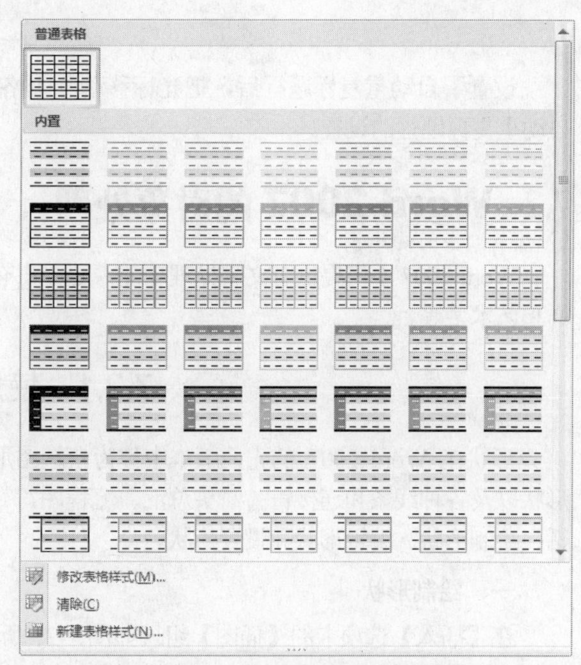

图7-24 【表格样式】列表

- 单击一种表格样式，当前表格的格式即自动套用该样式。
- 选择【修改表格样式】命令，弹出【修改样式】对话框，从中可修改当前所使用的样式。
- 选择【清除】命令，可清除表格所套用的样式，还原到默认的表格样式。
- 选择【新建表格样式】命令，弹出【根据格式设置新样式】对话框，从中可建立一种新的表格样式，以便以后使用。

图 7-25 是套用样式后的表格示例。

学号	语文	数学	英语	物理	化学	生物	历史	地理	体育
990001	90	85.5	99.3	67	100	85.5	100	90	89
990002	100	90	89	90	85.5	99.3	88	70	79.5
990003	67	100	85.5	100	90	89	67	100	85.5
990004	100	100	89	89	70	85.5	83	72	77.5
990005	97	86	79	67	100	85.5	100	90	89
990006	56	67	68	69	70	71	72	73	74

图7-25　套用样式后的表格

七、自动重复标题行

如果一个有标题行的表格跨两页或多页，默认情况下，下一页的表格没有标题行。为此，可以设置后几页的表格也有标题行。将光标移动到表格的第 1 行，或选定开始的几行，然后单击【布局】选项卡【数据】组（如图 7-26 所示）中的重复标题行按钮，即可使表格自动重复标题行，标题行为表格的第 1 行或选定开始的几行。

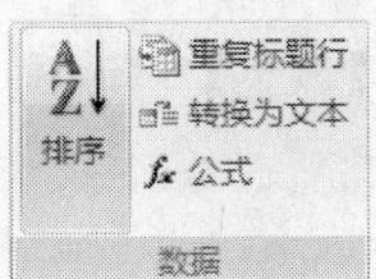

图7-26　【数据】组

设置了自动重复标题行后，把光标移动到表格的非标题行上，然后单击鼠标左键，即可取消自动重复标题行的设置。

7.2 Word 2007 的对象处理

Word 2007 不仅提供有文字处理功能，还提供有强大的对象处理功能，包括形状、图片、文本框和艺术字等。

7.2.1 使用形状

形状在 Word 2007 的先前版本中称为自选图形，是指一组现成的图形，包括矩形和圆等基本形状以及各种线条和连接符、箭头总汇、流程图符号、星、旗帜和标注等。Word 2007 形状操作包括：绘制形状、编辑形状和设置形状。

一、绘制形状

在【插入】选项卡的【插图】组（如图 7-27 所示）中，单击【形状】按钮，打开如图 7-28 所示的【形状】列表，从中单击一个形状图标，鼠标指针变成+状，拖动鼠标即可绘制相应的形状。

图7-27　【插图】组

拖动鼠标又有以下 4 种方式。

- 直接拖动，按默认的步长移动鼠标。
- 按住 Alt 键拖动鼠标，以小步长移动鼠标。
- 按住 Ctrl 键拖动鼠标，以起始点为中心绘制形状。
- 按住 Shift 键拖动鼠标，如果绘制矩形类或椭圆类形状，绘制结果是正方形类或圆类形状。

绘制的形状，默认的环绕方式是【浮于文字上方】。有关环绕方式，可参阅本小节的“三、设置形状”部分。

绘制的形状立即被选定，形状周围会出现浅蓝色的小圆圈和小方块各 4 个，称为尺寸控点；顶部出现一个绿色小圆圈，称为旋转控点；有些形状，在其内部还会出现一个黄色的菱形框，称为形态控点，如图 7-29 所示。这些控点有其特殊的功能，将在后面逐步介绍。

形状被选定后，功能区中会自动增加一个【格式】选项卡（如图 7-30 所示），通过【格式】选项卡中的工具，可设置被选定的形状。

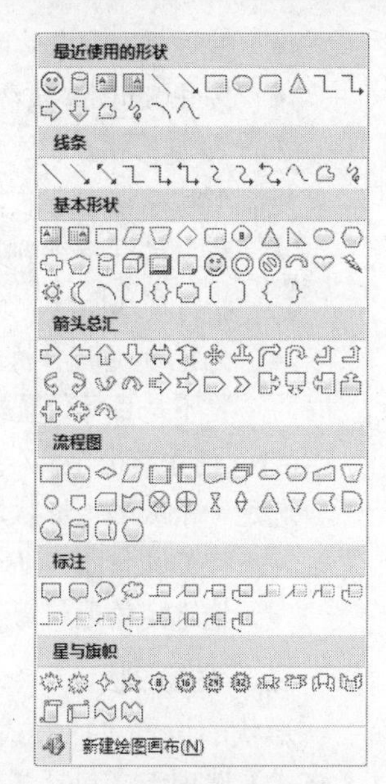

图7-28 【形状】列表

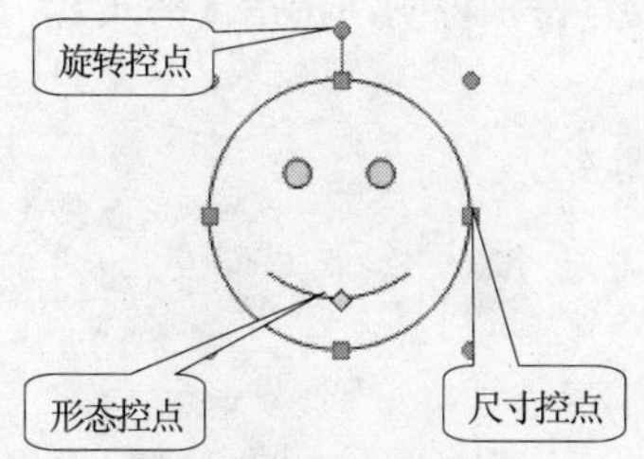

图7-29 选定的形状

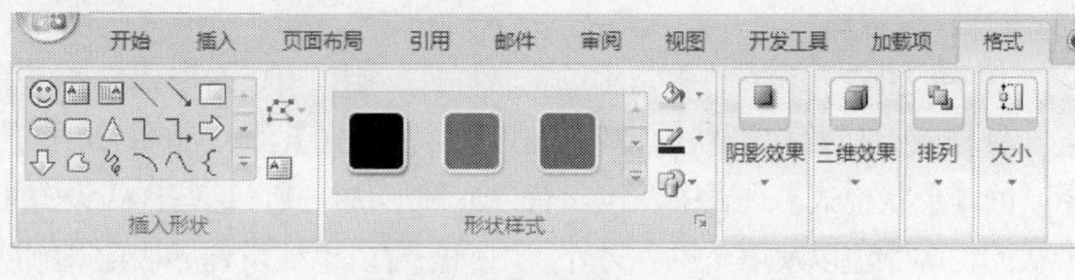

图7-30 【格式】选项卡

二、编辑形状

绘制完形状后，可对形状进行编辑。常用的编辑操作包括：选定形状、移动形状、复制形状和删除形状。

(1) 选定形状。

形状选定后才能进行其他操作，选定形状的方法如下。

- 移动鼠标指针到某个形状上，单击鼠标即可选定该形状。
- 在【开始】选项卡的【编辑】组中，单击 选择 按钮，在打开的菜单中选择【选择对象】命令，然后在文档中拖动鼠标，屏幕上会出现一个虚线矩形框，框内的所有形状即被选定。
- 按住 Shift 键逐个单击形状，所单击的形状即被选定，已选定形状的则取消选定。

在形状以外单击鼠标，可以取消形状的选定。

(2) 移动形状。

移动形状的方法如下。

- 选定形状后，按 ↑、↓、←、→ 键可上、下、左、右移动形状。
- 移动鼠标指针到某个形状上，鼠标指针变成 状，然后拖动鼠标即可移动该形状。

在后一种方法中，拖动鼠标又有以下几种方式。

- 直接拖动，按默认的步长移动形状。

- 按住Alt键拖动鼠标，以小步长移动形状。
- 按住Shift键拖动鼠标，只在水平或垂直方向上移动形状。

(3) 复制形状。

复制形状的常用方法如下。

- 移动鼠标指针到某个形状或选定的某一个形状上，按住Ctrl键拖动鼠标，这时鼠标指针变成状，到达目标位置后，松开鼠标左键和Ctrl键。
- 先把选定的形状复制到剪贴板，再将剪贴板上的形状粘贴到文档中，如果复制的位置不是目标位置，可以再把它们移动到目标位置。

(4) 删除形状。

选定一个或多个形状后，可以使用以下方法删除。

- 按Delete键或Backspace键。
- 把选定的形状剪切到剪贴板。

三、设置形状

形状的设置包括样式、阴影效果、三维效果、排列、大小和形态等。形状的设置通常使用【格式】选项卡（包括【形状样式】组、【阴影效果】组、【三维效果】组、【排列】组和【大小】组）中的工具。为了叙述方便，本小节中所涉及到的工具，如果没有特别说明，皆指【格式】选项卡中的工具。

(1) 设置样式。

Word 2007预设有许多常用的形状样式，用户可以对形状自动套用某一种样式，以简化形状的设置。在【形状样式】组（如图7-31所示）的【形状样式】列表中，包含有70种形状样式，这些样式设置了形状的轮廓颜色以及填充色。另外，用户还可以单独设置形状轮廓颜色以及填充色。选定形状后，可以使用以下方法设置样式。

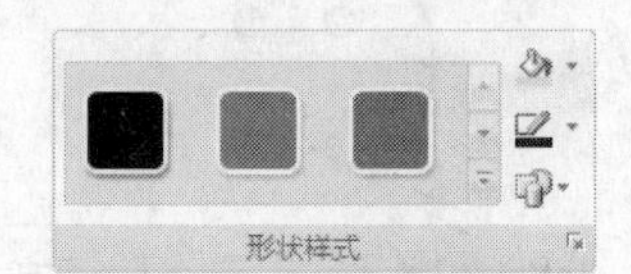

图7-31 【形状样式】组

- 单击【形状样式】组的【形状样式】列表中的一种形状样式，所选定形状的格式即自动套用该样式。单击【形状样式】列表中的（）按钮，形状样式上（下）翻一页。单击【形状样式】列表中的按钮，打开一个【形状样式】列表，可从中选择一个形状样式。
- 单击【形状样式】组中的按钮，形状的填充色即设置为最近使用过的颜色。单击按钮右边的按钮，打开一个颜色列表，单击其中的一种颜色，形状的填充色即设置为该颜色。
- 单击【形状样式】组中的按钮，形状轮廓颜色即设置为最近使用过的颜色。单击按钮右边的按钮，打开一个颜色和线形列表，单击其中的一种颜色，或选择相应的线形，即可设置相应的形状轮廓。

图7-32是形状设置样式的示例。

原始形状

应用【对角渐变】样式

填充黄色

设置黄色轮廓线

设置虚线轮廓线

图7-32 形状设置样式的示例

(2) 设置阴影效果。

通过【阴影效果】组（如图 7-33 所示）中的工具，可设置形状的阴影效果。选定形状后，可以使用以下方法设置阴影效果。

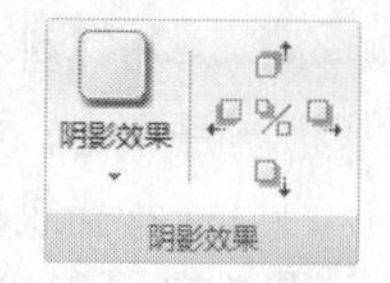

图7-33 【阴影效果】组

- 单击【阴影效果】组中的【阴影效果】按钮，打开一个【阴影效果】列表，单击其中的一种阴影效果类型，形状的阴影效果即设置为该类型。
- 设置阴影效果后，单击【阴影效果】组中的 ( )按钮，可以上（下）移阴影。
- 设置阴影效果后，单击【阴影效果】组中的 ( )按钮，可以左（右）移阴影。
- 设置阴影效果后，单击【阴影效果】组中的 按钮，可以取消阴影。

图 7-34 是形状设置阴影效果的示例。

原始形状 设置投影阴影 设置透视阴影 设置其他阴影

图7-34 形状设置阴影效果的示例

(3) 设置三维效果。

通过【三维效果】组（如图 7-35 所示）中的工具，可设置形状的三维效果。并非所有的形状都可设置三维效果。选定形状后，如果【三维效果】组中的【三维效果】按钮处于可用状态，即可设置三维效果，否则不能设置。选定形状后，可以使用以下方法设置三维效果。

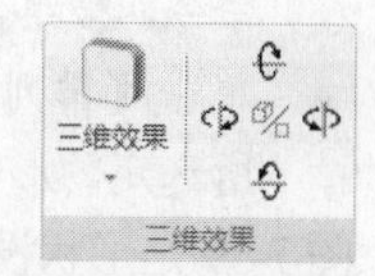

图7-35 【三维效果】组

- 单击【三维效果】组中的【三维效果】按钮，打开一个【三维效果】列表，单击其中的一种三维效果类型，形状的三维效果即设置为该类型。
- 设置三维效果后，单击【三维效果】组中的 （ ）按钮，可以向上（下）倾斜形状。
- 设置三维效果后，单击【三维效果】组中的 （ ）按钮，可以向左（右）倾斜形状。
- 设置三维效果后，单击【三维效果】组中的 按钮，可以取消三维效果。

图 7-36 是形状设置三维效果的示例。

原始形状 设置平行三维效果 设置透视三维效果 设置透视加旋转三维效果

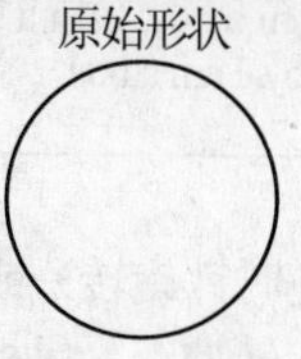
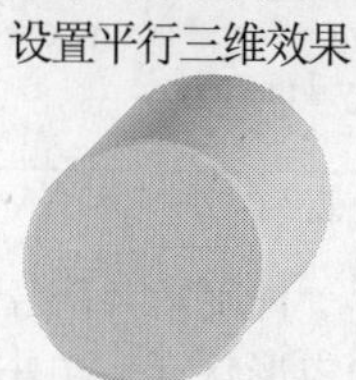

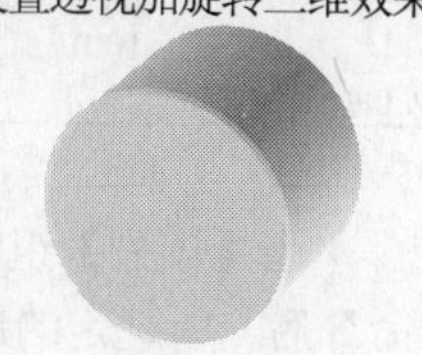

图7-36 形状设置三维效果的示例

(4) 设置排列。

通过【排列】组（如图 7-37 所示）中的工具，可设置形状的排列。选定形状后，可以使用以下方法设置排列。

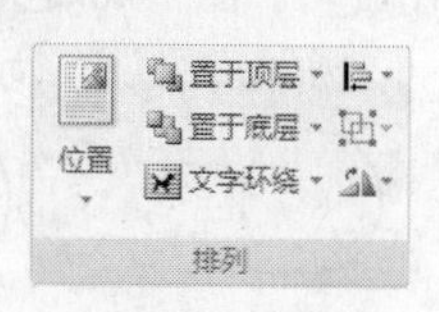

图7-37 【排列】组

- 单击【排列】组中的【位置】按钮，在打开的菜单中选择一种位置，选定的形状即被设置到相应的位置上，同时也设置了相应的文字环绕方式。

- 单击【排列】组中置于顶层按钮右边的按钮，在打开的菜单中选择一种叠放次序命令，或者单击【排列】组中置于底层按钮右边的按钮，在打开的菜单中选择一种叠放次序命令，选定的形状即被设置成相应的叠放次序。

图 7-38 是形状设置叠放次序的示例（操作的形状是菱形）。

原始形状　　置于顶层　　置于底层　　上移一层　　下移一层

图7-38　形状设置叠放次序的示例

- 单击【排列】组中的按钮，在打开的菜单中选择一种对齐或分布命令后，所选定形状的边缘即按相应方式对齐，或选定形状按相应的方式均匀分布。
- 选定多个形状后，单击【排列】组中的按钮，在打开的菜单中选择【组合】命令，这些形状就被组合成一个形状。那些可改变形态的单个形状组合后，不能再改变形态。选定组合后的形状，单击【排列】组中的按钮，在打开的菜单中选择【取消组合】命令，被组合在一起的形状就被分离成单个形状。
- 单击【排列】组中的文字环绕按钮，在打开的菜单中选择一种文字环绕命令后，所选定的形状即按相应的方式文字环绕。

图 7-39 是形状设置文字环绕的示例。

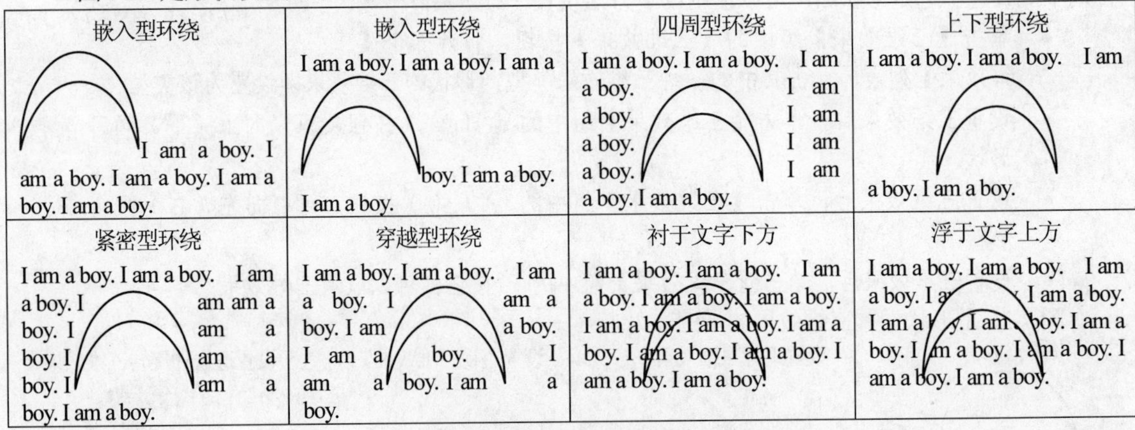

图7-39　形状设置文字环绕的示例

单击【排列】组中的按钮，在打开的菜单中选择一种旋转（向左旋转指逆时针旋转）或翻转命令后，所选定的形状即按相应的方式旋转或翻转。选定形状后，单击形状的旋转控点，鼠标指针变成状，在不松开鼠标左键的情况下移动，形状即随之旋转，松开鼠标左键后，即可完成自由旋转。图 7-40 是形状设置旋转或翻转的示例。

原始形状　　向左旋转 90°　　向右旋转 90°　　水平翻转　　垂直翻转　　自由旋转

图7-40　形状设置旋转或翻转的示例

(5) 设置大小。

通过【大小】组中（如图 7-41 所示）的工具，可设置形状的大小。选定形状后，在【大小】组的【高度】数值框 1.7 厘米 或【宽度】数值框 2.91 厘米 中输入或调整一个高度或宽度值，选定的形状即设置为相应的高度或宽度。

图7-41 【大小】组

另外，通过尺寸控点也可设置形状的大小。把鼠标指针移动到形状的尺寸控点上，鼠标指针变为↔、↕、⤢、⤡状，拖动鼠标可改变形状的大小。拖动鼠标的方式如下。

- 直接拖动鼠标，以默认步长按相应的方向缩放形状。
- 按住 Alt 键拖动鼠标，以小步长按相应的方向缩放形状。
- 按住 Shift 键拖动鼠标，在水平和垂直方向按相同的比例缩放形状。
- 按住 Ctrl 键拖动鼠标，以形状中心点为中心，在 4 个方向上按相同的比例缩放形状。

(6) 设置形态。

选定可改变形态的形状后，形状中会出现形态控点，把鼠标指针移动到形状的形态控点上，鼠标指针变为▷状，然后拖动鼠标，即可改变自选形状的形态。图 7-42 所示是一个形状改变形态前后的示例。

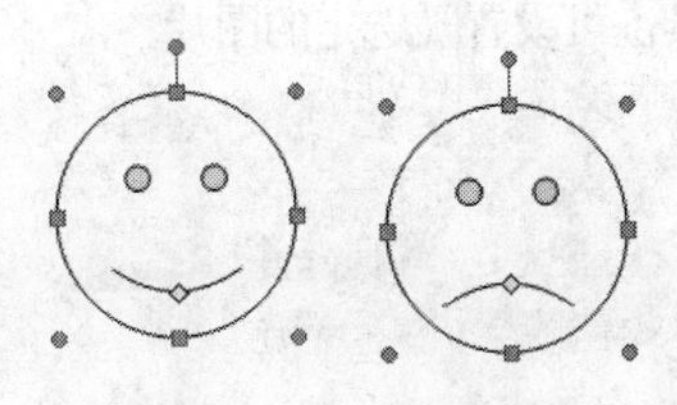

图7-42 自选形状改变形态

7.2.2 使用图片

在 Word 2007 中，可以将各种图片插入到文档中。Word 2007 提供的图片操作有插入图片、编辑图片和设置图片。

一、插入图片

在【插入】选项卡的【插图】组（见图 7-27）中单击【图片】按钮，打开如图 7-43 所示的【插入图片】对话框。

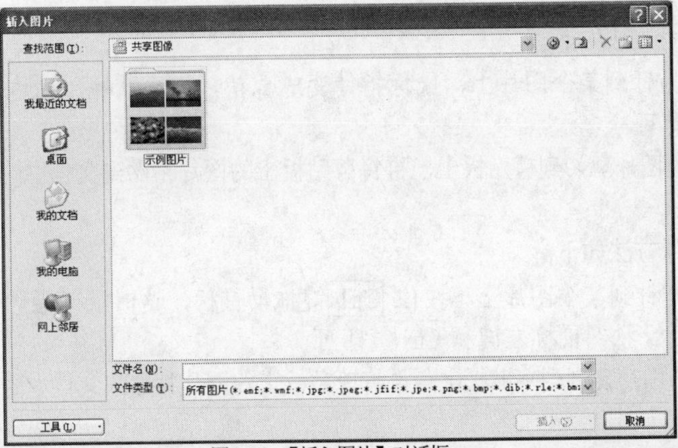

图7-43 【插入图片】对话框

在【插入图片】对话框中，可进行以下操作。

- 在【查找范围】下拉列表中选择图片文件所在的文件夹，或在对话框左侧的预设位置列表中选择图片文件所在的文件夹，文件列表框（对话框右边的区域）中会列出该文件夹中图片和子文件夹的图标。

- 在文件列表框中，双击一个文件夹图标，可以打开该文件夹。
- 在文件列表框中，单击一个图片文件图标，即选择该图片。
- 在文件列表框中，双击一个图片文件图标，即插入该图片。
- 单击 插入(S) 按钮，即可插入所选择的图片。

完成以上操作后，图片即被插入到光标处，图片默认的环绕方式是【嵌入型】。图片插入后立即被选定，图片周围会出现浅蓝色的小圆圈和小方块各 4 个，称为尺寸控点，顶部会出现一个绿色小圆圈，称为旋转控点，如图 7-44 所示。

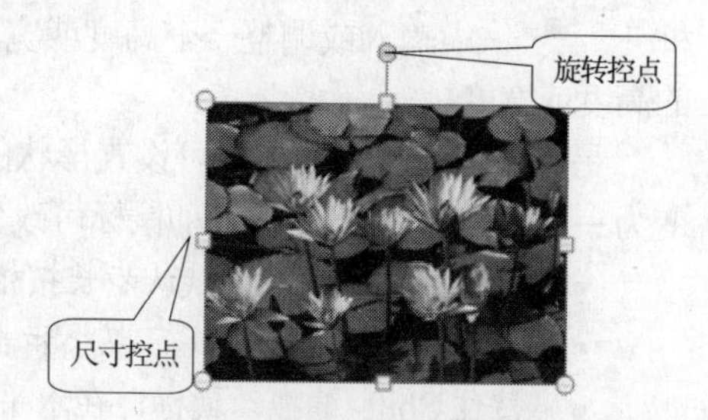

图7-44　图片的尺寸控点和旋转控点

选定图片后，功能区中会自动增加一个【格式】选项卡（如图 7-45 所示），通过【格式】选项卡中的工具，可设置被选定的图片。

图7-45　【格式】选项卡

二、编辑图片

插入图片后，可对图片进行编辑。常用的编辑操作包括选定图片、移动图片、复制图片和删除图片。

(1)　选定图片。

图片的许多操作需要先选定图片。移动鼠标指针到图片上，单击鼠标即可选定该图片。在图片以外单击鼠标，即可取消图片的选定。

(2)　移动图片。

移动图片的常用方法如下。

- 移动鼠标指针到某个图片上，鼠标指针变成 状，拖动鼠标，到达目标位置后松开鼠标左键即可。
- 先把选定的图片剪切到剪贴板上，再将剪贴板上的图片粘贴到文档中的目标位置即可。

(3)　复制图片。

复制图片的常用方法如下。

- 移动鼠标指针到某个图片上，按住 Ctrl 键拖动鼠标，这时鼠标指针变成 状，到达目标位置后，松开鼠标左键和 Ctrl 键即可。
- 先把选定的图片复制到剪贴板上，再将剪贴板上的图片粘贴到文档中的目标位置即可。

(4)　删除图片。

选定图片后，可以使用以下方法删除。

- 按 Delete 键或 Backspace 键。
- 把选定的图片剪切到剪贴板上。

三、设置图片

图片的设置包括调整图片、设置图片样式、设置排列、设置大小和裁剪图片等。图片的设置通常使用【格式】选项卡（包括【调整】组、【图片样式】组、【排列】组和【大小】组）中的工具，本小节中所涉及到的工具，皆指【格式】选项卡中的工具。

(1) 调整图片。

通过【调整】组（如图 7-46 所示）中的工具，可以调整图片。常用的调整操作有以下几种。

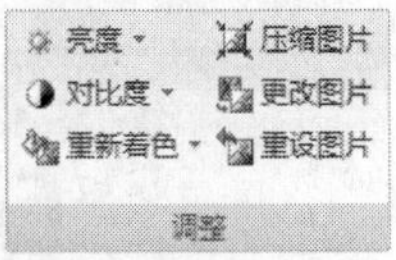

- 单击 亮度 按钮，打开【亮度】列表，从中选择一个亮度值，所选定图片的亮度即设置为该值。
- 单击 对比度 按钮，打开【对比度】列表，从中选择一个对比度值，所选定图片的对比度即设置为该值。
- 单击 重新着色 按钮，打开【重新着色】列表，从中选择一个着色类型，所选定的图片即使用该类型重新着色。
- 单击 压缩图片 按钮，打开【压缩图片】对话框，从中可以确定是压缩当前图片还是文档中的所有图片。压缩后的图片，除去了图片被裁剪掉的部分（参见“(5) 裁剪图片”）。
- 单击 更改图片 按钮，则用新的图片文件来替换选定的图片，操作方法与插入图片大致相同，不再重复。
- 单击 重设图片 按钮，则放弃对图片所做的所有更改，还原为刚插入时的图片。

亮度 · 压缩图片 · 对比度 · 更改图片 · 重新着色 · 重设图片 · 调整

图7-46 【调整】组

图 7-47 是图片调整的示例。

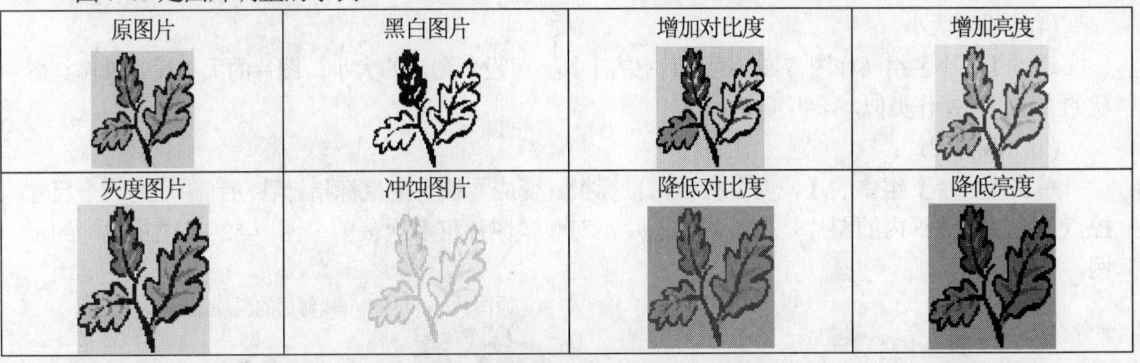

图7-47 图片调整的示例

(2) 设置图片样式。

Word 2007 预设有许多常用的图片样式，用户可以对图片自动套用某一种样式，以简化图片的设置。【图片样式】组（如图 7-48 所示）的【图片样式】列表中包含有近 30 种图片样式，这些样式设置了图片的形状、边框和效果。另外，用户还可以单独设置图片的形状、边框和效果。

图7-48 【图片样式】组

选定图片后，可以使用以下方法设置样式。

- 单击【图片样式】组的【图片样式】列表中的一种图片样式，所选定图片的格式即自动套用该样式。
- 单击【图片样式】组中的 图片形状 按钮，打开【图片形状】列表，选择其中的一种形状，图片即由原来的形状改变为所选择的形状。

- 单击【图片样式】组中的图片边框按钮，打开【图片边框】列表，从中选择边框颜色、边框线粗细和边框线型，即可为图片加上相应的边框。
- 单击【图片样式】组中的图片效果按钮，打开【图片效果】列表，选择其中的一种效果，即可将图片设置成相应的效果。

图 7-49 是图 7-44 设置样式后的示例。

样式效果 1

样式效果 2

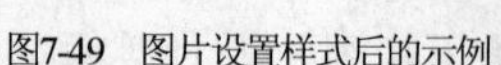

图7-49　图片设置样式后的示例

(3)　设置排列。

通过【排列】组（如图 7-50 所示）中的工具，可设置图片的排列。图片的排列设置与形状的排列设置类似，不再重复。

需要注意的是：图片的默认文字环绕方式是【嵌入型】，不能设置图片的叠放次序、组合图片、对齐和分布。如果将图片的文字环绕方式设置为非【嵌入型】，则可进行以上设置。

图7-50　【排列】组

(4)　设置大小。

通过【大小】组（如图 7-51 所示）中的工具，可设置图片的大小。图片的大小设置操作与形状的大小设置操作类似，不再重复。

(5)　裁剪图片。

单击【大小】组中的【裁剪】按钮，鼠标指针变成状，把鼠标指针移动到图片的一个尺寸控点上拖动，虚框内的图片是剪裁后的图片，对一幅图片可多次裁剪。图 7-52 是图片裁剪的示例。

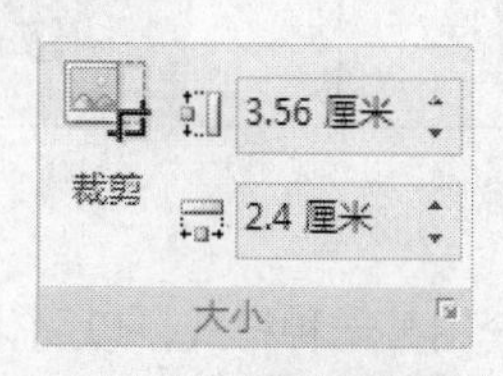

图7-51　【大小】组

原图片　　裁剪后的图片

图7-52　图片剪裁的示例

7.2.3　使用剪贴画

Word 2007 提供有一个剪辑库，其中包含数百个各种各样的剪贴画，内容包括建筑、卡通、通讯、地图、音乐和人物等。可以用剪辑库提供的查找工具进行浏览，找到合适的剪贴画后，将其插入到文档中。

在【插入】选项卡的【插图】组中单击【剪贴画】按钮，打开如图 7-53 所示的【剪贴画】任务窗格，从中可进行以下操作。

- 在【搜索文字】文本框内输入所要插入剪贴画的名称或类别。

- 在【搜索范围】下拉列表中，可选择所要搜索剪贴画所在的文件夹。
- 在【结果类型】下拉列表中，可选择所要搜索剪贴画的类型。
- 单击 搜索 按钮，在任务窗格中会列出所搜索到的剪贴画的图标（如图7-54所示）。

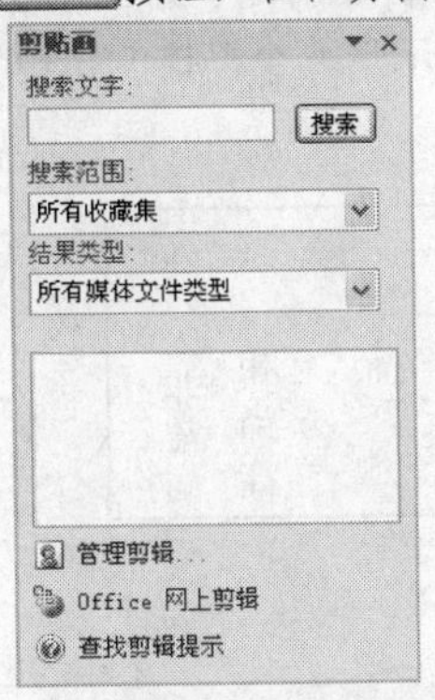

图7-53 【剪贴画】任务窗格

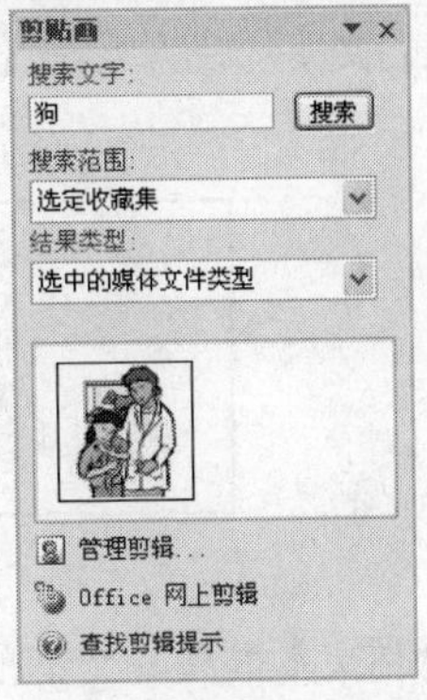

图7-54 搜索到的剪贴画

- 单击搜索到的剪贴画，该剪贴画即插入到文档中。

如同图片一样，剪贴画也被插入到光标处，默认的文字环绕方式是【嵌入型】。剪贴画的编辑和剪贴画的设置与图片几乎完全相同，这里不再重复。

7.2.4 使用文本框

文本框是文档中用来标记一块文档的方框。插入文本框的目的是为了在文档中形成一块独立的文本区域。Word 2007 文本框操作包括插入文本框、编辑文本框和设置文本框等。

一、插入文本框

在【插入】选项卡的【文本】组（如图 7-55 所示）中单击【文本框】按钮，打开如图 7-56 所示的【文本框】列表，从中可进行以下操作。

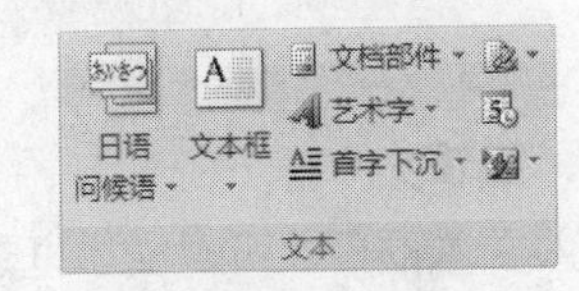

图7-55 【文本】组

- 单击一种文本框样式图标，即可在样式所指定的位置插入相应大小的空白文本框，并且设置相应的文字环绕方式。
- 选择【绘制文本框】命令，鼠标指针变为十状，拖动鼠标，可绘制相应大小的横排空白文本框。文本框内填写文字后，文字横排。
- 选择【绘制竖排文本框】命令，鼠标指针变为十状，拖动鼠标，可绘制相应大小的竖排空白文本框。文本框内填写文字后，文字竖排。

使用后两种方法插入文本框时，有以下几种拖动鼠标的方法。

- 直接拖动鼠标，可插入相应的文本框。
- 按住 Alt 键拖动鼠标，则以小步长移动鼠标。

内置
简单文本框　边线型提要栏　边线型引述
传统型提要栏　传统型引述　瓷砖型提要栏
绘制文本框(D)
绘制竖排文本框(V)
将所选内容保存到文本框库(S)

图7-56 【文本框】列表

- 按住Ctrl键拖动鼠标，则以起始点为中心插入文本框。
- 按住Shift键拖动鼠标，可插入正方形文本框。

使用第 1 种方法插入的文本框，文本框会自动设置相应的环绕方式；使用后两种方法绘制的文本框，默认的文字环绕方式是【浮于文字上方】。图 7-57 所示是一个横排文本框和一个竖排文本框。

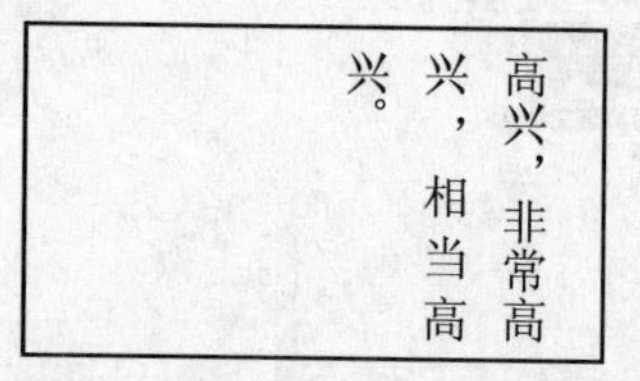

图7-57　横排文本框和竖排文本框

插入或绘制文本框后，文本框处于编辑状态，这时的文本框被浅蓝色虚线边框包围，虚线边框上有浅蓝色的小圆圈和小方块各 4 个，称为尺寸控点，如图 7-58 所示。文本框处于编辑状态时，内部有一个光标，可以在其中输入文字，还可以设置文字格式。

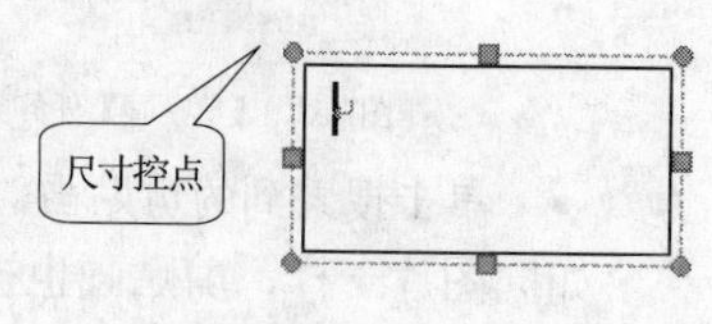

图7-58　编辑状态的文本框

文本框被选定或处于编辑状态时，功能区中会自动增加一个【格式】选项卡（如图 7-59 所示），通过【格式】选项卡中的工具，可设置被选定或正在编辑的文本框（参阅后面的内容）。

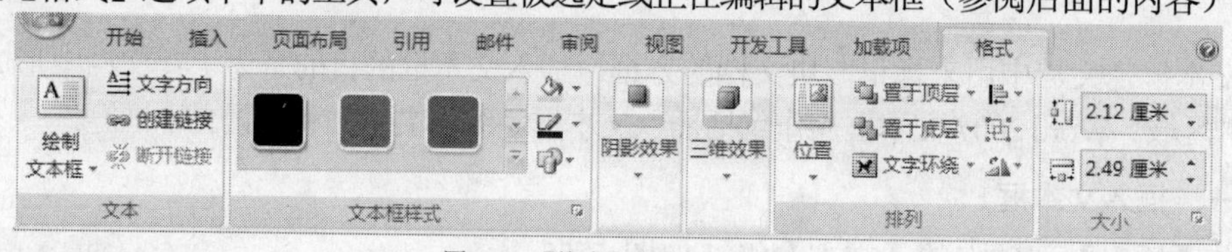

图7-59　【格式】选项卡

二、编辑文本框

插入文本框后，可对文本框进行编辑，常用的编辑操作包括选定文本框、移动文本框、复制文本框和删除文本框等。

(1) 选定文本框。

- 移动鼠标指针到文本框的边框上，单击鼠标即可选定该文本框。
- 在【开始】选项卡的【编辑】组中单击选择按钮，在打开的菜单中选择【选择对象】命令，再在文档中拖动鼠标，屏幕上会出现一个虚线矩形框，框内的所有文本框即被选定。
- 按住Shift键逐个单击文本框的边框，所单击的文本框即被选定，已选定的文本框则被取消选定。

文本框选定后，文本框边线上有浅蓝色的小圆圈和小方块各 4 个，称为尺寸控点，如图 7-60 所示。在文本框以外单击鼠标，则可取消文本框的选定。

(2) 移动文本框。

- 选定文本框后，按↑、↓、←、→ 键可上、下、左、右移动文本框。

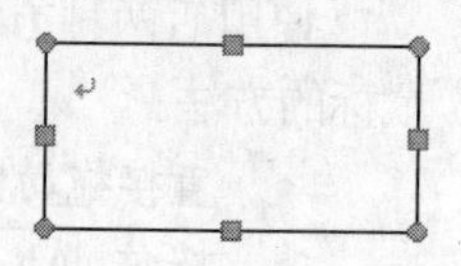

图7-60　选定状态的文本框

- 移动鼠标指针到文本框的边框上，鼠标指针变成![]状，拖动鼠标可以移动该文本框。

在后一种方法中，拖动鼠标又有以下几种方式。

- 直接拖动，则按默认的步长移动文本框。
- 按住 Alt 键拖动鼠标，则以小步长移动文本框。
- 按住 Shift 键拖动鼠标，则只在水平或垂直方向上移动文本框。

(3) 复制文本框。

- 移动鼠标指针到文本框的边框上，按住 Ctrl 键拖动鼠标，这时鼠标指针变成![]状，到达目标位置后，松开鼠标左键和 Ctrl 键即可。
- 先把选定的文本框复制到剪贴板上，再将剪贴板上的文本框粘贴到文档中。如果复制的位置不是目标位置，可以再将其移动到目标位置。

(4) 删除文本框。

- 选定文本框后，按 Delete 键。
- 选定文本框后，按 Backspace 键。
- 把选定的文本框剪切到剪贴板上。

三、设置文本框

文本框的设置包括样式、阴影效果、三维效果、排列、大小和链接等。除了设置大小和设置链接与形状的操作不同外，其他大致相同，这里不再重复。图 7-61 所示是设置阴影效果后的文本框，图 7-62 所示是设置三维效果后的文本框。

高兴，非常高兴，相当高兴。

图7-61 设置阴影效果后的文本框

高兴，非常高兴，相当高兴。

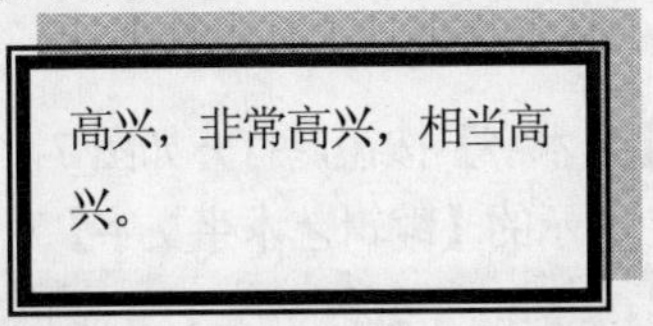

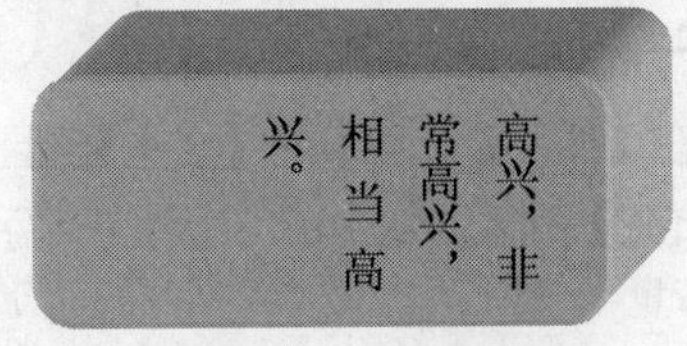

图7-62 设置三维效果后的文本框

(1) 设置大小。

设置文本框大小的方法与设置形状大小的方法大致相同。需要说明的是：文本框大小改变后，其中的文本会自动根据文本框的新宽度自动换行。文本超出文本框的范围时，如果文本框有链接，超出的内容则会转移到下一个文本框中，否则超出的文本将被隐藏。图 7-63 为改变大小前后的文本框。

高兴，非常高兴，相当高兴。年年高兴，月月高兴，天天高兴。
高兴，非常高兴，相当高兴。年年高兴，月月高兴，天天高

图7-63 改变大小前后的文本框

(2) 设置链接。

如果多个文本框建立了链接，那么当一个文本框中的内容满了以后，其余的内容就会自动移到下一个文本框中。

文字方向
创建链接
绘制文本框
断开链接
文本

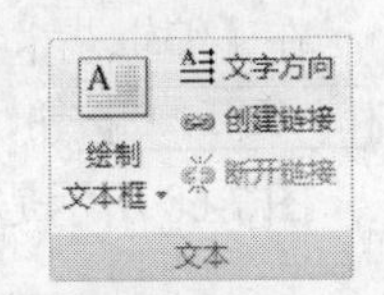

图7-64 【文本】组

文本框处于选定或编辑状态时，单击【文本】组（如图 7-64 所示）中的创建链接按钮，鼠标指针变成![]状，单击一个空文本框，将其作为当前文本框的后继链接，这时鼠标指针恢复原状。有后继链接的文本框处于选定或编辑状态时，单击

【文本】组中的断开链接按钮，可断开与后继文本框的链接。图 7-65 所示是两个链接在一起的文本框。

高兴，非常高兴，相当高兴。年年高兴，	月月高兴，天天高兴。

图7-65　两个链接在一起的文本框

链接和断开链接文本框的以下情况应引起特别注意。

- 输入文本时，如果一个文本框已满，则自动进入后继链接文本框内输入，不能直接将光标移动到后继链接的空文本框内。
- 当前或选定的文本框只能链接一个空文本框，并且不能链接到自身。
- 如果一个被链接的空文本框已经在文本框链中，该文本框将断开与原来文本框的链接。
- 删除文本框链中的一个文本框时，文本框链不会断裂，将会自动衔接。

7.2.5　使用艺术字

Word 2007 中的字体通常没有艺术效果，而实际应用中又经常要用到艺术效果较强的字，通过插入艺术字可以满足这种需要。Word 2007 艺术字操作包括插入艺术字、编辑艺术字和设置艺术字等。

一、插入艺术字

在【插入】选项卡的【文本】组（见图 7-55）中单击【艺术字】按钮，打开如图 7-66 所示的【艺术字样式】列表，从中单击一种艺术字样式，弹出如图 7-67 所示的【编辑艺术字文字】对话框。

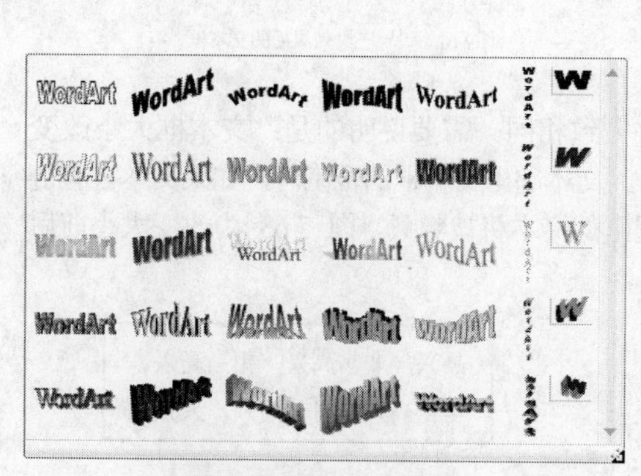

图7-66　【艺术字样式】列表

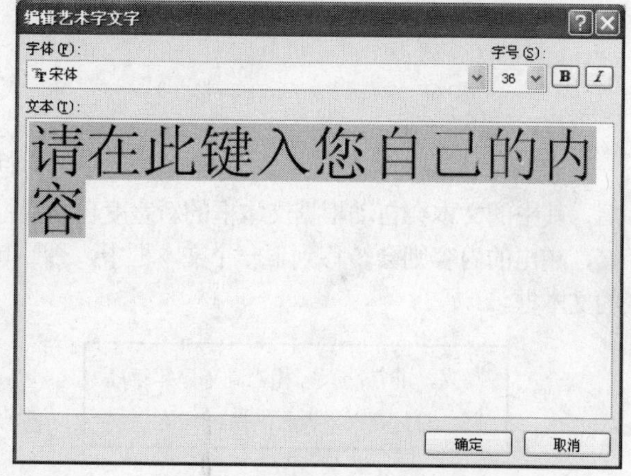

图7-67　【编辑艺术字文字】对话框

在【编辑艺术字文字】对话框中输入艺术字的文字，设置艺术字的字体、字号以及字形后单击确定按钮，即可在光标处插入相应的艺术字。艺术字默认的文字环绕方式是【嵌入型】。

图 7-68 所示是艺术字的示例。

图7-68　艺术字示例

插入艺术字，或选定一个已插入的艺术字后，功能区中会自动增加一个【格式】选项卡（如图 7-69 所示），通过【格式】选项卡可以设置艺术字的格式。

图7-69　【格式】选项卡

二、编辑艺术字

插入艺术字后，可对艺术字进行编辑，常用的编辑操作包括选定艺术字、移动艺术字、复制艺术字和删除艺术字等。

(1)　选定艺术字。

艺术字的许多操作需要先选定艺术字。移动鼠标指针到艺术字上，单击鼠标即可选定该艺术字。在艺术字以外单击鼠标，可取消艺术字的选定。

文字环绕方式是【嵌入型】的艺术字被选定后，艺术字则被浅蓝色虚线边框包围，虚线边框上有 8 个浅蓝色的方块，称为尺寸控点，如图 7-70 所示。文字环绕方式不是【嵌入型】的艺术字被选定后，艺术字周围会出现浅蓝色的小圆圈和小方块各 4 个，称为尺寸控点，顶部会出现一个绿色小圆圈，称为旋转控点。有的艺术字还会出现一个黄色的菱形框，称为形态控点，如图 7-71 所示。

图7-70　选定嵌入型艺术字

图7-71　选定非嵌入型艺术字

(2)　移动艺术字。

- 移动鼠标指针到某个艺术字上，鼠标指针变成✥状，拖动鼠标，到达目标位置后松开鼠标左键即可。
- 先把选定的艺术字剪切到剪贴板上，再从剪贴板上粘贴到文档中的目标位置即可。

(3)　复制艺术字。

- 移动鼠标指针到艺术字上，按住 Ctrl 键拖动鼠标，这时鼠标指针变成⊕状，到达目标位置后，松开鼠标左键和 Ctrl 键即可。
- 先把选定的艺术字复制到剪贴板上，再从剪贴板上粘贴到文档中的目标位置即可。

(4)　删除艺术字。

- 按 Delete 键或 Backspace 键。
- 把选定的图片剪切到剪贴板上。

三、设置艺术字

艺术字的设置包括样式、阴影效果、三维效果、排列、大小和形态等，这些与对形状的操作方法大致相同，这里不再重复。利用【格式】选项卡的【文字】组（如图 7-72 所示）中的工具，可对艺术字进行以下设置。

图7-72 【文字】组

- 单击【编辑文字】按钮，打开【编辑艺术字文字】对话框（见图 7-67），从中编辑艺术字中的文字。
- 单击【间距】按钮，打开【间距】列表，从中选择一种间距类型，可设置相应的文字间距。
- 单击 Aa 按钮，可在字母等高和不等高之间转换。
- 单击 Ab 按钮，可在横排艺术字和竖排艺术字之间转换。
- 单击 ≡ 按钮，打开【对齐】列表，从中选择一种对齐方式，可设置多行艺术字中文字的对齐方式。

7.3 习题

一、问答题

1. 建立表格有哪些方法？
2. 插入表格与绘制表格在功能上有什么区别？
3. 将文本转换成表格时，对文本有什么要求？
4. 在表格中插入行、列有哪几种方法？
5. 在表格中删除行、列有哪几种方法？
6. 如何把一个表格拆分成多个？
7. 如何把相邻的两个表格合成一个表格？
8. 文字对表格的环绕方式有哪几种？如何设置？
9. 如何设置某单元格某一边的边框？
10. 如何绘制一个正方形？如何绘制一个圆？
11. 形状的尺寸控点、旋转控点和形态控点各有什么作用？
12. 如何选定多个形状？
13. 如何设置形状的阴影和三维效果？
14. 如何使形状衬于文字下方？
15. 如何插入图片和剪贴画？
16. 图片和剪贴画的设置有哪些？
17. 如何设置图片的样式？
18. 如何插入艺术字？
19. 如何改变艺术字的形态？
20. 如何插入文本框？
21. 链接后的文本框与没有链接的文本框有什么不同？

二、操作题

1. 在文档中建立以下表格。

专用发票

开票日期　　年　月　日

购货单位	名称				纳税人登记号		
	地址、电话				开户银行及账号		
商品或劳务名称		计量单位	数量	单价	金　额	税率（%）	税　额
合　计							
价税合计（大写）						¥	
销货单位	名称				纳税人登记号		
	地址、电话				开户银行及账号		
备注							

第三联：发票联 购货方记账

收款人：

2. 在文档中建立以下图形。

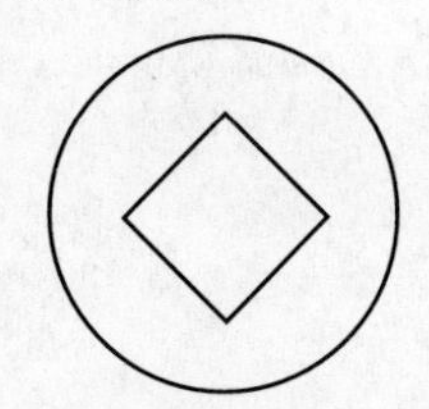

3. 在文档中建立以下图形。

4. 在文档中建立以下艺术字。

爱

Excel 2007 入门

Excel 2007 是微软公司开发的办公软件 Office 2007 的一个组件，利用它可以方便地制作电子表格，是计算机办公的得力工具。本讲主要介绍 Excel 2007 的入门知识。本讲课时为 2 小时。

学习目标

- 掌握Excel 2007启动与退出的方法。
- 了解Excel 2007的窗口组成。
- 掌握Excel 2007工作簿操作的方法。
- 掌握Excel 2007工作表管理的方法。

8.1 Excel 2007 的启动与退出

Excel 2007 的启动和退出是 Excel 2007 的最基本操作，使用 Excel 2007 时应先启动 Excel 2007，使用完后应退出 Excel 2007。

8.1.1 Excel 2007 的启动

启动 Excel 2007 的方法有多种，用户可根据自己的习惯或喜好选择一种。以下是启动 Excel 2007 常用的方法。

- 选择【开始】/【程序】/【Microsoft Office】/【Microsoft Office Excel 2007】命令。
- 如果建立了 Excel 2007 的快捷方式，双击该快捷方式即可。
- 双击一个 Excel 工作簿文件图标（Excel 工作簿文件的图标是）将其打开即可。

使用前两种方法启动 Excel 2007 后，系统会自动建立一个名为“Book1”的空白工作簿；使用第 3 种方法启动 Excel 2007 后，系统会自动打开相应的工作簿。

8.1.2 Excel 2007 的退出

退出 Excel 2007 的方法如下。

- 单击 Excel 2007 窗口右上角的【关闭】按钮。

- 双击按钮。
- 单击按钮，在打开的菜单中选择【退出 Excel】命令。

退出 Excel 2007 时，系统会关闭所打开的工作簿。如果工作簿改动过，而且没有保存，系统会弹出如图 8-1 所示的【Microsoft Office Excel】对话框（以工作簿“Book1”为例），询问是否保存。

图8-1 【Microsoft Office Excel】对话框

8.2 Excel 2007 窗口的组成

Excel 2007 启动后的窗口，称做 Excel 2007 应用程序窗口。在该窗口中还包含一个子窗口——工作簿窗口。当工作簿窗口被最大化后（如图 8-2 所示），工作簿窗口的标题栏则并到 Excel 2007 应用程序窗口的标题栏中，工作簿窗口的窗口控制按钮移到功能区中选项卡标签的右边。这时，单击选项卡标签右边的按钮，把工作簿窗口恢复为原来的大小，就能很清楚地区分应用程序窗口和工作簿窗口。

8.2.1 应用程序窗口

Excel 2007 应用程序窗口的标题栏、功能区和状态栏等与 Word 2007 应用程序窗口类似。不同的是，Excel 2007 窗口没有文档区，取而代之的是工作表窗口。另外，Excel 2007 应用程序窗口中还有名称框和编辑栏。

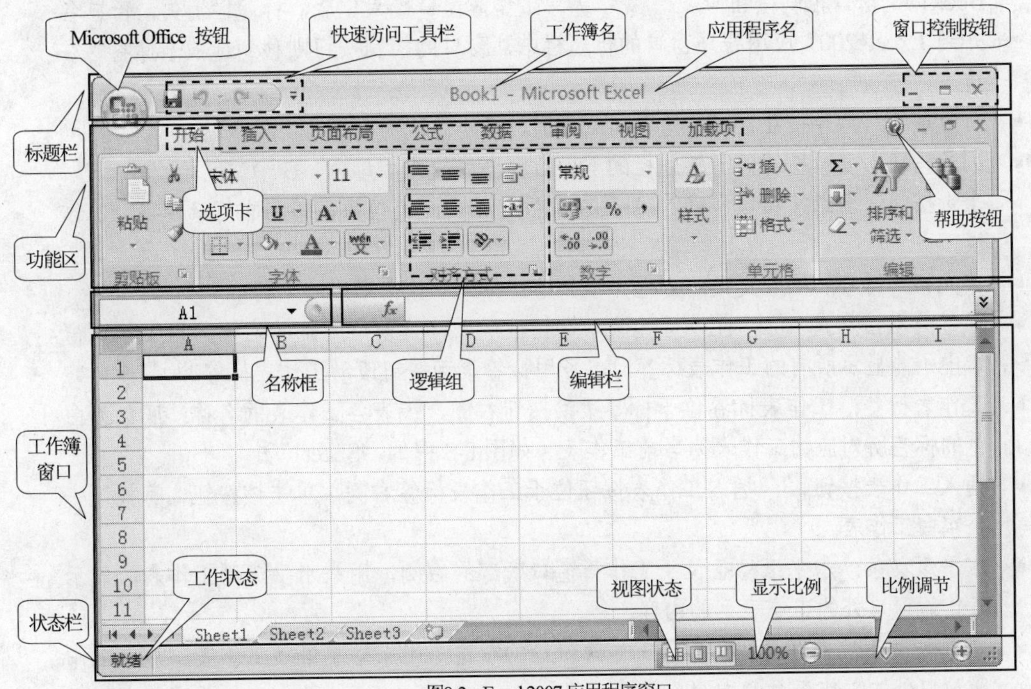

图8-2 Excel 2007 应用程序窗口

- 名称框：名称框位于功能区下方的左面，用来显示活动单元格的名称。如果单元格被命名，则显示其名称，否则显示单元格的地址。

- 编辑栏：编辑栏位于功能区下方的右面，用来显示、输入或修改活动单元格中的内容，当单元格的内容为公式时，在编辑栏中可显示单元格中的公式。当输入或修改活动单元格中的内容时，编辑栏的左侧会出现✓和✕按钮。单击编辑栏中的fx按钮，会打开【插入函数】对话框，从中可插入Excel 2007提供的标准函数。

8.2.2 工作簿窗口

Excel 2007 的工作簿窗口包含在应用程序窗口中，工作簿窗口没有最大化时（如图 8-3 所示），各部分的功能如下。

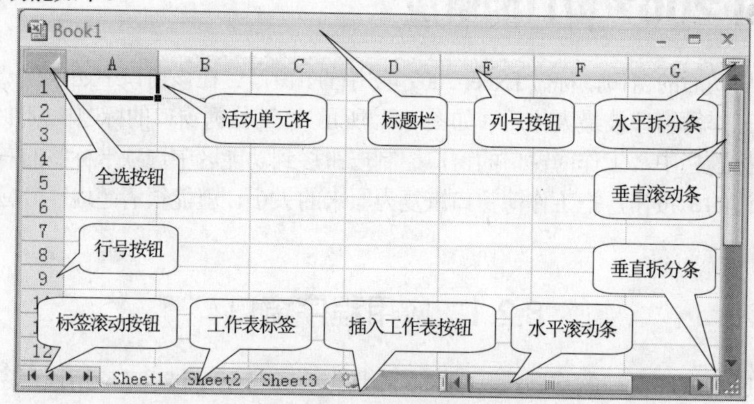

图8-3 Excel 2007 的工作簿窗口

- 标题栏：标题栏位于工作簿窗口的顶端，包括控制菜单按钮、窗口名称（如Book1）、窗口控制按钮等。工作簿窗口最大化后，标题栏消失，窗口名并到 Excel 2007 应用程序窗口的标题栏中，窗口的控制按钮则移到选项卡标签的右边。
- 行号按钮：行号按钮在工作簿窗口的左面，顺序依次为数字1、2、3等。
- 列号按钮：列号按钮位于标题栏的下面，顺序依次为字母A、B、C等。
- 全选按钮：全选按钮位于列号 A 之左、行号 1 之上的位置，单击它可选定整个工作表。
- 单元格：行号和列号交叉的方框为单元格。每个单元格对应一个行号和列号。
- 标签滚动按钮：标签滚动按钮位于工作簿窗口底部的左侧。当工作簿窗口中不能显示所有的工作表标签时，可用标签滚动按钮滚动工作表标签。
- 工作表标签：工作表标签位于标签滚动按钮右侧，代表各工作表的名称。底色为白色的标签所对应的工作表为当前工作表（如图 8-3 中的“Sheet1”）。
- 插入工作表按钮：插入工作表按钮位于工作表标签右侧，单击该按钮，可插入一个空白工作表。
- 水平滚动条：水平滚动条位于工作簿窗口底部的右侧，用来水平滚动工作表，显示工作簿窗口外的工作表列的内容。
- 垂直滚动条：垂直滚动条位于工作簿窗口的右边，用来垂直滚动工作表，显示工作簿窗口外的工作表行的内容。
- 水平拆分条：水平拆分条位于垂直滚动条的上方，拖动它能把工作表窗口水平分成两部分。

- 垂直拆分条：垂直拆分条位于水平滚动条的右侧，拖动它能把工作表窗口垂直分成两部分。

8.3 Excel 2007 的工作簿操作

工作簿是磁盘上的一个文件，Excel 2007 先前版本工作簿文件的扩展名是“.xls”，Excel 2007 工作簿文件的扩展名是“.xlsx”，该类文件的图标是。

一个工作簿由若干个工作表组成，至少包含一个工作表，在内存允许的情况下，工作表数可有任意多个（Excel 2007 先前的版本最多有 255 个工作表）。在 Excel 2007 新建的工作簿中，默认包含 3 个工作表，名字分别是“Sheet1”、“Sheet2”和“Sheet3”。

Excel 2007 的工作簿常用的操作包括新建工作簿、保存工作簿、打开工作簿和关闭工作簿等。

8.3.1 新建工作簿

启动 Excel 2007 时，系统会自动建立一个空白工作簿，默认的文件名是“Book1”。在 Excel 2007 中，新建工作簿的方法如下。

- 按 Ctrl+N 键。
- 单击按钮，在打开的菜单中选择【新建】命令。

使用第 1 种方法，系统会自动建立一个默认模板的空白工作簿；使用第 2 种方法，将弹出如图 8-4 所示的【新建工作簿】对话框。

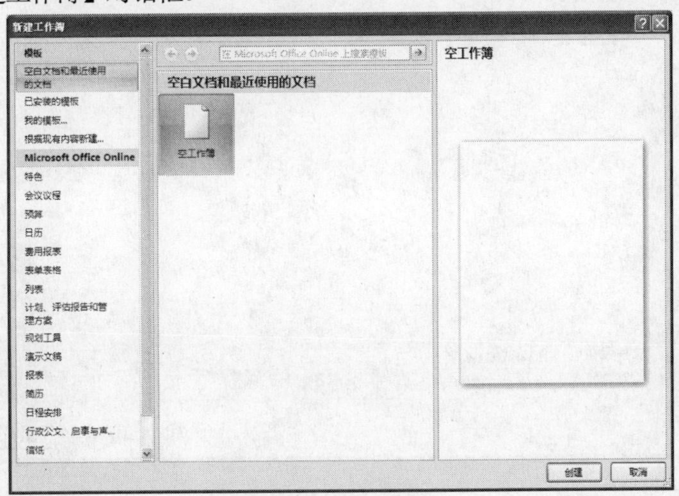

图8-4 【新建工作簿】对话框

在【新建工作簿】对话框中，可进行以下操作。

- 单击【模板】窗格（最左边的窗格）中的一个命令，【模板列表】窗格（中间的窗格）会显示该组模板中的所有模板。
- 单击【模板列表】窗格中的一个模板，【模板效果】窗格（最右边的窗格）会显示该模板的效果。
- 单击 创建 按钮，即可建立基于该模板的一个新工作簿。

8.3.2 保存工作簿

Excel 2007 工作时，工作簿的内容驻留在计算机内存和磁盘的临时文件中，没有正式保存。常用保存工作簿的方法有保存和另存为两种。

一、保存

在 Excel 2007 中，保存工作簿的方法如下。

- 按 Ctrl+S 键。
- 单击【快速访问工具栏】中的按钮。
- 单击按钮，在打开的菜单中选择【保存】命令。

如果工作簿已被保存过，系统会自动将工作簿的最新内容保存起来。如果工作簿从未保存过，系统要求用户指定文件的保存位置以及文件名，相当于进行另存为操作（见下面的内容）。

二、另存为

另存为是指把当前编辑的工作簿以新文件名或在新的保存位置保存起来。单击按钮，在打开的菜单中选择【另存为】命令，即可弹出如图 8-5 所示的【另存为】对话框。

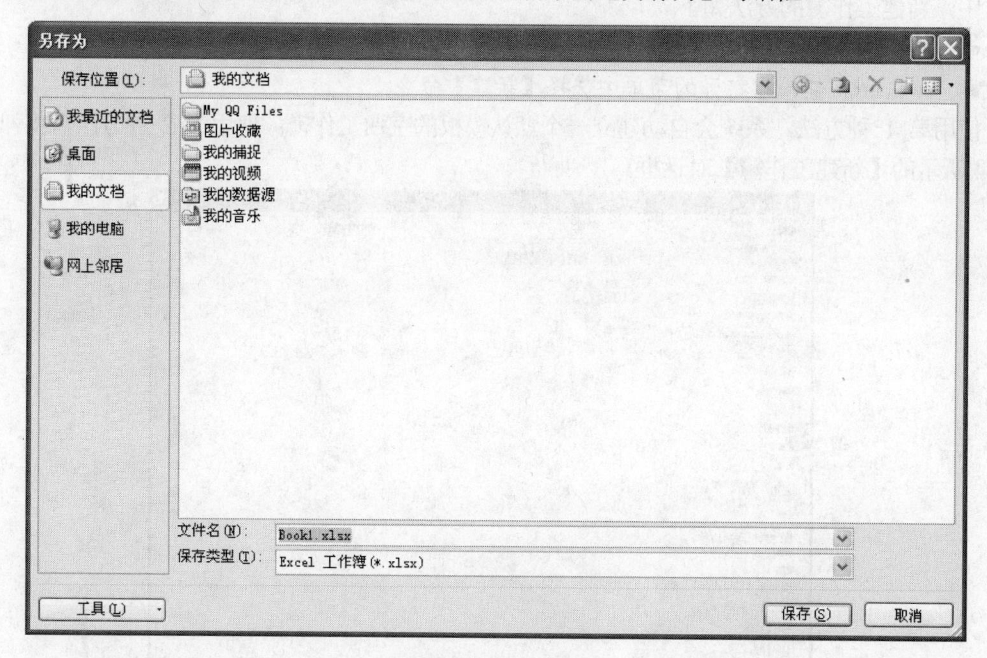

图8-5 【另存为】对话框

在【另存为】对话框中，可进行以下操作。

- 在【保存位置】下拉列表中，可选择要保存到的文件夹，也可在对话框左侧的预设保存位置列表中选择要保存到的文件夹。
- 在【文件名】下拉列表中，可输入或选择一个文件名。
- 在【保存类型】下拉列表中，可选择要保存的工作簿类型。注意：Excel 2007 先前版本默认的保存类型是.xls 型文件，Excel 2007 则是.xlsx 型文件。
- 单击 保存(S) 按钮，即可按所进行的设置保存文件。

8.3.3 打开工作簿

在Excel 2007中，打开工作簿的方法如下。

- 按Ctrl+O键。
- 单击按钮，在打开的菜单中选择【打开】命令。
- 单击按钮，在打开的菜单中从【最近使用的文档】列表中选择一个工作簿名。

采用最后一种方法时，将直接打开指定的工作簿。使用前两种方法，则会弹出如图8-6所示的【打开】对话框。

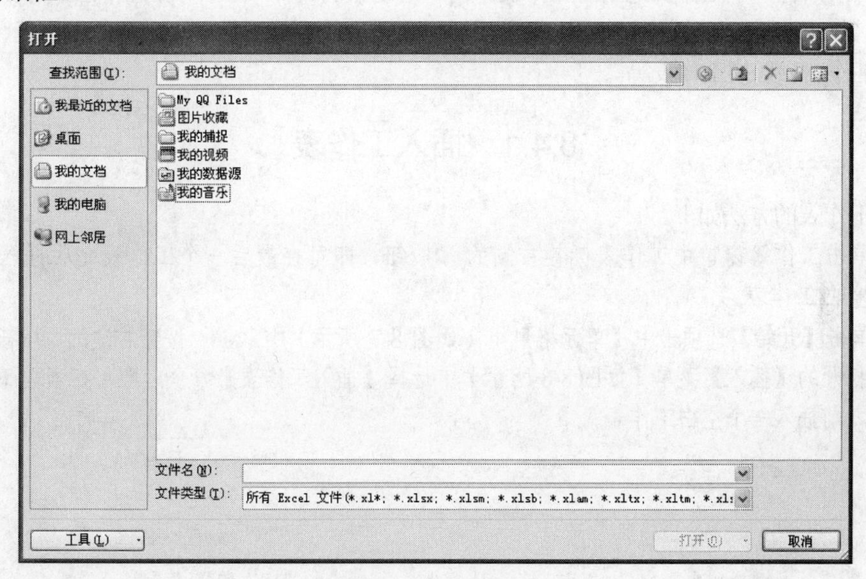

图8-6 【打开】对话框

在【打开】对话框中，可进行以下操作。

- 在【查找范围】下拉列表中，可选择要打开工作簿所在的文件夹，也可在对话框左侧的预设位置列表中选择要打开工作簿所在的文件夹。
- 在打开的文件列表中单击一个文件图标，可以选择该工作簿。
- 在打开的文件列表中双击一个文件图标，可以打开该工作簿。
- 在【文件名】下拉列表中，可输入或选择所要打开的工作簿名。
- 单击 打开(O) 按钮，即可打开所选择的工作簿或在【文件名】文本框中指定的工作簿。

打开工作簿后，便可以进行编辑工作表、格式化工作表、使用公式、进行数据管理和打印工作表等操作。在对工作簿操作的过程中，要撤销最近对工作簿所做的改动，单击【快速访问工具栏】中的按钮即可，并且可以进行多次撤销。

8.3.4 关闭工作簿

在Excel 2007中单击按钮，在打开的菜单中选择【关闭】命令，即可关闭当前打开的工作簿。关闭工作簿时，如果工作簿改动过，并且没有保存，系统则会弹出类似图8-1所示的【Microsoft Office Excel】对话框（以“Book1”为例），询问是否保存。

8.4 Excel 2007 的工作表管理

工作表隶属于工作簿，由若干行和若干列组成，行号和列号交叉的方框称为单元格，在单元格中可输入数据或公式。Excel 2007 的一个工作表最多有 1048676 行和 16384 列（Excel 2007 先前的版本最多有 65536 行和 256 列），行号依次是 1、2、3、……、1048676，列号依次是 A、B、C、……、Y、Z、AA、AB、……、ZZ、AAA、……、XFD。

每个工作表有一个名字，显示在工作表标签上。工作表标签底色为白色的工作表是当前工作表，任何时候只有一个工作表是当前工作表。用户可切换另外一个工作表为当前工作表。

Excel 2007 常用的工作表的管理操作包括插入工作表、删除工作表、重命名工作表、移动工作表、复制工作表和切换工作表等。

8.4.1 插入工作表

插入工作表的方法如下。

- 单击工作簿窗口中工作表标签右侧的按钮，即可在最后一个工作表之后插入一个空白工作表。
- 单击【开始】选项卡中【单元格】组（如图 8-7 所示）中插入按钮右边的按钮，在打开的【插入】菜单（如图 8-8 所示）中选择【插入工作表】命令，即可在当前工作表之前插入一个空白工作表。

图8-7 【单元格】组

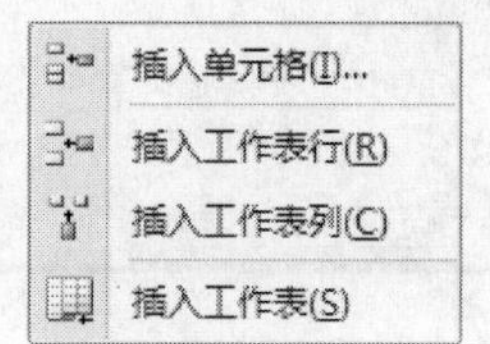

图8-8 【插入】菜单

- 选中工作表的标签，单击鼠标右键，在弹出的快捷菜单（如图 8-9 所示）中选择【插入】命令，弹出如图 8-10 所示的【插入】对话框，进入【常用】选项卡，从中选择【工作表】，然后单击 确定 按钮，即可在选中的工作表之前插入一个空白工作表。

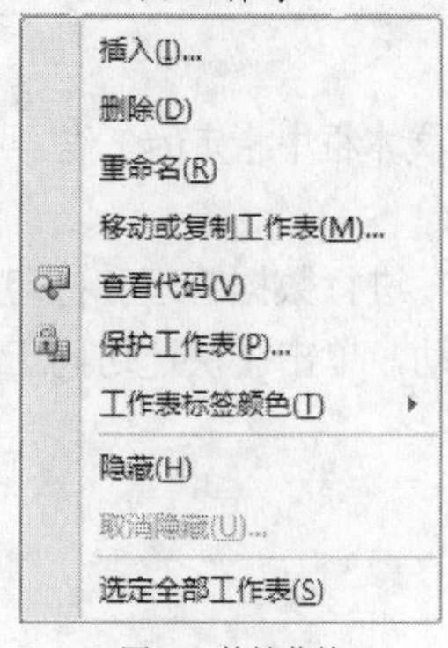

图8-9 快捷菜单

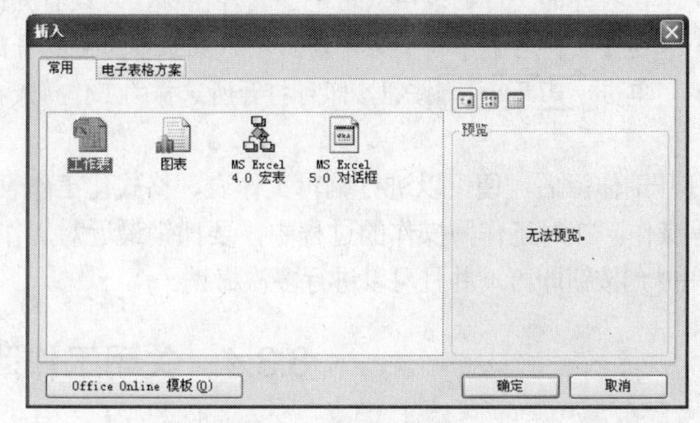

图8-10 【插入】对话框

插入的工作表名为“Sheet4”。如果先前插入过工作表，工作表名中的序号则依次递增，并自动将其作为当前工作表。

8.4.2 删除工作表

删除工作表的方法如下。

- 单击【开始】选项卡中【单元格】组（见图 8-7）中删除按钮右边的按钮，在打开的菜单（如图8-11 所示）中选择【删除工作表】命令，即可删除当前工作表。
- 选中工作表标签，单击鼠标右键，在弹出的快捷菜单（见图 8-9）中选择【删除】命令，即可删除该工作表。

如果要删除的工作表不是空白工作表，系统会弹出如图 8-12 所示的【Microsoft Excel】对话框，以确定是否真正删除。

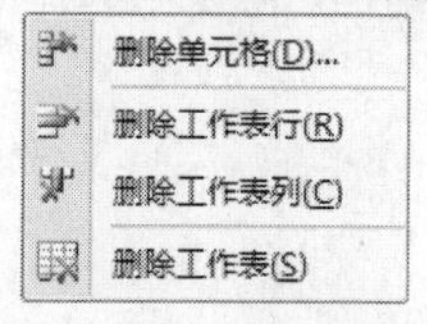

图8-11 【插入】菜单

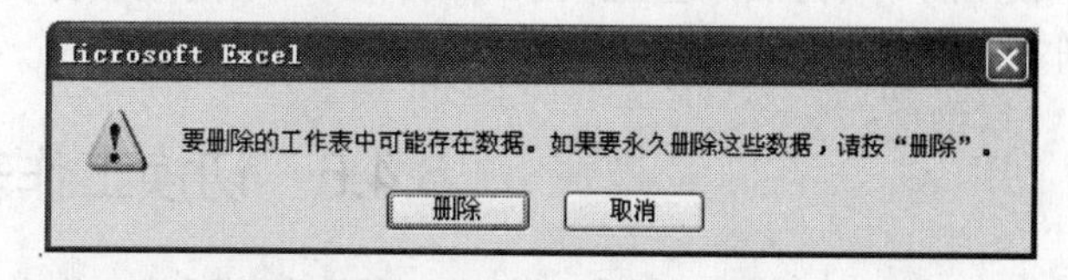

图8-12 【Microsoft Excel】对话框

8.4.3 重命名工作表

重命名工作表的方法如下。

- 双击工作表标签，工作表标签变为黑色，这时可输入新的工作表名。
- 选中工作表标签，单击鼠标右键，在弹出的快捷菜单（见图 8-9）中选择【重命名】命令，工作表标签变为黑色，这时可输入新的工作表名。
- 新工作表名输入完后，按回车键或在工作表标签外单击鼠标，工作表名即被更改。输入工作表名时按Esc键，则可退出工作表重命名操作，并且工作表名不变。

8.4.4 复制工作表

复制工作表就是在工作簿中插入一个与当前工作表完全相同的工作表。复制工作表的方法如下。

- 按住 Ctrl 键拖动当前工作表标签到某个位置，即可复制当前工作表到目的位置。
- 在工作表标签上单击鼠标右键，在弹出的快捷菜单（见图 8-9）中选择【移动或复制工作表】命令。

使用后一种方法，会弹出如图 8-13 所示的【移动或复制工作表】对话框。

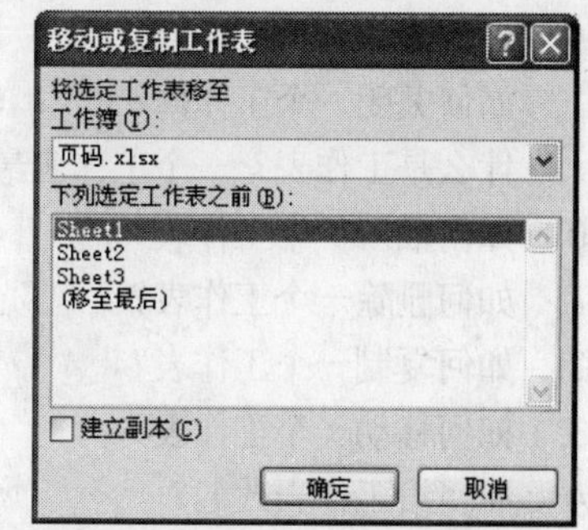

图8-13 【移动或复制工作表】对话框

在【移动或复制工作表】对话框中，可进行以下操作。

- 在【工作簿】下拉列表中选择一个工作簿，即可把工作表复制到该工作簿。
- 在【下列选定工作表之前】列表框中选择一个工作表，即可把工作表复制到所选择的工作表之前。
- 选择【建立副本】复选项。
- 单击 确定 按钮，当前工作表即复制到选择的工作表之前。

工作表复制后，新的工作表名为原来的工作表名再加上一个空格和用括号括起来的序号，如“Sheet1 (2)”。

8.4.5 移动工作表

移动工作表就是在工作簿中改变工作表的排列顺序。移动工作表的方法如下。

- 拖动当前工作表标签到某个位置，即可移动工作表到目的位置。
- 选中工作表标签，单击鼠标右键，在弹出的快捷菜单（见图 8-9）中选择【移动或复制工作表】命令。

使用后一种方法，也会弹出如图 8-13 所示的【移动或复制工作表】对话框，除了不选择【建立副本】复选项外，其他的操作与复制工作表相同。

8.4.6 切换工作表

在 Excel 2007 中，只有一个工作表是当前活动工作表，当前工作表标签的底色为白色，非当前工作表标签的底色为浅蓝色。切换工作表的常用方法如下。

- 单击工作表标签，相应的工作表则成为当前工作表。
- 按 Ctrl+Page Up 键，上一个工作表成为当前工作表。
- 按 Ctrl+Page Down 键，下一个工作表成为当前工作表。

8.5 习题

1. 如何启动 Excel 2007?
2. 如何退出 Excel 2007?
3. Excel 2007 窗口由哪几部分组成?
4. 什么是工作簿?
5. 如何新建一个工作簿?
6. 如何保存一个工作簿?
7. 如何打开一个工作簿?
8. 如何关闭一个工作簿?
9. 什么是工作表？一个工作表最多有多少行、多少列?
10. 如何插入一个工作表?
11. 如何删除一个工作表?
12. 如何复制一个工作表?
13. 如何移动一个工作表?
14. 如何给工作表改名?
15. 如何在各个工作表之间切换?

Excel 2007 的工作表操作

工作表操作是 Excel 2007 最常用的操作。本讲介绍 Excel 2007 的工作表的操作方法。本讲课时为 3 小时。

学习目标

◆ 掌握Excel 2007工作表的编辑方法。

◆ 掌握Excel 2007工作表的格式化方法。

◆ 掌握Excel 2007工作表的打印方法。

9.1 Excel 2007 的工作表编辑

工作表编辑的常用操作包括单元格的激活与选定、单元格数据的编辑和单元格的编辑。

9.1.1 单元格的激活与选定

要对某一个单元格进行操作，必须先激活该单元格。被激活的单元格称为活动单元格，活动单元格所在的行称为当前行，活动单元格所在的列称为当前列。要对某些单元格统一处理（如设置字体或字号等），则需要选定这些单元格。

一、激活单元格

活动单元格是当前对其进行操作的单元格，其边框要比其他单元格的边框粗黑（见图 9-1）。新工作表默认 A1 单元格为激活单元格。用鼠标单击一个单元格，该单元格即成为活动单元格。

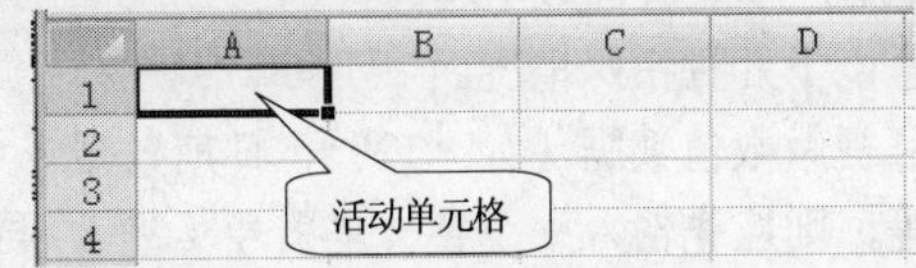

图9-1　活动单元格

利用键盘上的光标移动键可以移动活动单元格的位置，具体操作如表 9-1 所示。

表 9-1　　移动活动单元格的光标移动键

按键	功能	按键	功能
↑	上移一格	↓	下移一格
Shift+Enter	上移一格	Enter	下移一格
PageUp	上移一屏	PageDown	下移一屏
←	左移一格	→	右移一格
Shift+Tab	左移一格	Tab	右移一格
Home	到本行 A 列	Ctrl+Home	到 A1 单元格

二、选定单元格区域

被选定的单元格区域被粗黑边框包围，有一个单元格的底色为白色，其余单元格的底色为浅蓝色（如图 9-2 所示），底色为白色的单元格是活动单元格。

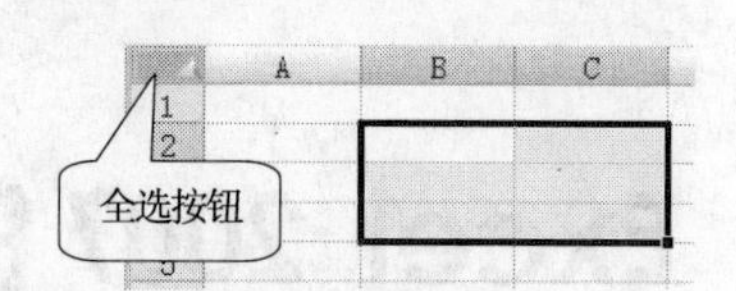

图9-2　选定单元格区域

使用以下方法可选定一个矩形单元格区域。

- 按住 Shift 键移动光标，可选定以开始单元格和结束单元格为对角的矩形区域。
- 拖动鼠标从一个单元格到另一个单元格，可选定以这两个单元格为对角的矩形区域。
- 按住 Shift 键单击一个单元格，可选定以活动单元格和该单元格为对角的矩形区域。

使用以下方法可选定一整行（列），或若干相邻的行（列）。

- 单击工作表的行（列）号，可选定该行（列）。
- 按住 Shift 键单击工作表的行（列）号，可选定从当前行（列）到单击行（列）之间的行（列）。
- 拖动鼠标从一行（列）号到另一行（列）号，可选定两行（列）之间的行（列）。
- 另外，按 Ctrl+A 键，或单击全选按钮，可选定整个工作表。

选定单元格区域后，单击工作表中的任意一个单元格，或按键盘上的任一光标移动键，即可取消单元格的选定状态。

9.1.2　单元格数据的编辑

在编辑单元格中的数据之前，应先激活或选定单元格。常用的编辑操作有输入、填充、修改、删除、查找和替换等。

一、输入数据

(1)　输入文本数据。

文本数据用来表示一个名字或名称，可以是汉字、英文字母、数字和空格等用键盘输入的字符。文本数据仅供显示或打印用，不能进行数学运算。

输入文本数据时，应注意以下几种特殊情况。

- 如果要输入的文本可视做数值数据（如“12”）、日期数据（如“3 月 5 日”）或公式（如“=A1*0.5”）等，则应先输入一个英文单引号（′），再输入文本。
- 如果要输入文本的第 1 个字符是英文单引号（′），则应连续输入两个。
- 如果要输入分段的文本，输入完一段后要按 Alt+Enter 键，再输入下一段。

文本数据在单元格内显示时有以下几个特点。

- 文本数据在单元格内自动左对齐。
- 有分段文本的单元格，单元格高度会根据文本高度自动调整。
- 当文本的长度超过单元格宽度时，如果右边单元格中无数据，文本则扩展到右边单元格中显示，否则文本根据单元格宽度截断显示。

图 9-3 是文本“Office 2007 标准教程”在不同单元格中的显示情况。

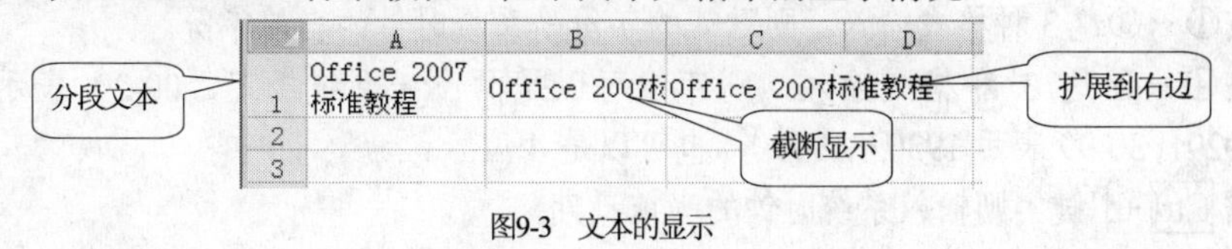

图9-3 文本的显示

(2) 输入数值数据。

数值数据表示一个有大小值的数，可以进行数学运算，可以比较大小。在 Excel 2007 中，数值数据可以用以下 5 种形式输入。

- 整数形式（如 100）。
- 小数形式（如 3.14）。
- 分数形式（如 1 1/2，等于 1.5。注意：在这里两个 1 之间要有空格）。
- 百分数形式（如 10%，等于 0.1）。
- 科学记数法形式（如 1.2E3，等于 1200）。

对于整数和小数，输入时还可以带千分位（如 10,000）或货币符号（如$100）。输入数值数据时，应注意以下几种特殊情况。

- 如果输入一个用英文小括号括起来的正数，系统会将其当做有相同绝对值的负数对待。例如输入“(100)”，系统会将其作为“－100”。
- 如果输入的分数没有整数部分，系统会将其作为日期数据或文本数据对待，只要将“0”作为整数部分加上，就可避免这种情况。如输入“1/2”，系统会将其作为“1 月 2 日”，而输入“0 1/2”，系统就会将其作为 0.5。

数值数据在单元格内显示时有以下几个特点。

- 数值数据在单元格内自动右对齐。
- 当数值的长度超过 12 位时，会自动以科学记数法形式表示。
- 当数值的长度超过单元格宽度时，如果未设置单元格宽度，单元格宽度会自动增加，否则以科学记数法形式表示。
- 如果使用科学记数法形式仍然超过了单元格的宽度，单元格内则显示“####”，此时只要将单元格增大到一定宽度（详见“9.2.2 工作表表格的格式化”小节），就能将其正确显示。

图 9-4 是数“12345678”在不同宽度单元格中的显示情况。

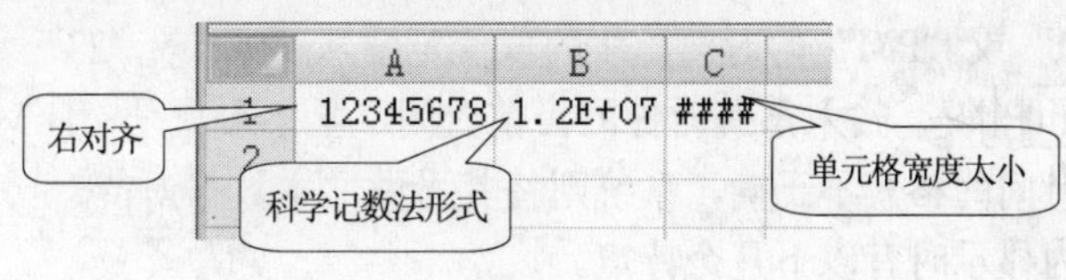

图9-4 数的显示

(3) 输入日期。

输入日期有以下 6 种格式。

①M/D（如 3/14） ④Y/M/D（如 2008/3/14）

②M-D（如 3-14） ⑤Y-M-D（如 2008-3-14）

③M 月 D 日（如 3 月 14 日） ⑥Y 年 M 月 D 日（如 2008 年 3 月 14 日）

输入日期时，应注意以下几种情况。

- 按①～③这 3 种格式输入，则默认的年份是系统时钟的当前年份。
- 按④～⑥这 3 种格式输入，则年份可以是两位（系统规定，00-29 表示 2000～2029，30-99 表示 1930～1999），也可以是 4 位。
- 按 Ctrl+; 键，则输入系统时钟的当前日期。
- 如果输入了一个非法的日期，如“2008-2-30”，系统则将其作为文本数据对待。

日期在单元格内显示时有以下几个特点。

- 日期在单元格内自动右对齐。
- 按①～③这 3 种格式输入，显示形式是“M 月 D 日”，不显示年份。
- 按第④、第⑤种格式输入，显示形式是“Y-M-D”，其中年份显示 4 位。
- 按第⑥种格式输入，则显示形式是“Y 年 M 月 D 日”，其中年份显示 4 位。
- 按 Ctrl+; 键，输入系统的当前日期，显示形式是“Y-M-D”，年份显示 4 位。
- 当日期的长度超过单元格宽度时，如果未设置单元格宽度，单元格宽度则自动增加，否则单元格内显示“####”，此时只要将单元格增大到一定宽度（详见“9.2.2 工作表表格的格式化”小节），就能将其正确显示。

图 9-5 是日期“2008 年 8 月 8 日”在不同输入形式下的显示情况。

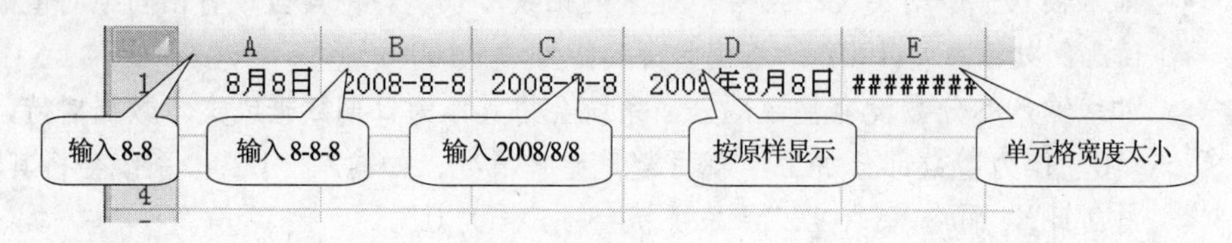

图9-5 日期的显示

(4) 输入时间。

输入时间有以下 6 种格式。

①H:M ④H:M:S

②H:M AM ⑤H:M:S AM

③H:M PM ⑥H:M:S PM

输入时间时，应注意以下几种情况。

- 时间格式中的“AM”表示上午，“PM”表示下午，它们的前面必须有空格。
- 带“AM”或“PM”的时间，H 的取值范围从“0”、“12”。
- 不带“AM”或“PM”的时间，H 的取值范围从“0”～“23”。
- 按 Ctrl+Shift+; 键，输入系统时钟的当前时间，显示形式是“H:M”。
- 如果输入时间的格式不正确，系统则将其当做文本数据对待。

时间在单元格内显示时有以下几个特点。

- 时间在单元格内自动右对齐。

- 时间在单元格内按输入格式显示，“AM” 或 “PM” 自动转换成大写。
- 当时间的长度超过单元格宽度时，如果未设置单元格宽度，单元格宽度会自动增加，否则单元格内显示 “####”，此时只要将单元格增大到一定宽度（详见 “9.2.2 工作表表格的格式化” 小节），就能将其正确显示。

图 9-6 是时间 “20 点 30 分” 在不同输入形式下的显示情况。

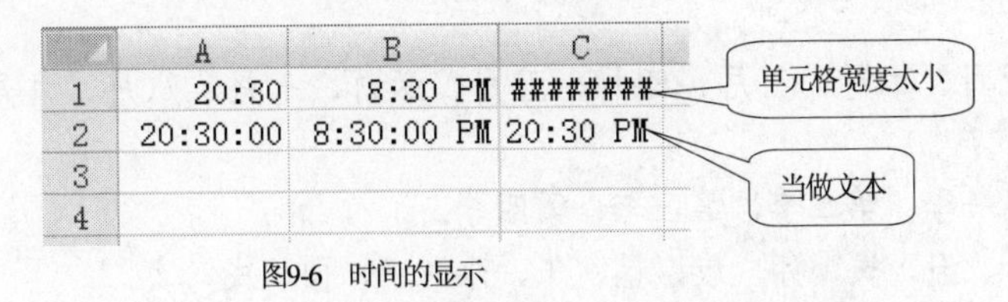

图9-6　时间的显示

二、填充数据

如果要使输入到某行或某列的数据有规律，可使用自动填充功能来完成数据的输入。自动填充有 3 种情况：利用填充柄填充、填充单元格区域和填充系列。

(1)　利用填充柄填充。

填充柄是活动单元格或选定单元格区域右下角的黑色小方块（如图 9-7 所示），将鼠标指针移动到填充柄上时，鼠标指针变成✚状，在这种状态下拖动鼠标，拖动所覆盖的单元格就会被相应的内容填充。

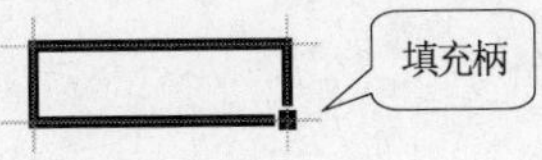

填充柄

图9-7　填充柄

利用填充柄填充时，有以下几种不同的情况。

- 如果当前单元格中的内容是数，则该数被填充到所覆盖的单元格中。
- 如果当前单元格中的内容是文字，并且该文字的开始和最后都不是数字，该文字将被填充到所覆盖的单元格中。
- 如果当前单元格中的内容是文字，并且文字的最后是阿拉伯数字，填充时文字中的数会自动增加，步长是 1（如 “零件 1”、“零件 2”、“零件 3” 等）。
- 如果当前单元格中的内容是文字，且文字的开始是阿拉伯数字，最后不是数字，填充时文字中的数会自动增加，步长是 1（如 “1 班”、“2 班”、“3 班” 等）。
- 如果当前单元格中的内容是日期，公差为 1 天的日期序列则依次被填充到所覆盖的单元格中。
- 如果当前单元格中的内容是时间，公差为 1 小时的时间序列则依次被填充到所覆盖的单元格中。
- 如果当前单元格中的内容是公式，填充方法详见 “10.2.2 填充公式” 小节。
- 如果当前单元格中的内容是内置序列中的一项，该序列中的以后项则依次被填充到所覆盖的单元格中。

Excel 2007 提供有以下 11 个内置序列。

- Sun、Mon、Tue、Wed、Thu、Fri、Sat。
- Sunday、Monday、Tuesday、Wednesday、Thursday、Friday、Saturday。
- Jan、Feb、Mar、Apr、May、Jun、Jul、Aug、Sep、Oct、Nov、Dec。

- January、February、March、April、May、June、July、August、September、October、November、December。
- 日、一、二、三、四、五、六。
- 星期日、星期一、星期二、星期三、星期四、星期五、星期六。
- 一月、二月、三月、四月、五月、六月、七月、八月、九月、十月、十一月、十二月。
- 正月、二月、三月、四月、五月、六月、七月、八月、九月、十月、十一月、腊月。
- 第一季、第二季、第三季、第四季。
- 子、丑、寅、卯、辰、巳、午、未、申、酉、戌、亥。
- 甲、乙、丙、丁、戊、己、庚、辛、壬、癸。

(2) 填充单元格区域。

选定一个单元格区域后，可在单元格区域中进行填充。其方法是：在功能区【开始】选项卡的【编辑】组（如图 9-8 所示）中单击  按钮，在打开的【填充】菜单（如图 9-9 所示）中选择一个命令，即可按相应的方式填充所选定的单元格。

图9-8 【编辑】组

向下(D)
向右(R)
向上(U)
向左(L)
成组工作表(A)...
系列(S)...
两端对齐(J)

图9-9 【填充】菜单

【填充】菜单中各命令的功能如下。

- 【向下】命令：单元格区域第 1 行中的数据填充到其他行中。
- 【向右】命令：单元格区域最左一列中的数据填充到其他列中。
- 【向上】命令：单元格区域最后一行中的数据填充到其他行中。
- 【向左】命令：单元格区域最右一列中的数据填充到其他列中。

图 9-10 是单元格区域填充的示例。

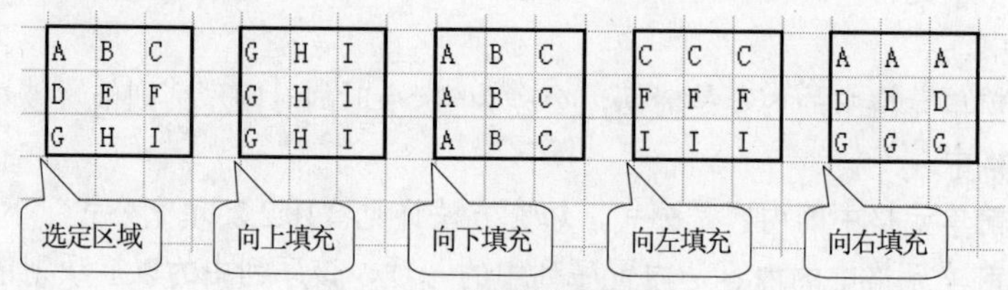

图9-10 单元格区域填充的示例

(3) 填充系列。

如果要填充一个序列，应先输入序列的第 1 项，然后选择【填充】菜单（见图 9-9）中的【系列】命令，弹出如图 9-11 所示的【序列】对话框。

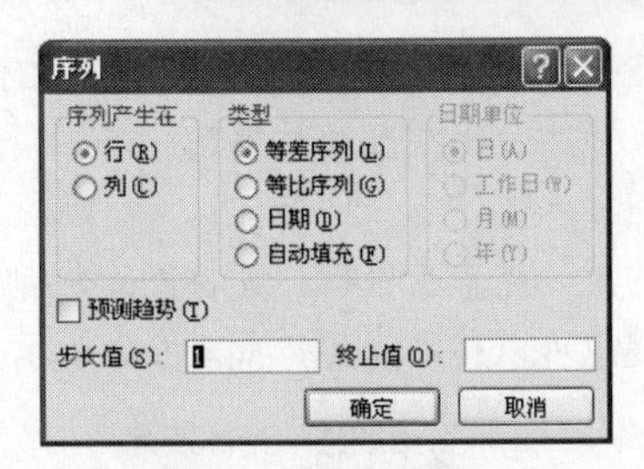

图9-11 【序列】对话框

在【序列】对话框中，可进行以下操作。

- 选择【行】单选项，序列产生在当前或选定的行上。
- 选择【列】单选项，序列产生在当前或选定的列上。
- 选择【等差序列】单选项，产生一个等差序列。
- 选择【等比序列】单选项，产生一个等比序列。
- 选择【日期】单选项，产生一个日期序列。
- 选择【自动填充】单选项，以当前单元格中的内容填充。
- 选择【日期】单选项后，如果选择【日】单选项，日期则以日为单位。
- 选择【日期】单选项后，如果选择【工作日】单选项，日期则以工作日（周一至周五）为单位。
- 选择【日期】单选项后，如果选择【月】单选项，日期则以月为单位。
- 选择【日期】单选项后，如果选择【年】单选项，日期则以年为单位。
- 在【步长值】文本框中，可输入等差、等比或日期序列的步长。如果选择了【自动填充】单选项，则此项则无效。
- 在【终止值】文本框中，可输入序列的终止值。如果选择了【自动填充】单选项，此项无效。
- 单击 确定 按钮，即按所进行的设置填充，同时关闭该对话框。

填充序列时，以下几种情况应引起注意。

- 如果没有选定填充区域，则必须在【终止值】文本框中输入序列的终止值。
- 选定了单元格区域后，如果在【终止值】文本框中没有输入序列的终止值，则在单元格区域内填充序列。
- 选定了单元格区域后，如果在【终止值】文本框中输入了序列的终止值，在单元格区域内填充序列，超出终止值的数据不填充。
- 当前单元格中的数据是文本数据，如果按【等差序列】、【等比序列】或【日期】类型进行填充，系统不进行填充操作。
- 在填充序列的过程中，被填充单元格中原来的内容将被覆盖。

三、修改数据

如果输入的内容不正确，可以对其进行修改。要对单元格的数据进行修改，首先要进入修改状态，然后进行修改操作，如进行移动光标、插入、改写和删除等操作。修改完成，可以确认或取消所进行的修改。

(1) 进入修改状态。

- 单击要修改的单元格，再单击编辑栏，光标会出现在编辑栏内。

- 单击要修改的单元格，再按F2键，光标会出现在单元格内。
- 双击要修改的单元格，光标会出现在单元格内。

(2) 移动光标。

- 在编辑栏或单元格内的某一点单击鼠标，光标则定位到该位置。
- 用键盘上的光标移动键也可以移动光标，如表 9-2 所示。

表 9-2　　常用的移动光标按键

按键	移动到	按键	移动到	按键	移动到
←	左侧一个字符	Ctrl+←	左侧一个词	Home	当前行的行首
→	右侧一个字符	Ctrl+→	右侧一个词	End	当前行的行尾
↑	上一行	Ctrl+↑	前一个段落	Ctrl+Home	单元格内容的开始
↓	下一行	Ctrl+↓	后一个段落	Ctrl+End	单元格内容的结束

(3) 插入与删除。

- 在改写状态下（光标是黑色方块），输入的字符将覆盖方块上的字符。在插入状态下（光标是竖线），输入的字符将插入到光标处。按Insert键可切换插入/改写状态。
- 按Backspace键，可删除光标左边的字符或选定的字符；按Delete键，可删除光标右边的字符或选定的字符。

(4) 确认或取消修改。

- 单击编辑栏左边的✓按钮，所进行的修改有效，活动单元格不变。
- 单击编辑栏左边的✕按钮或按Esc键，即可取消所进行的修改，活动单元格不变。
- 按Enter键，所进行的修改有效，本列下一行的单元格为活动单元格。
- 按Tab键，所进行的修改有效，本行下一列的单元格为活动单元格。

四、删除数据

使用以下方法可以删除活动单元格或所选定单元格中的所有内容。

- 按Delete键或Backspace键。
- 单击【编辑】组（见图 9-8）中的按钮，在打开的菜单中选择【清除内容】命令。

单元格中的内容被删除后，单元格以及单元格中内容的格式仍然保留，以后再往此单元格内输入数据时，数据将采用原来的格式。

五、查找数据

查找和替换都是从当前活动单元格开始搜索整个工作表。若只搜索工作表的一部分，应先选定相应的区域。

按Ctrl+F键，或单击【编辑】组（见图 9-8）中的【查找和选择】按钮，在打开的菜单中选择【查找】命令，弹出【查找和替换】对话框，当前选项卡是【查找】选项卡，如图 9-12 所示。

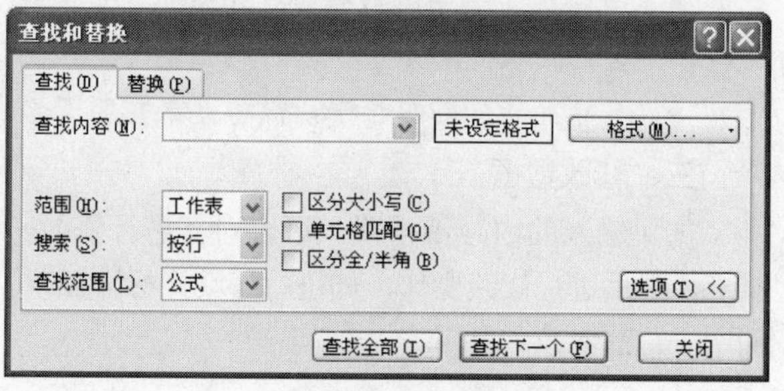

图9-12　【查找】选项卡

在【查找】选项卡中，可进行以下操作。

- 在【查找内容】下拉列表中，可输入或选择要查找的内容。
- 单击 格式(M)... 按钮，打开一个菜单，可从中选择一个命令，用来设置要查找文本的格式。查找过程中，将查找内容与格式都相同的文本。
- 在【范围】下拉列表中选择【工作表】，则在当前工作表中查找；选择【工作簿】，则在工作簿中的所有工作表中查找。
- 在【搜索】下拉列表中选择【按行】，则逐行搜索工作表；选择【按列】，则逐列搜索工作表。
- 在【查找范围】下拉列表中选择【公式】，查找时则仅与公式比较；选择【值】，查找时则与数据或公式的计算结果比较。
- 选择【区分大小写】复选项，查找时区分大小写字母。
- 选择【单元格匹配】复选项，则只查找与查找内容完全相同的单元格。
- 选择【区分全/半角】复选项，查找时区分全角和半角字符。
- 单击 查找下一个(F) 按钮，开始按所进行的设置查找。如果搜索成功，搜索到的单元格则为活动单元格，否则会弹出一个对话框，提示没有找到。

六、替换数据

按Ctrl+H键，或单击【编辑】组（见图9-8）中的【查找和选择】按钮，在打开的菜单中选择【替换】命令，弹出【查找和替换】对话框，当前选项卡是【替换】选项卡，如图9-13所示。

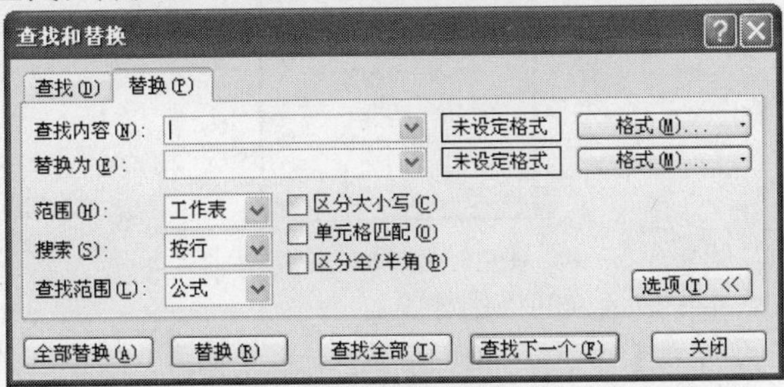

图9-13 【替换】选项卡

对【替换】选项卡与【查找】选项卡的不同部分解释如下。

- 在【替换为】下拉列表中可输入要替换成的内容。
- 单击 查找下一个(F) 按钮，可查找被替换的内容。
- 单击 替换(R) 按钮，可用【替换为】下拉列表中的内容替换查找到的内容，并自动查找下一个被替换的内容。
- 单击 全部替换(A) 按钮，则全部替换所有查找到的内容，并在替换完成后弹出一个对话框，提示完成了多少处替换。

9.1.3 单元格的编辑

单元格常用的编辑操作包括插入单元格、删除单元格、复制单元格和移动单元格等。

一、插入单元格

在功能区【开始】选项卡的【单元格】组（如图9-14所示）中，单击 插入 按钮右边的 ▾ 按钮，在打开的菜单中选择【单元格】命令，弹出如图9-15所示的【插入】对话框。

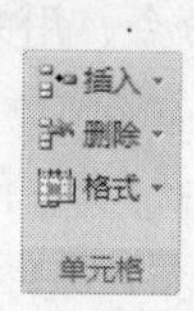

图9-14 【单元格】组

图9-15 【插入】对话框

在【插入】对话框中，4个单选项的作用如下。

- 选择【活动单元格右移】单选项，则插入单元格后，活动单元格及其右侧的单元格依次向右移动。
- 选择【活动单元格下移】单选项，则插入单元格后，活动单元格及其下方的单元格依次向下移动。
- 选择【整行】单选项，则插入一行后，当前行及其下方的行依次向下移动。
- 选择【整列】单选项，则插入一列后，当前列及其右侧的列依次向右移动。

二、删除单元格

在功能区【开始】选项卡的【单元格】组（见图 9-14）中，单击 删除 按钮右边的 ▾ 按钮，在打开的菜单中选择【单元格】命令，弹出如图 9-16 所示的【删除】对话框。

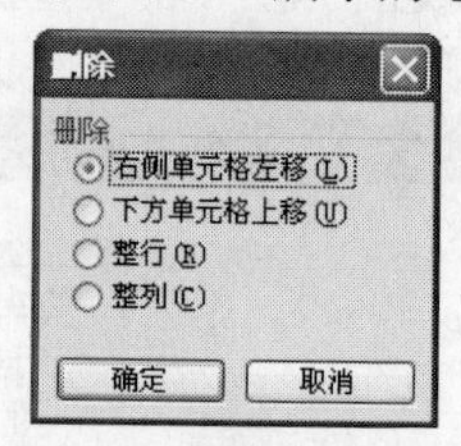

图9-16 【删除】对话框

在【删除】对话框中，4个单选项的作用如下。

- 选择【右侧单元格左移】单选项，则删除活动单元格后，右侧的单元格依次向左移动。
- 选择【下方单元格上移】单选项，则删除活动单元格后，下方的单元格依次向上移动。
- 选择【整行】单选项，则删除活动单元格所在的行后，下方的行依次向上移动。
- 选择【整列】单选项，则删除活动单元格所在的列后，右侧的列依次向左移动。

三、复制单元格

把鼠标指针放到选定的单元格或单元格区域的边框上，按住 Ctrl 键的同时拖动鼠标到目标单元格，即可复制单元格。另外，把选定的单元格或单元格区域的内容复制到剪贴板上，再将剪贴板上的内容粘贴到目标单元格或单元格区域中，也可以复制单元格。

复制单元格时，对以下几种情况要特别注意。

- 复制单元格时，单元格的内容和格式一同复制。
- 如果单元格中的内容是公式，复制后的公式会根据目标单元格的地址进行调整。可参阅“10.2.3 复制公式”小节。

四、移动单元格

把鼠标指针放到选定的单元格或单元格区域的边框上，拖动鼠标到目标单元格，即可移动单元格。另外，把选定的单元格或单元格区域的内容剪切到剪贴板上，再把剪贴板上的内容粘贴到目标单元格或单元格区域中，也可以移动单元格。

移动单元格时，对以下几种情况要特别注意。

- 移动单元格时，单元格的内容和格式一同移动。
- 如果单元格中的内容是公式，移动后的公式不会根据目标单元格的地址进行调整。可参阅“10.2.4 移动公式”小节。

9.2 Excel 2007 的工作表格式化

Excel 2007 的工作表格式化包括工作表数据的格式化、工作表表格的格式化和高级格式化等。

9.2.1 工作表数据的格式化

单元格内数据的格式化主要包括设置字符格式、设置数字格式、设置对齐与方向、设置缩进等。

一、设置字符格式

通过功能区【开始】选项卡的【字体】组（如图 9-17 所示）中的工具，可以很容易地设置数据的字符格式，这些设置与 Word 2007 中的几乎相同，不再重复。

与 Word 2007 不同的是：Excel 2007 不支持中文的“号数”，只支持“磅值”。“号数”和“磅值”的换算关系如表 6-1 所示。

二、设置数字格式

利用功能区【开始】选项卡【数字】组（如图 9-18 所示）中的工具，可以进行以下数字格式的设置操作。

图9-17 【字体】组

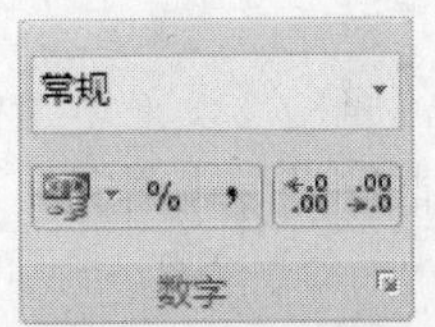

图9-18 【数字】组

- 单击【数字样式】下拉列表（位于【数字】组的顶部）中的按钮，打开【数字样式】列表，可从中选择一种数字样式。
- 单击按钮，可设置数字为中文（中国）货币样式（数值前面加“¥”符号，千分位用“,”分隔，保留两位小数）。单击按钮右边的按钮，在打开的列表中可以选择其他语言（国家）的货币样式。
- 单击按钮，可设置数字为百分比样式（如 1.23 变为 123%）。
- 单击按钮，可为数字加千分位（如 123456.789 变为 123,456.789）。
- 单击按钮，可增加小数位数；单击按钮，可减少小数位数（4 舍 5 入）。
- 单击【数字】组右下角的按钮，弹出【设置单元格格式】对话框，通过其中的【数字】选项卡，可设置数字的格式。

图 9-19 是数 123456.789 的各种数字格式的示例。

	A	B
1	123456.789	常规（不包含任何数字格式）
2	123456.79	数值（默认2位小数）
3	￥123,456.79	货币（默认￥货币符号，含千分位，默认2位小数）
4	￥ 123, 456. 79	会计（默认￥货币符号，含千分位，默认2位小数，同一列中货币符号和小数位对齐）
5	12345678.90%	百分比（默认2位小数）
6	123456 15/19	分数（小数部分用分数表示，分母选2位）
7	1.23E+05	科学记数（默认2位小数）
8	123456.789	文本（数字作为文本处理，自动左对齐）
9	123457	特殊-邮政编码（转换为邮政编码，取前7位）
10	一十二万三千四百五十六.七八九	特殊-中文小写数字（转换为中文小写数字）
11	壹拾贰万叁仟肆佰伍拾陆.柒捌玖	特殊-中文大写数字（转换为中文大写数字）

图9-19　数字格式示例

三、设置对齐与方向

利用功能区【开始】选项卡的【对齐方式】组（如图 9-20 所示）中的工具，可进行以下对齐方式的设置。

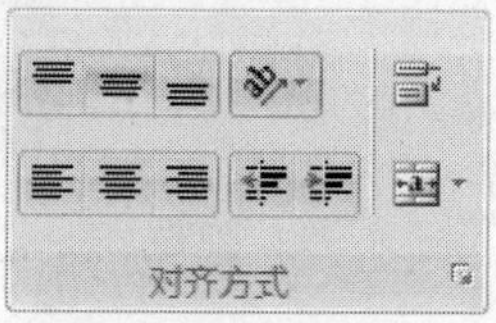

图9-20　【对齐方式】组

- 单击按钮，可设置垂直靠上对齐。
- 单击按钮，可设置垂直中部对齐。
- 单击按钮，可设置垂直靠下对齐。
- 单击按钮，可设置水平左对齐。
- 单击按钮，可设置水平居中对齐。
- 单击按钮，可设置水平右对齐。
- 单击按钮，打开【文字方向】列表，可从中选择一种文字方向。
- 单击【对齐方式】组右下角的按钮，弹出【设置单元格格式】对话框，当前选项卡是【对齐】选项卡，如图 9-21 所示，从中可设置对齐方式和文字方向。

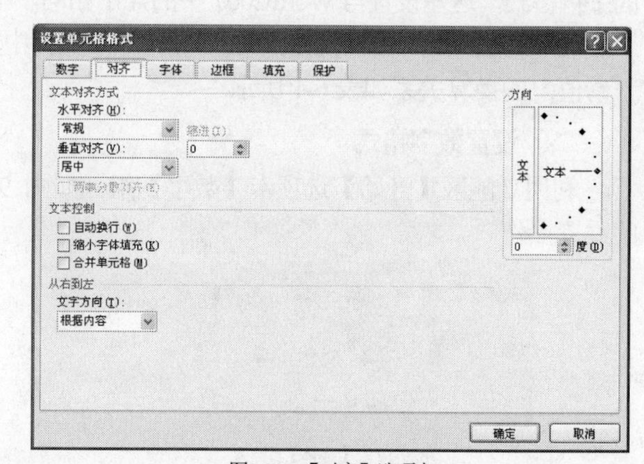

图9-21　【对齐】选项卡

图 9-22 是各种对齐与方向的示例。

	A	B	C	D	E	F
1	靠上左对齐	靠上居中	靠上右对齐	垂直居左	垂直居中	垂直居右
2	中部左对齐	中部居中	中部右对齐	转动45°	转动60°	转动90°
3	靠下左对齐	靠下居中	靠下右对齐	转动-45°	转动-60°	转动-90°

图9-22　对齐与方向的示例

四、设置缩进

单元格内的数据左边可以缩进若干个单位，1 个单位相当于两个字符的宽度。利用功能区【开始】选项卡的【对齐方式】组（见图 9-20）中的工具，可以进行以下缩进设置。

- 单击按钮，缩进增加 1 个单位。
- 单击按钮，缩进减少 1 个单位。

图 9-23 是不同缩进的示例。

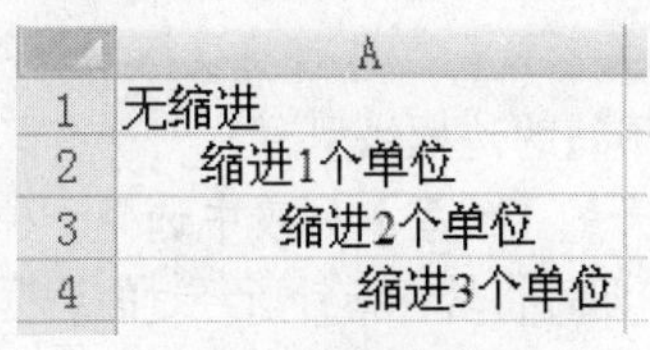

图9-23 不同缩进的示例

9.2.2 工作表表格的格式化

工作表表格的格式化常用的操作包括设置行高、设置列宽、设置边框和设置合并居中等。

一、设置行高

要改变某一行或某些行的高度，方法如下。

- 将鼠标指针移动到要调整行高的行分隔线（该行行号按钮的下边线）上，鼠标指针呈状（如图 9-24 所示），垂直拖动鼠标，即可改变行高。
- 选定若干行，用上面的方法调整其中一行的高度，则其他各行均可设置成同样的高度。
- 在功能区【开始】选项卡的【单元格】组（如图 9-25 所示）中单击 格式 按钮，在打开的菜单中选择【行高】命令，弹出如图 9-26 所示的【行高】对话框，在【行高】文本框中输入数值，单击 确定 按钮，即可将当前行或被选定的行设置成相应的高度。

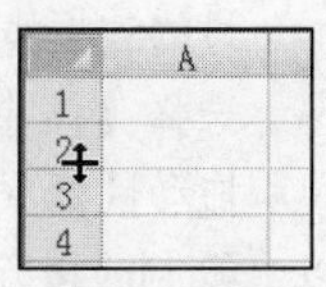

图9-24 行分隔线

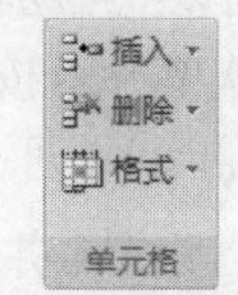

图9-25 【单元格】组

图9-26 【行高】对话框

二、设置列宽

要改变某一列或某些列的宽度，方法如下。

- 将鼠标指针移动到要调整列宽的列分隔线（该列列号按钮的右边线）上，鼠标指针呈状（如图 9-27 所示），水平拖动鼠标，即可改变列宽。
- 选定若干列，用上面的方法调整其中一列的宽度，则其他各列均可设置成同样的宽度。
- 在功能区【开始】选项卡的【单元格】组（见图 9-25）中单击 格式 按钮，在打开的菜单中选择【列宽】命令，弹出如图 9-28 所示的【列宽】对话框，在【列宽】文本框中输入数值，单击 确定 按钮，即可将当前列或被选定的列设置成相应的宽度。

图9-27 列分隔线

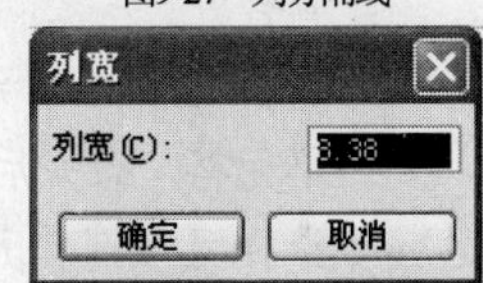

图9-28 【列宽】对话框

三、设置边框

单击功能区【开始】选项卡【字体】组（见图 9-17）中按钮右边的按钮，打开边框列表（如图 9-29 所示。请注意：该图只列出了部分命令），从中可进行以下边框设置。

- 在边框列表中选择一种列表类型，可将活动单元格或选定单元格的边框设置成相应的格式。
- 选择【线条颜色】命令，在打开的【线条颜色】列表中选择一种颜色，这时鼠标指针变为状，在工作表中拖动鼠标，即可将鼠标指针所经过的边框设置成相应的颜色，边框的线型为最近使用过的边框线型。
- 选择【线型】命令，在打开的【线型】列表中选择一种线型，这时鼠标指针变为状，在工作表中拖动鼠标，即可将鼠标指针所经过的边框设置成相应的线型，边框的颜色为最近使用过的边框颜色。

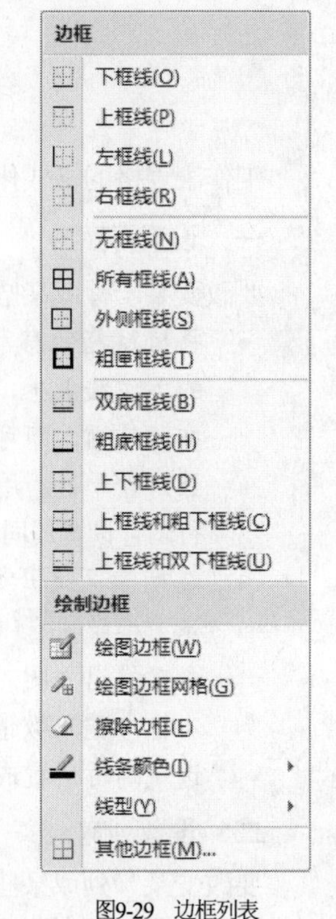

图9-29　边框列表

- 选择【绘图边框】命令，这时鼠标指针变为状，在工作表中拖动鼠标，可以绘制鼠标指针所经过的单元格的外围边框，边框颜色为最近使用过的边框颜色，边框线型为最近使用过的边框线型。
- 选择【绘图边框网格】命令，这时鼠标指针变为状，在工作表中拖动鼠标，可以绘制鼠标指针所经过的单元格的内部网格，边框颜色为最近使用过的边框颜色，边框线型为最近使用过的边框线型。
- 选择【擦除边框】命令，这时鼠标指针变为状，在工作表中拖动鼠标，鼠标指针所经过的边框即被擦除。

以上绘制或擦除边框的操作完成后，鼠标指针没有还原成原来的形状，还可以继续绘制或擦除边框。

再次单击按钮（注意，该按钮随操作的不同而改变），或按 ESC 键，鼠标指针即可还原成原来的形状。

四、设置合并居中

在功能区【开始】选项卡的【对齐方式】组（见图 9-20）中，单击按钮右边的按钮，打开【合并居中】菜单（如图 9-30 所示），可进行以下合并居中设置。

合并后居中(C)
跨越合并(A)
合并单元格(M)
取消单元格合并(U)

图9-30　【合并居中】菜单

- 选择【合并后居中】命令，可把选定的单元格区域合并成一个单元格，合并后单元格的内容为最左上角非空单元格的内容，并且该内容水平居中对齐。
- 选择【跨越合并】命令，可把选定单元格区域的第 1 行合并成一个单元格，合并后单元格的内容为最左上角非空单元格的内容。跨越合并只能水平合并一行，既不能合并多行，也不能垂直合并。
- 选择【合并单元格】命令，可把选定的单元格区域合并成一个单元格，合并后单元格的内容为最左上角非空单元格的内容。
- 选择【取消单元格合并】命令，可把已合并的单元格还原成合并前的单元格，最左上角单元格的内容为原单元格的内容。

合并居中非常适合设置表格的标题，对于水平标题，合并居中后即可完成。对于垂直标题，由于单元格中内容默认的文字方向是“水平”，因此，合并居中后还需要设置文字方向为“竖排”。图9-31是合并居中的示例。

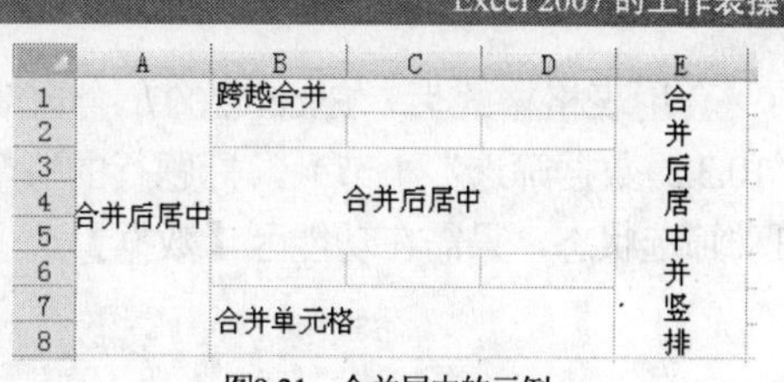

图9-31　合并居中的示例

9.2.3　工作表的高级格式化

利用功能区【开始】选项卡的【样式】组中的命令按钮，可以实现高级格式化。高级格式化操作包括套用表格格式、套用单元格样式和设置条件格式等。这些设置操作，通常是使用【样式】组（如图9-32所示）中的工具来完成。

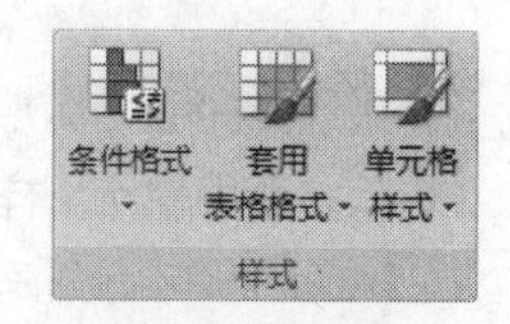

图9-32　【样式】组

一、套用表格格式

Excel 2007预置有60种表格格式，这些格式既对单元格数据进行了格式化，又对单元格表格进行了格式化。套用某种格式，可以快速格式化表格，无须对单元格逐一进行格式化。预置表格格式按色彩分为3类：浅色、中等深浅和深色。

在套用表格格式前，应先选定要套用格式的单元格区域。单击【样式】组（见图9-32）中的【套用表格格式】按钮，打开【表格格式】列表，如图9-33所示。

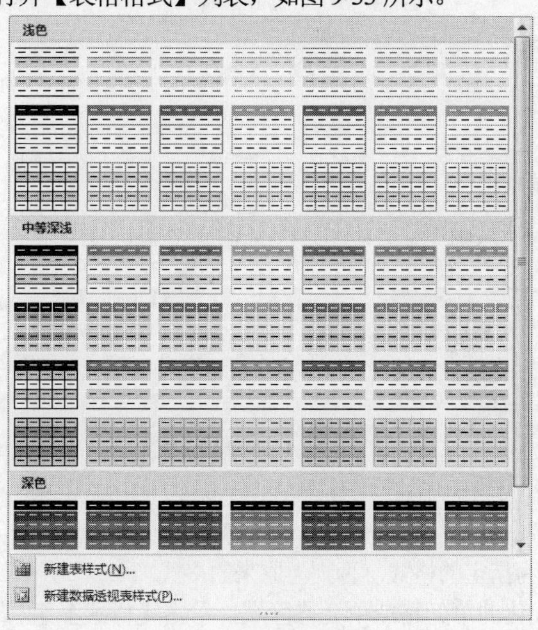

图9-33　【表格格式】列表

在【表格格式】列表中选择一种格式，弹出如图9-34所示的【套用表格式】对话框。

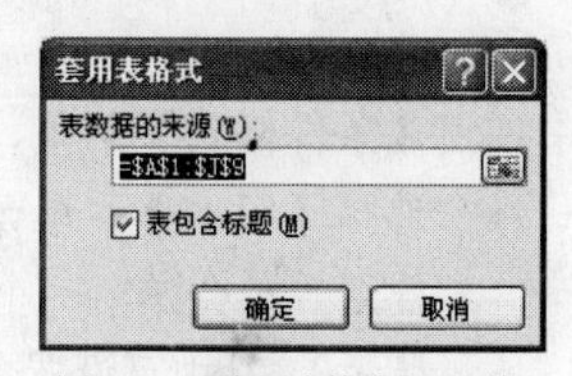

图9-34　【套用表格式】对话框

在【套用表格式】对话框中，可以根据需要修改文本框中单元格区域的地址，根据需要选择【表包含标题】复选项，设置完成单击 确定 按钮即可。

套用表格格式后，Excel 2007 会自动把表格设置为自动筛选状态（有关筛选的概念，详见“10.3.3 数据筛选”小节），标题行的每个标题上都带有下拉箭头，如图 9-35 所示。如果要取消自动筛选状态，只需在功能区【数据】选项卡的【排序和筛选】组中单击【筛选】按钮即可。

	A	B	C	D	E	F	G	H	I	J
1	学号	语文	数学	英语	物理	化学	生物	历史	地理	体育
2	990001	90	85.5	99.3	67	100	85.5	100	90	89
3	990002	100	90	89	90	85.5	99.3	88	70	79.5
4	990003	67	100	85.5	100	90	89	67	100	85.5
5	990004	100	100	89	89	70	85.5	83	72	77.5
6	990005	97	90	85	80	94	82	61	70	89.5
7	990006	88	70	79.5	90	85.5	99.3	88	70	79.5
8	990007	97	86	79	67	100	85.5	100	90	89
9	990008	56	67	68	69	70	71	72	73	74

图9-35　套用表格格式后的单元格区域

二、套用单元格样式

Excel 2007 预置有 40 多种单元格样式，这些样式对单元格数据的字体、字号、字颜色、底色、边框和对齐等格式进行了设置。套用某种样式，可以快速格式化单元格，无须对每项样式逐一进行设置。

选定要套用样式的单元格或单元格区域，单击【样式】组（见图 9-32）中的【单元格样式】按钮，打开如图 9-36 所示的【单元格样式】列表，从中选择一种样式，即可将选定的单元格或单元格区域设置成相应的样式。

好、差和适中
常规　差　好　适中
数据和模型
计算　检查单元格　解释性文本　警告文本　链接单元格　输出
输入　注释
标题
标题　标题 1　标题 2　标题 3　标题 4　汇总
主题单元格样式
20% - 强...　20% - 强...　20% - 强...　20% - 强...　20% - 强...　20% - 强...
40% - 强...　40% - 强...　40% - 强...　40% - 强...　40% - 强...　40% - 强...
60% - 强...　60% - 强...　60% - 强...　60% - 强...　60% - 强...　60% - 强...
强调文字...　强调文字...　强调文字...　强调文字...　强调文字...　强调文字...
数字格式
百分比　货币　货币[0]　千位分隔　千位分隔[0]
新建单元格样式(N)...
合并样式(M)...

图9-36　【单元格样式】列表

三、设置条件格式

条件格式是指单元格中数据的格式依赖于某个条件，当条件的值为“真”时，数据的格式为指定的格式，否则为原来的格式。

选定要进行条件格式化的单元格或单元格区域，单击【样式】组（见图 9-32）中的【条件格式】按钮，打开【条件格式】菜单，如图 9-37 所示。

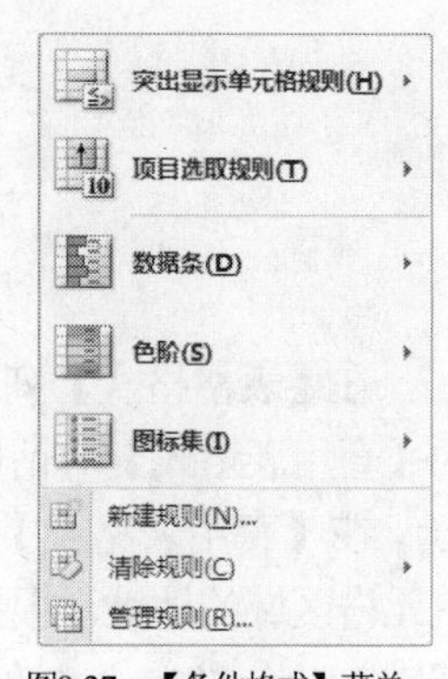

图9-37　【条件格式】菜单

通过【条件格式】菜单，可进行以下条件格式化操作。

- 选择【突出显示单元格规则】命令，从打开的菜单中选择一个规则后，会弹出一个对话框（以“大于”规则为例，如图 9-38 所示），从中可设置条件格式化所需要的界限值和格式。

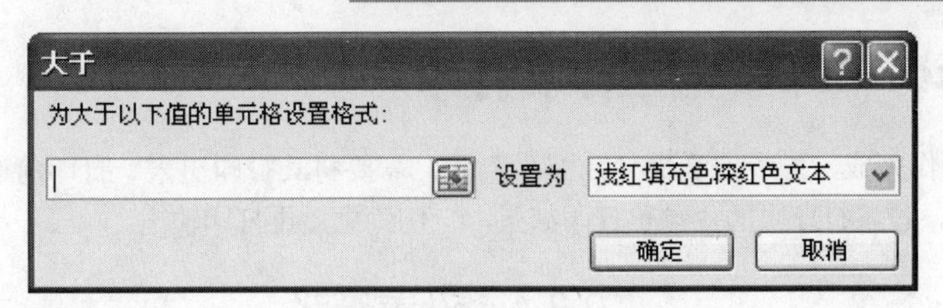

图9-38 【大于】对话框

- 选择【项目选取规则】命令，从打开的菜单中选择一个规则后，会弹出一个对话框（以“10 个最大的项”规则为例，如图 9-39 所示），从中可设置条件格式化所需要的项目数和格式。
- 选择【数据条】命令，从打开的菜单中选择一种数据条的颜色类型，可设置相应的数据条格式。单元格区域中用来表示数据大小的彩条叫做数据条，数据条越长，表示数据在单元格区域中越大。图 9-40 是单元格区域的一种数据条设置。
- 选择【色阶】命令，从打开的菜单中选择一种色阶的颜色类型，可设置相应的色阶格式。单元格区域中用来表示数值大小的双色或三色渐变的底色叫做色阶，色阶的颜色深浅不同，表示数值在单元格区域中的大小不同。图 9-41 是单元格区域的一种色阶设置。

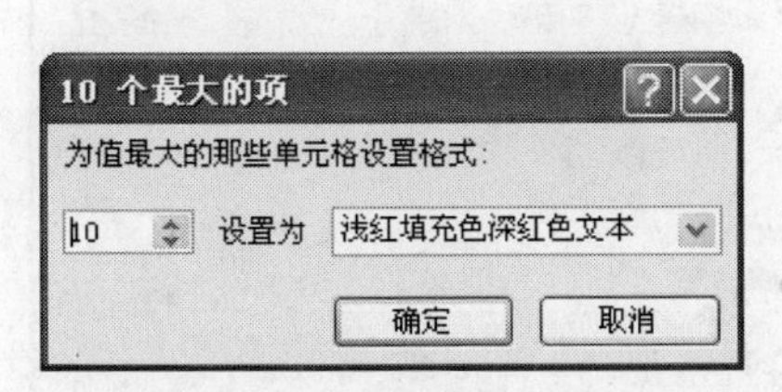

图9-39 【10 个最大的项】对话框

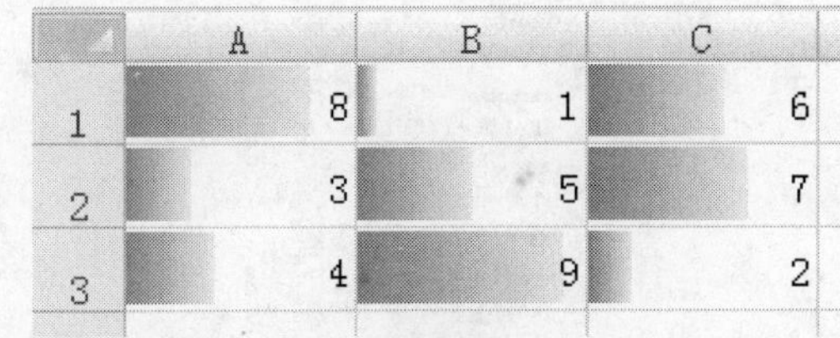

图9-40 数据条设置

- 选择【图标集】命令，从打开的菜单中选择一种图标集类型，可设置相应的图标集格式。单元格区域中用来表示数据大小的多个图标叫图标集，图标集中的一个图标用来表示一个值或一类（如大、中、小）值。图 9-42 是单元格区域的一种图标集设置。

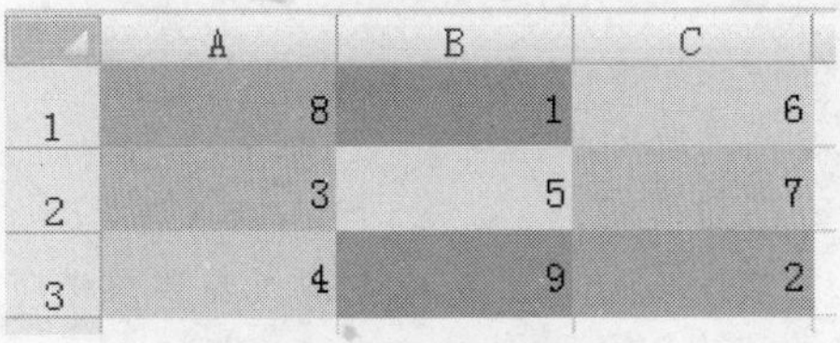

	A	B	C
1	8	1	6
2	3	5	7
3	4	9	2

图9-41 色阶设置

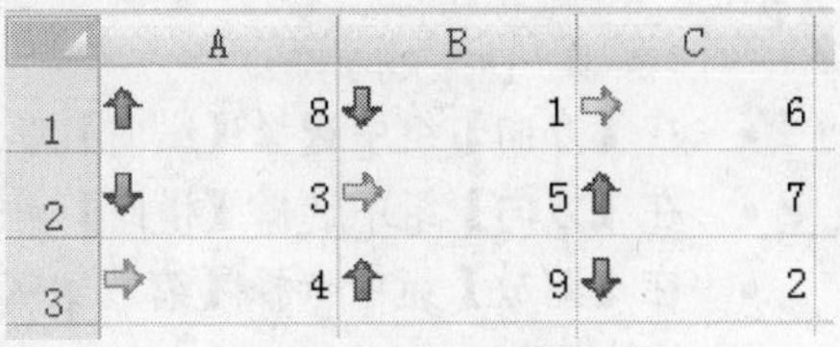

	A	B	C
1	8	1	6
2	3	5	7
3	4	9	2

图9-42 图标集设置

- 选择【清除规则】命令，打开一个菜单，可选择【清除所选单元格的规则】命令或【清除所选工作表的规则】命令，以清除相应的条件格式。

设置条件格式时，需要注意以下几个事项。

- 对同一个单元格区域，使用某一规则设置了条件格式后，还可以使用其他规则再设置条件格式。
- 除了【突出显示单元格规则】命令以外，多次设置的其他规则，仅最后一次生效。

9.3 Excel 2007 的工作表打印

工作表制作完成，为了便于提交或留存查阅，需要将其打印出来。打印前通常需要设置工作表的打印区域，设置打印页面，预览打印结果，一切满意后再打印输出。

9.3.1 设置纸张

设置纸张通常包括设置纸张大小、方向和页边距等操作。这些操作可通过【页面布局】选项卡【页面设置】组（如图 9-43 所示）中的工具来完成。

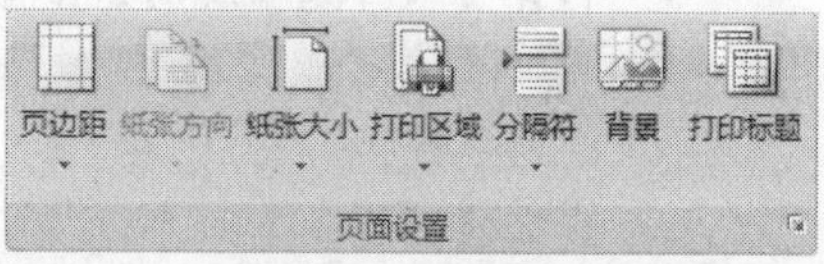

图9-43 【页面设置】组

一、设置纸张大小

单击【页面设置】组（见图 9-43）中的【纸张大小】按钮，打开如图 9-44 所示的【纸张大小】列表，从中选择一种纸张类型，即可将当前文档的纸张设置为相应的大小。如果选择【其他页面大小】命令，则可弹出【页面设置】对话框，当前选项卡是【页面】选项卡（如图 9-45 所示），从中可进行以下操作。

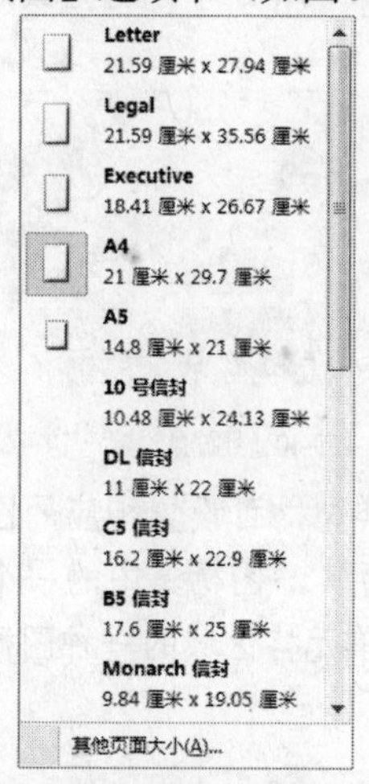

图9-44 【纸张大小】列表

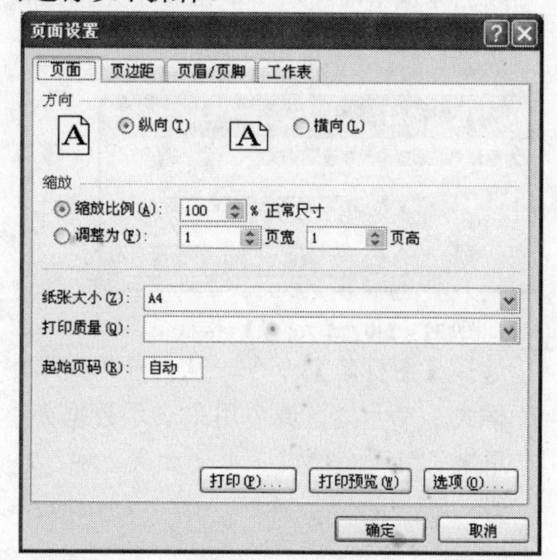

图9-45 【页面】选项卡

- 在【方向】组中选择【纵向】单选项，纸张方向为纵向。
- 在【方向】组中选择【横向】单选项，纸张方向为横向。
- 在【缩放】组中选择【缩放比例】单选项，可在其右边的数值框中输入或调整相应的比例值。
- 在【缩放】组中选择【调整为】单选项，可在其右边的数值框中输入或调整相应的值。
- 在【纸张大小】下拉列表中可选择需要的标准纸张类型，Excel 2007 中默认为【A4（210×297 毫米）】纸。
- 在【打印质量】下拉列表中可选择定义的质量，有【600 点/英寸】和【300 点/英寸】两个选项，【600 点/英寸】的打印质量比【300 点/英寸】的要高。
- 在【起始页码】文本框中，可输入页码的起始值。
- 单击 确定 按钮，即可完成纸张的设置。

二、设置纸张方向

单击【页面设置】组（见图 9-43）中的【纸张方向】按钮，打开如图 9-46 所示的【纸张方向】菜单，从中选择一个命令，即可将当前文档的纸张设置为相应的方向。

图9-46 【纸张方向】菜单

三、设置页边距

页边距是页面上打印区域之外的空白空间。单击【页面设置】组（见图 9-43）中的【页边距】按钮，打开如图 9-47 所示的【页边距】列表，从中选择一种页边距类型，即可将当前文档的纸张设置为相应的页边距。

如果选择【自定义边距】命令，则可弹出【页面设置】对话框，当前选项卡是【页边距】，如图 9-48 所示。

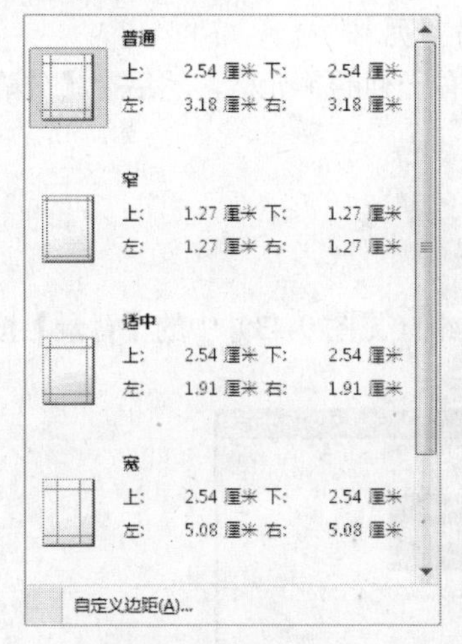

图9-47 【页边距】列表

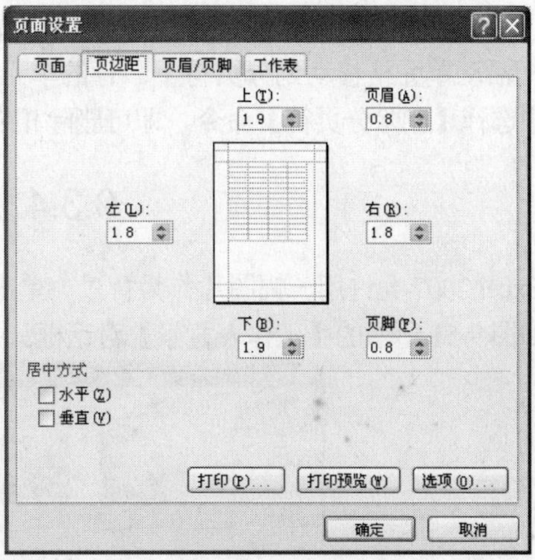

图9-48 【页边距】选项卡

在【页边距】选项卡中，可进行以下操作。

- 在【上】、【下】、【左】、【右】、【页眉】和【页脚】等数值框中输入或调整数值，可以改变上、下、左、右、页眉和页脚等的边距。
- 如果在【居中方式】分组框中选择【水平】复选项，则忽略【左】、【右】边距设置，工作表水平居中打印在纸张上。
- 如果在【居中方式】分组框中选择【垂直】复选项，则忽略【上】、【下】边距设置，工作表垂直居中打印在纸张上。
- 单击  确定 按钮，即可完成页边距的设置。

9.3.2 设置打印区域

Excel 2007 打印工作表时，默认情况下打印工作表中有内容的部分。如果想打印工作表的某一区域，则需要设置打印区域。选定要打印的区域，单击【页面设置】组（见图 9-43）中的【打印区域】按钮，打开如图 9-49 所示的【打印区域】菜单，从中选择【设置打印区域】命令，选定区域的边框上会出现虚线，表示打印区域已经设置好了。选择【取消打印区域】命令，则可取消已设置的打印区域。

图9-49 【打印区域】菜单

9.3.3 插入分页符

Excel 2007 打印工作表时，会根据纸张的大小自动地对打印区域分页。如果想手工分页，则应插入分页符。单击【页面设置】组（见图 9-43）中的【分隔符】按钮，打开如图 9-50 所示的【分隔符】菜单，从中选择【插入分页符】命令，即可插入一个分页符，分页符在工作表中用虚线表示。插入分页符有以下几种情况。

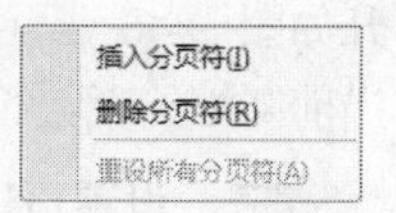

图9-50 【分隔符】菜单

- 如果选定一行，则在该行前面插入分页符。
- 如果选定一列，则在该列左侧插入分页符。
- 如果没有选定行或列，则在活动单元格所在行的前面插入分页符，同时在活动单元格所在列的左侧插入分页符，即原来的 1 页被分成为 4 页。

把活动单元格移动到分页符下一行的单元格，或分页符右一列的单元格，然后在【分隔符】菜单中选择【删除分页符】命令，即可删除相应的分页符。

9.3.4 设置背景

Excel 2007 允许用一幅图片作为背景。单击【页面设置】组（见图 9-43）中的【背景】按钮，弹出如图 9-51 所示的【工作表背景】对话框。

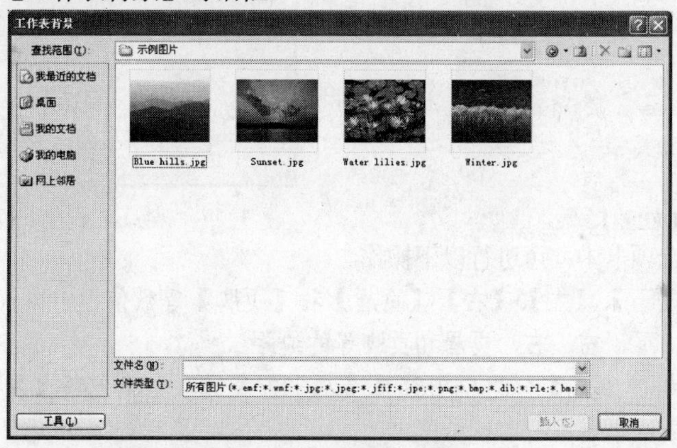

图9-51 【工作表背景】对话框

在【工作表背景】对话框中，可进行以下操作。

- 在【查找范围】下拉列表中可选择图片文件所在的文件夹，也可在对话框左侧的预设位置列表中，选择图片文件所在的文件夹。文件列表框（对话框右边的区域）中会列出该文件夹中图片和子文件夹的图标。
- 在文件列表框中双击一个文件夹图标，即可打开该文件夹。
- 在文件列表框中单击一个图片文件图标，可以选择该图片。
- 在文件列表框中双击一个图片文件图标，可以插入该图片。
- 单击 插入(S) 按钮，即可将所选择的图片作为工作表背景。

设置了工作表背景后，原来的【背景】按钮就变成了【删除背景】按钮，单击该按钮即可删除工作表背景。

9.3.5 设置打印标题

打印标题是指要在打印页的顶端或左端重复出现的行或列。在【页面设置】组（见图 9-43）中单击【打印标题】按钮，弹出如图 9-52 所示的【页面设置】对话框，当前选项卡是【工作表】选项卡。

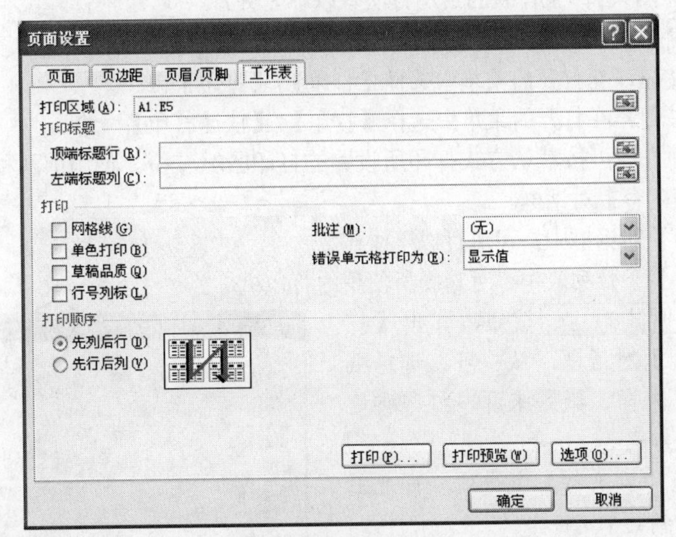

图9-52 【工作表】选项卡

在【工作表】选项卡中，可进行以下操作。

- 在【顶端标题行】文本框中输入顶端标题行在工作表中的位置，或者单击右边的按钮，在工作表中选择顶端标题行。
- 在【左端标题列】文本框中输入左端标题列在工作表中的位置，或者单击右边的按钮，在工作表中选择左端标题列。
- 单击 确定 按钮，即可完成打印标题的设置。

9.3.6 打印工作表

打印工作表之前通常应先进行打印预览，在屏幕上显示工作表打印时的效果，一切满意后再打印，这样可以避免不必要的浪费。

一、打印预览

单击按钮，在打开的菜单中选择【打印】/【打印预览】命令，这时功能区中只有【打印预览】选项卡，如图 9-53 所示。

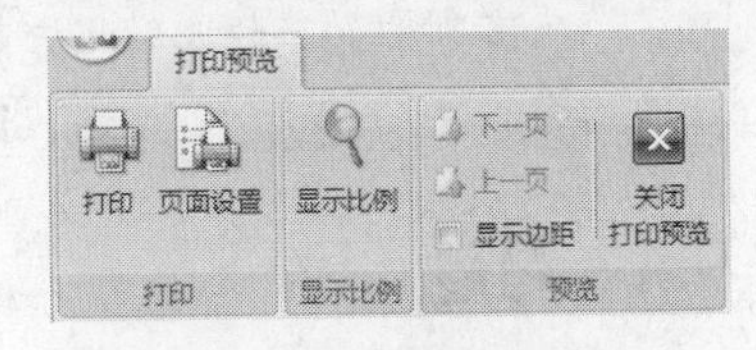

图9-53 【打印预览】选项卡

【显示比例】组中工具的功能如下。

- 单击【显示比例】按钮，显示比例可在“整页”和“100%”之间切换。

【预览】组中工具的功能如下。

- 选择【显示边距】复选项，打印预览时则显示边距。
- 单击【下一页】(【上一页】) 按钮，可定位到工作表的下（上）一页。
- 单击【关闭打印预览】按钮，则可关闭打印预览窗口，返回文档编辑状态。

【打印】组中工具的功能如下。

- 单击【打印】按钮，可以打印工作表。
- 单击【页面设置】按钮，弹出【页面设置】对话框，从中可以进行页面设置。

二、打印工作表

在 Excel 2007 中，打印工作表的常用方法有以下 3 种。

- 按 Ctrl+P 键。
- 单击按钮，在打开的菜单中选择【打印】/【打印】命令。
- 单击按钮，在打开的菜单中选择【打印】/【快速打印】命令。

使用最后一种方法可按默认方式打印所设置的打印区域一份。使用前两种方法则可弹出如图 9-54 所示的【打印内容】对话框。

在【打印内容】对话框中，可进行以下操作。

- 在【名称】下拉列表中，可选择所使用的打印机。
- 单击 属性(P) 按钮，弹出【打印机属性】对话框，从中可以选择纸张大小、方向、纸张来源、打印质量和打印分辨率等。
- 选择【打印到文件】复选项，可把工作表打印到某个文件上。
- 选择【全部】单选项，可打印整个工作表。
- 选择【页】单选项，可在其右面的两个数值框中输入或调整打印的起始页码和终止页码。

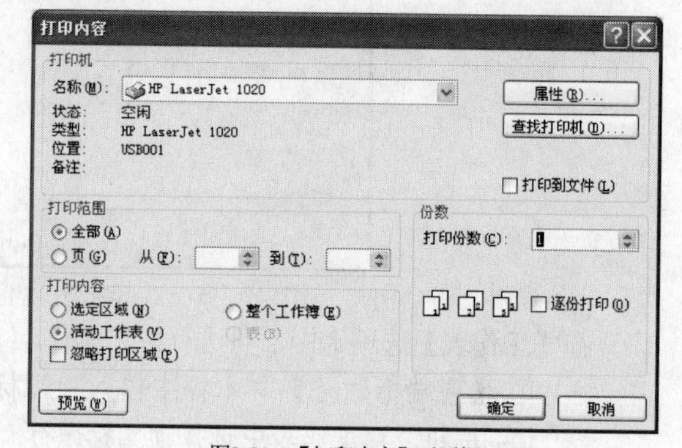

图9-54 【打印内容】对话框

- 选择【选定区域】单选项，则只打印选定的区域。
- 选择【整个工作簿】单选项，则打印整个工作簿中的所有工作表。
- 选择【活动工作表】单选项，则打印当前的活动工作表。
- 选择【忽略打印区域】复选项，则不管是否设置了打印区域，都打印整个工作表。
- 在【打印份数】数值框中，可输入或调整要打印的份数。
- 选择【逐份打印】复选项，则打印完从起始页到结束页一份后，再打印其余各份，否则起始页打印够指定张数后，再打印下一页。
- 单击 确定 按钮，即可按所进行的设置进行打印。

9.4 习题

一、问答题

1. 如何选定单元格？如何激活单元格？
2. 在单元格中输入数据有哪几种方式？
3. 默认情况下，单元格中不同类型的数据分别是如何对齐的？
4. 单元格中的数值、日期、时间数据有哪几种输入形式？

5. 单元格中的数据显示为“####”时，如何使其正确显示？
6. 插入、删除单元格有哪几种方式？
7. 单元格中的字符有哪些格式？如何设置？
8. 单元格中的数值有哪些格式？如何设置？
9. 单元格中的数据有哪几种对齐方式？如何设置？
10. 怎样使单元格中的数据竖排？
11. 怎样使单元格中的数据转动一个角度？
12. 如何使单元格中的文本数据缩进？
13. 如何设置单元格的行高？
14. 如何设置单元格的列宽？
15. 如何设置单元格的边框？
16. 如何给单元格加底色？
17. 如何自动套用格式？
18. 什么是条件格式化？如何设置？
19. 如何设置纸张的大小和方向？
20. 如何设置打印区域？
21. 如何插入分页符？
22. 如何设置工作表，使每页都打印标题？
23. 如何进行打印预览？
24. 如何打印工作表？

二、操作题

1. 建立以下课程表。

	A	B	C	D	E	F
1		星期一	星期二	星期三	星期四	星期五
2	第1节	数学	语文	英语	物理	化学
3	第2节	语文	英语	物理	化学	数学
4	第3节	英语	物理	化学	数学	语文
5	第4节	体育	化学	数学	语文	英语
6	第5节	物理	数学	语文	英语	物理
7	第6节	化学	物理	化学	数学	语文

2. 建立以下学生成绩表。

	A	B	C	D	E	F	G	H
1		学生成绩表						
2		姓名	系别	性别	英语	计算机	体育	
3		赵东春	数学	男	52	78	84	
4		钱南夏	中文	男	69	74	43	
5		孙西秋	数学	女	83	92	88	
6		李北冬	中文	女	72	56	69	
7		周前梅	数学	男	76	83	84	
8		吴后兰	中文	女	79	67	77	
9		郑左竹	中文	男	84	78	46	
10		王右菊	数学	女	54	93	64	
11								

Excel 2007的数据处理

Excel 2007拥有强大的数据处理功能，不仅可以通过公式进行数据计算，而且可以进行排序、筛选以及分类汇总，还可以使用图表展现工作表中的数据。本讲介绍Excel 2007的数据处理操作。本讲课时为4小时。

学习目标

- ◆ 理解Excel 2007公式的基本概念。
- ◆ 掌握Excel 2007公式的使用方法。
- ◆ 掌握Excel 2007的数据管理方法。
- ◆ 掌握Excel 2007图表的使用方法。

10.1 Excel 2007公式的基本概念

Excel 2007的一个强大功能是可以在单元格内输入公式，系统会自动在单元格内显示计算结果。公式中除了使用一些数学运算外，还可以使用系统提供的强大的数据处理函数。要正确使用公式，首先应掌握公式的基本概念，包括常量、单元格地址、单元格引用、运算符、内部函数和公式的规则等。

10.1.1 常量

在公式中，常量是一个固定的值，从字面上就能知道该值是什么，或它的大小是多少。公式中的常量有数值型常量、文本型常量和逻辑常量等几种类型。

一、数值型常量

数值型常量可以是整数、小数、分数和百分数，可以带正（负）号，但不能带千分位和货币符号。

以下是合法的数值型常量：100（整数）、－200（整数，带负号）、3.14（小数）、－2.48（小数，带负号）、1/2（真分数）、1 1/2（带分数，整数和分数中间有一个空格）、15%（百分数，等于0.15）。

以下是非法的数值型常量：2A（不是一个数）、1,000（带千分位）、$123（带货币符号）、1+1（是一个运算式，不是一个数值型常量）、"250"（是一个文本型常量，不是一个数值型常量）。

二、文本型常量

文本型常量是用英文双引号（""）括起来的若干个字符，但其中不能包含英文双引号。例如"平均值是"、"总金额是"等都是合法的文本型常量。

以下是非法的文本型常量：平均值是（无英文双引号）、“平均值是”（双引号是中文双引号）、"平均值是（少一半英文双引号）、"平均值"是"（多一个英文双引号）。

三、逻辑常量

逻辑常量只有 TRUE 和 FALSE 这两个值，分别表示“真”和“假”。

10.1.2 单元格地址

单元格的列号与行号称为单元格地址，地址有相对地址、绝对地址和混合地址等 3 种类型。

一、相对地址

相对地址仅包含单元格的列号与行号（列号在前，行号在后），如 A1、B2。相对地址是 Excel 2007 默认的单元格引用方式。在复制或填充公式时，系统会根据目标位置自动调节公式中的相对地址。例如 C2 单元格中的公式是“=A2+B2”，如果将 C2 单元格中的公式复制或填充到 C3 单元格，则 C3 单元格中的公式会自动地调整为“=A3+B3”，即公式中相对地址的行号加 1。

二、绝对地址

绝对地址是在列号与行号的前面均加上“$”符号，如$A$1、$B$2。在复制或填充公式时，系统不改变公式中的绝对地址。例如 C2 单元格中的公式是“=$A$2+$B$2”，如果将 C2 单元格中的公式复制或填充到 C3 单元格，则 C3 单元格中的公式仍然为“=$A$2+$B$2”。

三、混合地址

混合地址是在列号和行号中的一个之前加上“$”符号，如$A1、B$2。在复制或填充公式时，系统根据目标位置改变公式中的相对部分（不带“$”者），不改变公式中的绝对部分（带“$”者）。例如 C2 单元格中的公式是“=$A2+B$2”，如果把它复制或填充到 C3 单元格，C3 单元格中的公式则变为“=$A3+B$2”。

10.1.3 单元格引用

单元格引用就是确定一个单元格或单元格区域的地址。单元格区域是一个连续的单元格矩形区域，其地址包括单元格区域左上角的单元格地址、英文冒号“:”和单元格区域右下角的单元格地址等 3 部分，如 A1:F4、B2:E10。单元格引用分为工作表内引用、工作表间引用和工作簿间引用等 3 种情况。

一、工作表内引用

工作表内引用只包含一个单元格地址或单元格区域地址，是最常用的引用方式，表示当前工作簿的当前工作表中的单元格或单元格区域。工作表内引用的单元格地址可以是相对地址，也可以是绝对地址或混合地址。

二、工作表间引用

工作表间引用也叫三维引用，需要在单元格地址或单元格区域地址前面标明工作表名，工作表名与地址中间加一个英文叹号（!），如 Sheet2!A1，表示当前工作簿中 Sheet2 工作表的 A1 单元格。工作表间引用的单元格地址可以是相对地址，也可以是绝对地址或混合地址。

三、工作簿间引用

工作簿间引用需要在单元格地址或单元格区域地址前面标明工作簿名和工作表名，工作簿名就是工作簿的文件名。工作簿名用英文方括号（[ ]）括起来，工作表名与地址中间加一个英文叹号（!），如[Book2.xlsx]Sheet2!A1，表示 Book2.xlsx 工作簿中 Sheet2 工作表的 A1 单元格。工作簿间引用的单元格地址可以是相对地址，也可以是绝对地址或混合地址。

10.1.4 单元格名称

如果单元格或单元格区域的地址很复杂，在公式中使用时往往会出错，并且仅单元格或单元格区域地址还不能理解该单元格或单元格区域的作用。给单元格或单元格区域创建一个名称，在公式中使用该名称，以上问题便会迎刃而解。例如可以给一个单元格区域（如 B2:B30）命名为“销售量”，在公式中使用“销售量”要比使用 B2:B30 更容易理解。

一、名称的语法规则

创建名称时，名称应符合以下规则。

- 名称的第 1 个字符必须是字母、汉字、下划线（_）、反斜线（\）等，名称中的其余字符可以是字母、汉字、下划线或句点等。
- 名称不能和单元格地址相同，如 A1。
- 名称不能和已有的名称相同。
- 名称长度不能超过 255 个字符（一个汉字相当于 2 个字符）。
- 名称中不区分大小写，如 Salse 和 SALSE 是同一个名称。

二、创建名称

Excel 2007 的名称框是一个下拉列表，位于编辑栏的左面，如图 10-1 所示。如果当前单元格或选定的单元格区域已经建立了名称，名称框中就会显示相应的名称，否则显示当前单元格的地址。

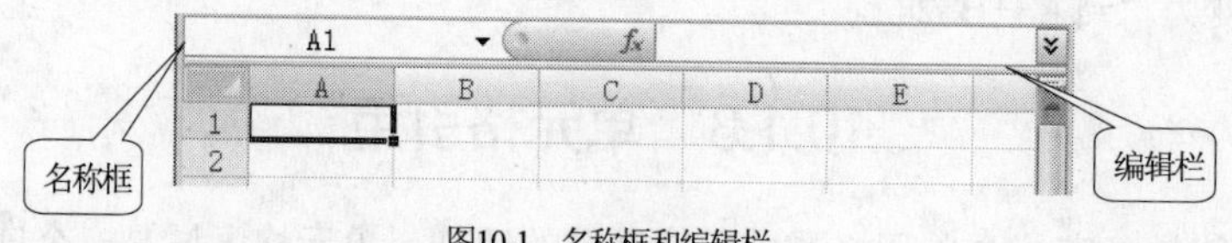

图10-1 名称框和编辑栏

为单元格或单元格区域创建名称时，先选定要命名的单元格或单元格区域，然后单击名称框，在名称框中输入名称后按 Enter 键即可。

也可以通过对话框创建名称。先选定要命名的单元格或单元格区域，然后单击【公式】选项卡中【定义的名称】组（如图 10-2 所示）中的 定义名称 按钮，弹出如图 10-3 所示的【新建名称】对话框，从中可进行以下操作。

- 在【名称】文本框中，可输入新建名称的名字。
- 在【范围】下拉列表中选择一个工作表，可为该工作表的单元格区域定义名称。

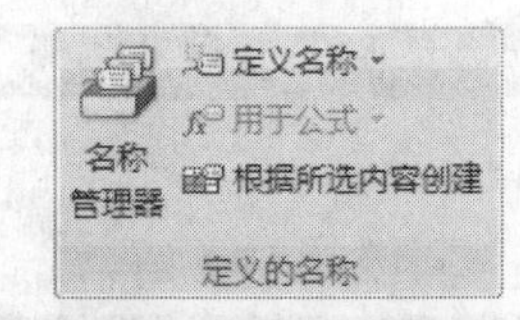

图10-2 【定义的名称】组

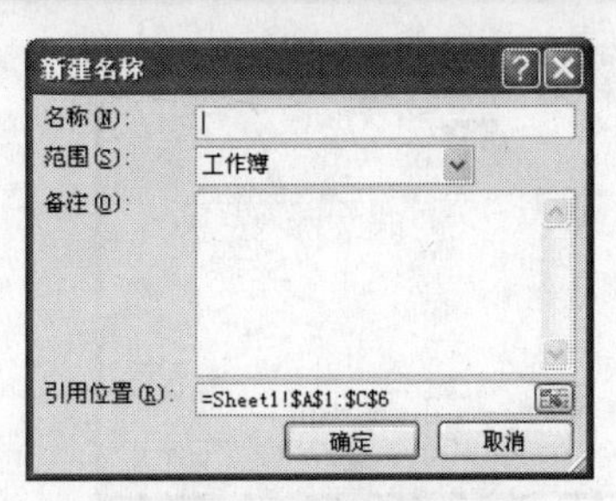

图10-3 【新建名称】对话框

- 在【引用位置】文本框中，显示了用户选定的单元格区域的地址，可以在文本框中改变这个地址。用鼠标在工作表中选定单元格区域，也可改变文本框中的地址。单击文本框右边的按钮，把【新建名称】对话框折叠成只包含【引用位置】文本框，再次单击该文本框右边的按钮，【新建名称】对话框就会还原成原来的样子。
- 单击 确定 按钮，即可按所进行的设置定义名称。

三、管理名称

定义名称后，有时需要更改或删除。单击【定义的名称】组（见图 10-2）中的【名称管理器】按钮，弹出如图 10-4 所示的【名称管理器】对话框。

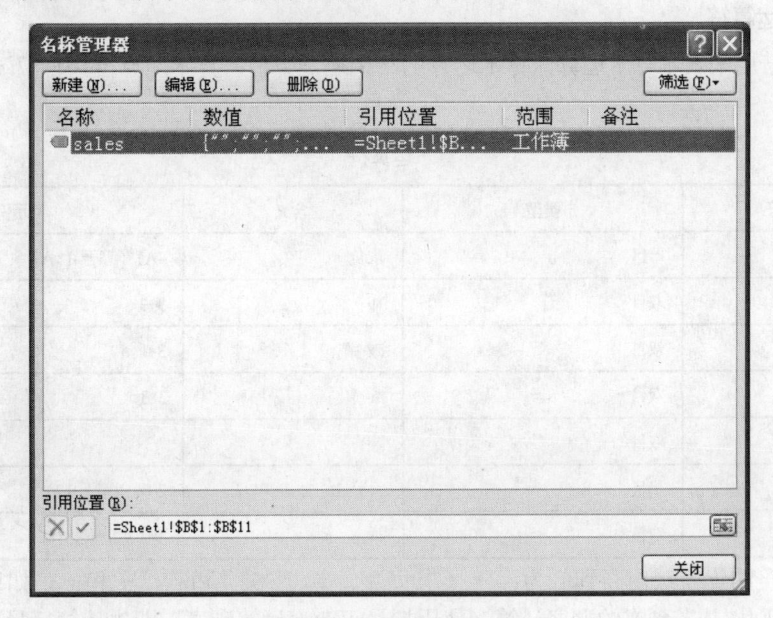

图10-4 【名称管理器】对话框

在【名称管理器】对话框中，可进行以下操作。

- 单击 新建(N)... 按钮，弹出如图 10-3 所示【新建名称】对话框，从中可新建一个名称，方法同前。
- 在【名称】列表中选择一个名称，单击 编辑(E)... 按钮，弹出如图 10-5 所示的【编辑名称】对话框，从中可改变该名称的名字或单元格区域，方法同前。
- 在【名称】列表中选择一个名称，单击 删除(D) 按钮，弹出如图 10-6 所示的【Microsoft Office Excel】对话框，让用户确定是否删除。

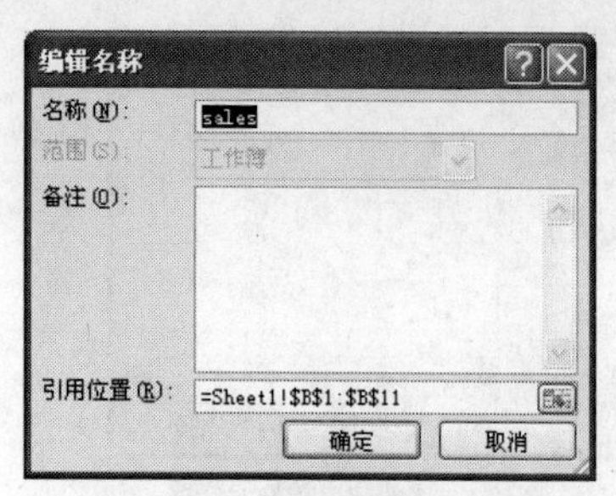

图10-5 【编辑名称】对话框

图10-6 【Microsoft Office Excel】对话框

- 在【名称】列表中选择一个名称，在【引用位置】文本框中可以改变名称的单元格区域，方法同前。
- 单击 关闭 按钮，即可关闭【名称管理器】对话框。

10.1.5 运算符

公式中表示运算的符号叫运算符。运算符根据参与运算数值的个数分为单目运算符和双目运算符两种。单目运算符只有一个数值参与运算，双目运算符有两个数值参与运算。常用的运算符有算术运算符、比较运算符和文字连接符等 3 种。

一、算术运算符

算术运算符用来表示算术运算，算术运算的结果还是数值。算术运算符共有 7 个，其含义如表 10-1 所示。

表 10-1 算术运算符

算术运算符	类型	含义	示例
–	单目	求负	–A1（等于–1* A1）
+	双目	加	3+3
–	双目	减	3–1
*	双目	乘	3*3
/	双目	除	3/3
%	单目	百分比	20%（等于 0.2）
^	双目	乘方	3^2（等于 3*3）

算术运算符的优先级由高到低为：-（求负）、%、∧、*和／、+和−。如果优先级相同（如*和／），则按从左到右的顺序计算。使用括号可改变运算顺序，即先计算括号内，后计算括号外。

例如：

1＋2^3－4 / 5%*6	(1＋2)^4－3/(5%*6)
=1＋2^3－4 / 0.05*6	=3^4－3 / (0.05*6)
=1＋2^3－80*6	=3^4－3 / 0.3
=1＋8－80*6	=81－3 / 0.3
=1＋8－480	=81－10
=9-480	=71
=－472	

二、比较运算符

比较运算符用来表示比较运算，参与比较运算的数据必须是同一类型，文本、数值、日期和时间都可进行比较。比较运算的结果是一个逻辑值（TRUE 或 FALSE）。比较运算符的优先级比算术运算符的低。比较运算符及其含义如表 10-2 所示。

表 10-2　　比较运算符

比较运算符	含义	比较运算符	含义
=	等于	>=	大于等于
>	大于	<=	小于等于
<	小于	<>	不等于

各种类型数据的比较规则如下。

- 数值型数据的比较规则是：按照数值的大小进行比较。
- 日期型数据的比较规则是：昨天<今天<明天。
- 时间型数据的比较规则是：过去<现在<将来。
- 文本型数据的比较规则是：按照字典顺序比较。

字典顺序的比较规则如下。

- 从左向右进行比较，第 1 个不同字符的大小就是两个文本数据的大小。
- 如果前面的字符都相同，则没有剩余字符的文本小。
- 英文字符<中文字符。
- 英文字符按在 ASCII 码表中的顺序进行比较，位置靠前的小。从 ASCII 码表中不难看出：空格<数字<大写字母<小写字母。
- 汉字的大小按字母顺序，即汉字的拼音顺序，如果拼音相同则比较声调，如果声调相同则比较笔画。如果一个汉字有多个读音，或者一个读音有多个声调，系统则选取最常用的拼音和声调。

例如："12"<"3"、"AB"<"AC" 、 "A"<"AB"、"AB"<"ab"、"AB"<"中"、"美国"<"中国"的结果都为 TRUE。

三、文字连接符

文字连接符只有一个“&”，是双目运算符，用来连接文本或数值，结果是文本类型。文字连接的优先级比算术运算符的低，但比比较运算符的高。以下是文字连接的示例。

- "计算机" & "应用"，其结果是"计算机应用"。
- "总成绩是" & 543，其结果是"总成绩是 543"。
- "总分是" & 87+88+89，其结果是"总分是 264"。

10.1.6　函数

内部函数是 Excel 2007 预先定义的计算公式或计算过程。按要求传递给函数一个或多个数据（称为参数），就能计算出一个唯一的结果。例如 SUM（1,3,5,7）的结果是 16。

使用内部函数时，必须以函数名称开始，后面是圆括号括起来的参数，参数之间用逗号分隔，如 SUM（1,3,5,7）。参数可以是常量、单元格地址、单元格区域地址、名称、运算式或其他函数，给定的参数必须符合函数的要求，如 SUM 函数的参数必须是数值型数据。

Excel 2007 提供有近 200 个内部函数，以下是 8 个常用函数的说明。

一、SUM 函数

SUM 函数用来将各参数累加求它们的和。参数可以是数值常量，也可以是单元格地址，还可以是单元格区域引用。下面是应用 SUM 函数的例子。

- SUM(1,2,3)：计算 1+2+3 的值，结果为 6。
- SUM(A1,A2,A3)：求 A1、A2 和 A3 单元格中数的和。
- SUM(A1:F4)：求 A1:F4 单元格区域中数的和。

二、AVERAGE 函数

AVERAGE 函数用来求参数中数值的平均值。其参数要求与 SUM 函数一样。下面是应用 AVERAGE 函数的例子。

- AVERAGE(1,2,3)：求 1、2 和 3 的平均值，结果为 2。
- AVERAGE(A1,A2,A3)：求 A1、A2 和 A3 单元格中数的平均值。
- AVERAGE (A1:F4)：求 A1:F4 单元格区域中数的平均值。

三、COUNT 函数

COUNT 函数用来计算参数中数值项的个数，只有数值类型的数据才被计数。下面是应用 COUNT 函数的例子。

- COUNT (A1,B2,C3,E4)：统计 A1、B2、C3、E4 单元格中数值项的个数。
- COUNT (A1:A8)：统计 A1:A8 单元格区域中数值项的个数。

四、MAX 函数

MAX 函数用来求参数中数值的最大值。其参数要求与 SUM 函数一样。下面是应用 MAX 函数的例子。

- MAX(1,2,3)：求 1、2 和 3 中的最大值，结果为 3。
- MAX(A1,A2,A3)：求 A1、A2 和 A3 单元格中数的最大值。
- MAX (A1:F4)：求 A1:F4 单元格区域中数的最大值。

五、MIN 函数

MIN 函数用来求参数中数值的最小值。其参数要求与 SUM 函数一样。下面是应用 MIN 函数的例子。

- MIN(1,2,3)：求 1、2 和 3 中的最小值，结果为 1。
- MIN(A1,A2,A3)：求 A1、A2 和 A3 单元格中数的最小值。
- MIN (A1:F4)：求 A1:F4 单元格区域中数的最小值。

六、LEFT 函数

LEFT 函数用来取文本数据左面的若干个字符。它有两个参数，第 1 个是文本常量或单元格地址，第 2 个是整数，表示要取字符的个数。在 Excel 2007 中，系统把一个汉字当做一个字符处理。下面是应用 LEFT 函数的例子。

- LEFT("Excel 2007",3)：取"Excel 2007"左边的 3 个字符，结果为"Exc"。
- LEFT("计算机",2)：取"计算机"左边的 2 个字符，结果为"计算"。

七、RIGHT 函数

RIGHT 函数用来取文本数据右面的若干个字符，参数与 LEFT 函数相同。下面是应用 RIGHT 函数的例子。

- RIGHT("Excel 2007",3)：取"Excel 2007"右边的 3 个字符，结果为"007"。
- RIGHT("计算机",2)：取"计算机"右边的两个字符，结果为"算机"。

八、IF 函数

IF 函数检查第 1 个参数的值是真还是假，如果是真，则返回第 2 个参数的值，如果是假，则返回第 3 个参数的值。此函数包含 3 个参数：要检查的条件、当条件为真时的返回值和条件为假时的返回值。下面是应用 IF 函数的例子。

- IF（1+1=2, "天才", "奇才"）：因为 "1+1=2" 为真，所以结果为"天才"。
- IF(B5<60, "不及格", "及格")：如果 B5 单元格中的值小于 60，则结果为"不及格"，否则结果为"及格"。

10.1.7　公式的规则

公式是 Excel 2007 的主要功能。实际应用中，使用公式可以很方便地完成数据的计算功能。在使用公式时一定要遵循公式的组成规则。Excel 2007 公式的组成规则如下。

- 公式必须以英文等于号 "=" 开始，然后再输入计算式。
- 常量、单元格引用、函数名和运算符等必须是英文符号。
- 参与运算数据的类型必须与运算符相匹配。
- 使用函数时，函数参数的数量和类型必须和要求的一致。
- 括号必须成对出现，并且配对正确。

10.1.8　公式实例

公式在工作表中的应用非常广泛，以下是公式应用的几个例子。

(1)　计算销售额。

单元格 F3 为商品单价，单元格 F4 为商品销售量，如果单元格 F5 为商品销售额，则单元格 F5 的公式应为"=F3*F4"。

(2)　计算平均值。

单元格 F1～F10 中是数值数据，如果单元格 F11 为它们的平均值，则单元格 F11 的公式应为"=AVERAGE(F1:F10) "。

(3)　计算最高最低值差。

单元格 F1~F10 中是数值数据，如果单元格 F11 为它们的最高值与最低值的差，则单元格 F11 的公式应为"=MAX (F1:F10) － MIN(F1:F10) "。

(4)　计算余额。

单元格 A1 为上次余额，单元格区域 B2:B10 为收入额，单元格区域 C2:C10 为支出额，单元格 A11 为本次余额，单元格 A11 中的公式为"=A1+SUM(B2:B10)–SUM(C2:C10) "。

(5)　合并单位、部门名。

单元格 D5 为单位名，单元格 E5 为部门名，如果单元格 F5 为单位名和部门名，则单元格 F5 中的公式应为"=D5&E5"。

(6)　按百分比增加。

单元格 F5 为一个初始值，如果单元格 F6 为计算初始值增长 5%的值，则单元格 F6 的公式应为

"=F5*(1+5%)"。

(7) 增长或减少百分比。

单元格 F5 为初始值，单元格 F6 为变化后的值，如果单元格 F7 为增长或减少百分比，则单元格 F7 中的公式应为"=(F6－F5) / F5 "。

(8) 基金盈利计算。

单元格 F5 为买入基金的数量，单元格 F6 为买入的价格，单元格 F7 为赎回的价格，单元格 F8 为每份的分红，申购费 1.5% 赎回费 0.5%，如果单元格 F9 为基金的盈利，则单元格 F9 中的公式应为"＝F7*F5＋F8*F5－F6*F5 － F6*F5*1.5% － F7*F5*0.5% "，单元格 F9 中的公式也可以是"=(F7 *99.5% ＋F8 －F6 *101.5%)*F5"。

10.2 Excel 2007 公式的使用

Excel 2007 的一个强大功能是可以在单元格内输入公式，系统会自动地在单元格内显示计算结果。公式中除了使用一些数学运算外，还可以使用系统提供的强大的数据处理函数。

在 Excel 2007 中，可以在单元格中输入公式，也以可编辑已输入的公式，还以可复制与移动公式。

10.2.1 输入公式

输入公式的方式有两种：直接输入公式和插入常用函数。

一、直接输入公式

直接输入公式的过程与编辑单元格中内容的过程大致相同（参阅“9.1.2 单元格数据的编辑”小节），不同之处是公式必须以英文等于号（“＝”）开始。如果输入的公式中有错误，系统会弹出如图 10-7 所示的【Microsoft Excel】对话框。

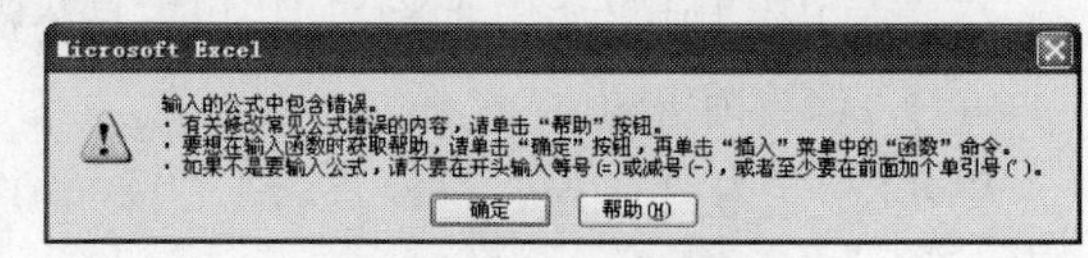

图10-7 【Microsoft Excel】对话框

输入公式后，如果公式运算出现了错误，会在单元格中显示错误信息代码（见图 10-8 中的 D4 单元格），表 10-3 列出了常见的公式错误代码及其错误原因。

表 10-3 常见的公式错误代码及其错误原因

错误代码	错误原因
#DIV/0	除数为 0
#N/A	公式中无可用数值或缺少函数参数
#NAME?	使用了 Excel 不能识别的名称
#NULL!	使用了不正确的区域运算或不正确的单元格引用
#NUM!	在需要数值参数的函数中使用了不能接受的参数或结果数值溢出
#REF!	公式中引用了无效的单元格
#VALUE!	需要数值或逻辑值时输入了文本

如果公式中有单元格地址，当相应的单元格中的数据变化时，公式的计算结果也会随之变化。

图10-8是不同的计算总分方式在单元格中的显示情况。图10-9是数据变化后公式计算结果的显示情况。

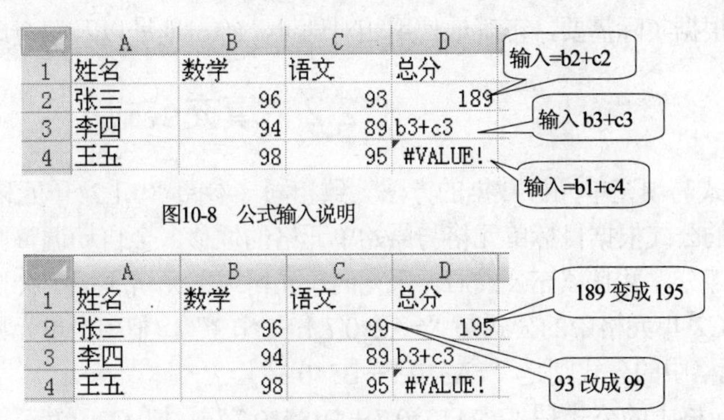

图10-8　公式输入说明

图10-9　计算结果同步更新

二、插入常用函数

在功能区【开始】选项卡的【编辑】组中单击Σ按钮，当前单元格中会出现一个包含SUM函数的公式，同时出现被虚线方框围住的用于求和的单元格区域，如图10-10所示。如果要改变求和的单元格区域，用鼠标选定所需的区域，然后按回车键，或按Tab键，或单击编辑栏中的✓按钮，即可完成公式的输入。

SUM　=SUM(B2:C2)

	A	B	C	D	E	F
1	姓名	数学	语文	总分		
2	张三	96	99	=SUM(B2:C2)		
3	李四	94	89	b SUM(number1, [number2], ...)		
4	王五	98	95	#VALUE!		

图10-10　SUM函数与单元格区域

在功能区【开始】选项卡的【编辑】组中单击Σ按钮右边的▾按钮，在打开的菜单中选择一种常用函数，即可用类似的方法插入相应的公式。

通常，在单元格中用户只能看到公式的计算结果。要想看到相应的公式，有以下两种常用的方法。

- 单击相应的单元格，在编辑框内就可以看到相应的公式，如图10-11所示。
- 双击单元格，在单元格和编辑框内都可以看到相应的公式，并且在单元格内可编辑其中的公式，如图10-12所示。

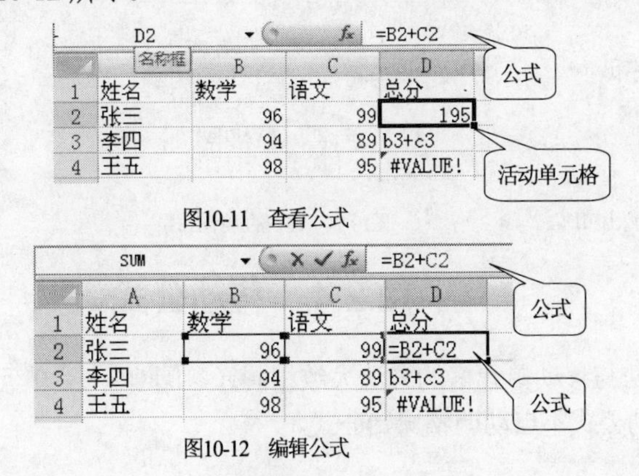

图10-11　查看公式

图10-12　编辑公式

实际应用中，在大量的单元格中要输入公式，这些公式往往非常相似。通常情况下，用户可以先输入一个样板公式，然后通过填充、复制公式的方法，在其他单元格内快速地输入公式。在样板公式中应根据实际需要，正确地使用相对地址、绝对地址以及混合地址。

10.2.2 填充公式

填充公式与填充单元格数据的方法大致相同（参阅“9.1.2 单元格数据的编辑”小节），不同的是，填充的公式根据目标单元格与原始单元格的位移，会自动调整原始公式中的相对地址或混合地址的相对部分，并且填充公式后，填充的单元格或单元格区域中会显示公式的计算结果。

例如，C2 单元格中的公式是“=A2*0.7＋B2*0.3”，把 C2 单元格中的公式填充到 C3 单元格中，C3 单元格中的公式则是“=A3*0.7＋B3*0.3”。

C2 单元格中的公式是“=$A$2*0.7＋$B$2*0.3”，把 C2 单元格中的公式填充到 C3 单元格中，C3 单元格中的公式仍是“=$A$2*0.7+$B$2*0.3”。

C2 单元格中的公式是“=$A2*0.7＋B$2*0.3”，把 C2 单元格中的公式填充到 C3 单元格中，C3 单元格中的公式则是“=$A3*0.7＋B$2*0.3”。

10.2.3 复制公式

复制公式的方法与复制单元格中数据的方法大致相同（参阅“9.1.2 单元格数据的编辑”小节），不同的是，复制的公式根据目标单元格与原始单元格的位移，会自动调整原始公式中的相对地址或混合地址的相对部分，并且复制公式后，复制的单元格或单元格区域中会显示公式的计算结果。

由于填充和复制的公式仅调整原始公式中的相对地址或混合地址的相对部分，因此输入原始公式时，一定要正确地使用相对地址、绝对地址和混合地址。

下面以图 10-13 所示的计算美元换算人民币值为例，说明如何正确地使用相对地址、绝对地址和混合地址。

如果在 B3 单元格中输入公式“=A3*B1”，虽然 B3 单元格中的结果正确，但是将公式复制或填充到 B4、B5 单元格时，公式则分别是“=A4*B2”、“=A5*B3”，结果不正确，如图 10-14 所示。原因是 B3 单元格公式中的汇率采用相对地址 B1，填充公式后，公式中的汇率不再是 B1 了，因而出现了错误。

如果在 B3 单元格输入公式“=A3*$B$1”，即汇率使用绝对地址，再将公式填充到 B4、B5 单元格时，公式分别是“= A4*$B$1”、“= A5*$B$1”，结果就正确了，如图 10-15 所示。

	A	B
1	汇率	7.05
2	美元	人民币
3	100	
4	200	
5	300	

图10-13 美元换算为人民币

	A	B
1	汇率	7.05
2	美元	人民币
3	100	705
4	200	#VALUE!
5	300	211500

=A3*B1

图10-14 错误的原始公式

	A	B
1	汇率	7.05
2	美元	人民币
3	100	705
4	200	1410
5	300	2115

=A3*$B$1

图10-15 正确的原始公式

10.2.4 移动公式

移动公式的方法与移动单元格的方法大致相同（参阅“9.1.3 单元格的编辑”小节）。与复制公式不同的是，移动公式不自动调整原始公式。

10.3 Excel 2007 的数据管理

Excel 2007 具有强大的数据管理功能，它的数据管理通常基于表。数据管理功能包括数据排序、数据筛选和分类汇总等。本节以图 10-16 所示的表为例，介绍 Excel 2007 的数据管理与分析功能。

	A	B	C	D	E	F	G
1							
2	姓名	系别	性别	英语	计算机	体育	总分
3	赵东春	数学	男	52	78	84	214
4	钱南夏	中文	男	69	74	43	186
5	孙西秋	数学	女	83	92	88	263
6	李北冬	中文	女	72	56	69	197
7	周前梅	数学	男	76	83	84	243
8	吴后兰	中文	女	79	67	77	223
9	郑左竹	中文	男	84	78	46	208
10	王右菊	数学	女	54	93	64	211

图10-16 表

10.3.1 表的概念

表是包含相关数据的一系列工作表数据行，是增加了某些限制条件的工作表，也称为工作表数据库。按照以下规则建立的工作表即为表。

- 每列必须有一个标题，称为列标题，列标题必须惟一，并且不能重复。
- 各列标题必须在同一行上，称为标题行，标题行必须在数据的上方。
- 每列中的数据必须是基本的，不能再分，并且是同一种类型。
- 不能有空行或空列，也不能有空单元格。
- 与非表中的数据之间必须留出一个空行和空列。

表的一列称为一个字段，列标题名为字段名，表的一行为一条记录。图 10-16 所示就是一个表。

10.3.2 数据排序

实际应用中，往往需要按表中的某一个或某几个字段排序（排序的字段称为关键字段），以便对照分析。

一、按单个关键字段排序

把活动单元格移到表中要排序的列，在功能区【数据】选项卡的【排序和筛选】组（如图 10-17 所示）中，单击A↓Z按钮则从小到大排序，单击Z↓A按钮则从大到小排序。表排序有以下几个特点。

图10-17 【排序和筛选】组

- 排序时数值、日期和时间的大小比较，可参阅表 10-2 下方的说明。

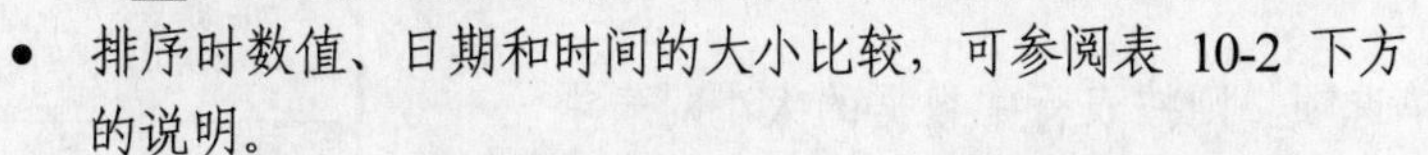

- 文本数据的大小比较有两种方式：字母顺序和笔画顺序。排序时采用最近使用过的方式，默认方式是按字母顺序排序。
- 如果当前列或选定单元格区域的内容是公式，则按公式的计算结果进行排序。
- 如果两个关键字段的数据相同，则原来在前面的数据排序后仍然排在前面，原来在后面的数据排序后仍然排在后面。

二、按多个关键字段排序

按多个关键字段排序时，如果第 1 关键字段的值相同，则比较第 2 关键字段，依次类推。Excel 2007 最多可对 64 个关键字段排序。在功能区【数据】选项卡的【排序和筛选】组（见图 10-17）中单击【排序】按钮，弹出如图 10-18 所示的【排序】对话框。

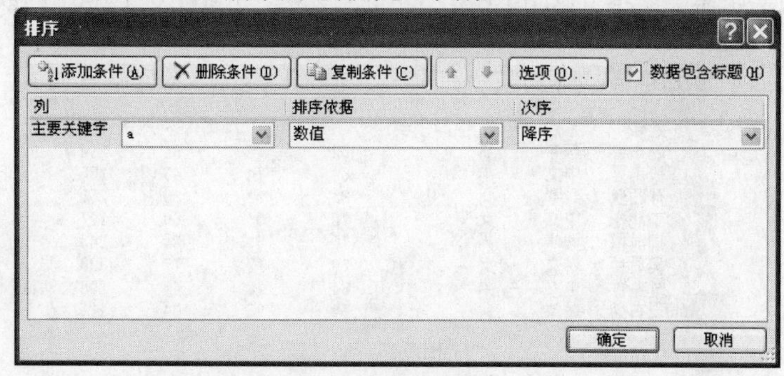

图10-18 【排序】对话框

在【排序】对话框中，可进行以下操作。

- 在【主要关键字】下拉列表中，可选择排序的主要关键字。
- 在【排序依据】下拉列表中，可选择排序的依据，通常是选择【数值】，即按照数据的大小排序。
- 在【次序】下拉列表中，可选择排序的方式，主要有【升序】、【降序】和【自定义序列】等 3 种方式。
- 如果还要按其他关键字排序，可以单击[添加条件(A)]按钮，添加一个条件行，从【主要关键字】、【排序依据】和【次序】等下拉列表中做相应的选择，方法同前。这一操作可进行多次，但不能超过 64 个条件行。
- 在一个条件行内单击鼠标，该条件行即成为当前条件行，在其中可设置相应的选项。
- 单击[删除条件(D)]按钮，可删除当前的条件行。
- 单击[复制条件(C)]按钮，可复制当前的条件行。
- 单击[↑]按钮，当前条件行上升一行；单击[↓]按钮，当前条件行下降一行。
- 选择【数据包含标题】复选项，则表明工作表有标题行。
- 单击[确定]按钮，即可按所进行的设置进行排序。

在【排序】对话框中单击[选项(O)...]按钮，弹出如图 10-19 所示的【排序选项】对话框，从中可进行以下排序设置操作。

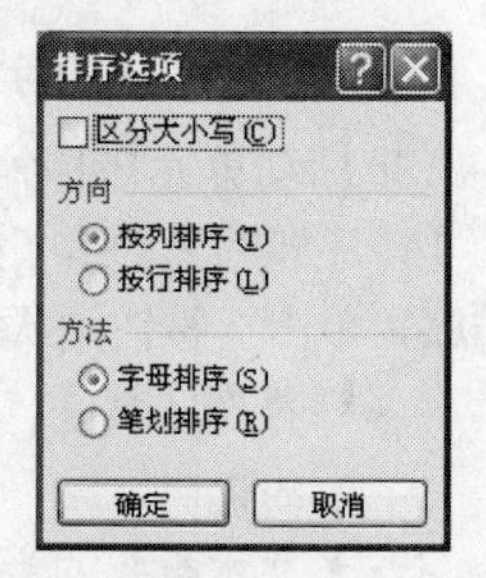

图10-19 【排序选项】对话框

- 选择【区分大小写】复选项，则排序时字母区分大小写。
- 选择【按列排序】单选项，则按表列中数据的大小对表中的各行排序。
- 选择【按行排序】单选项，则按表行中数据的大小对表中的各列排序
- 选择【字母排序】单选项，则汉字的排序方式是按拼音字母的顺序。
- 选择【笔划排序】单选项，则汉字的排序方式是按笔画数的多少。
- 单击[确定]按钮，所进行的设置生效，关闭该对话框，返回【排序】对话框。

10.3.3 数据筛选

数据筛选是只显示那些满足条件的记录，隐藏其他记录。数据筛选并不删除表中的记录。Excel 2007 有两种筛选方法：自动筛选和高级筛选。

一、自动筛选

自动筛选常用的操作有启用自动筛选、用字段值进行筛选、自定义筛选、多次筛选和取消筛选等。

(1) 启用自动筛选。

单击表内的一个单元格，在功能区【数据】选项卡的【排序和筛选】组（见图 10-17）中单击【筛选】按钮，即可启用自动筛选。这时，表中各字段名称的单元格变成下拉列表，以图 10-16 所示的表为例，启用自动筛选后的结果如图 10-20 所示。

	A	B	C	D	E	F	G
1							
2	姓名	系别	性别	英语	计算机	体育	总分
3	赵东春	数学	男	52	78	84	214
4	钱南夏	中文	男	69	74	43	186
5	孙西秋	数学	女	83	92	88	263
6	李北冬	中文	女	72	56	69	197
7	周前梅	数学	男	76	83	84	243
8	吴后兰	中文	女	79	67	77	223
9	郑左竹	中文	男	84	78	46	208
10	王右菊	数学	女	54	93	64	211

图10-20 自动筛选

(2) 用字段值进行筛选。

在自动筛选状态下，单击字段下拉列表，打开如图 10-21 所示的【自动筛选】列表（以“系别”字段为例）。

【自动筛选】列表的下半部分是字段值复选项组，默认的方式是所有的字段值全选，如果取消选择某字段值，则筛选掉该字段值的所有记录。

以图 10-16 所示的表为例，在【系别】下拉列表中选择“数学”，结果如图 10-22 所示。

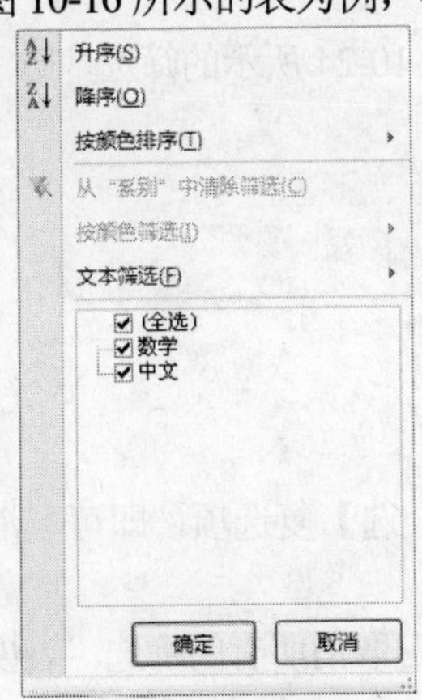

图10-21 【自动筛选】列表

	A	B	C	D	E	F	G
1							
2	姓名	系别	性别	英语	计算机	体育	总分
3	赵东春	数学	男	52	78	84	214
5	孙西秋	数学	女	83	92	88	263
7	周前梅	数学	男	76	83	84	243
10	王右菊	数学	女	54	93	64	211

图10-22 根据字段值进行筛选的结果

(3) 自定义筛选。

有时需要按某个条件进行筛选，可在【自动筛选】列表中选择【文本筛选】命令（对于数值字段，则是【数值筛选】命令），在打开的菜单中选择【自定义筛选】命令，则会弹出【自定义自动筛选方式】对话框。例如，在图 10-22 所示的表中，在打开的“计算机”字段的【自动筛选】列表中选择【数值筛选】命令，在打开的菜单中选择【自定义筛选】命令，则会弹出如图 10-23 所示的【自定义自动筛选方式】对话框。

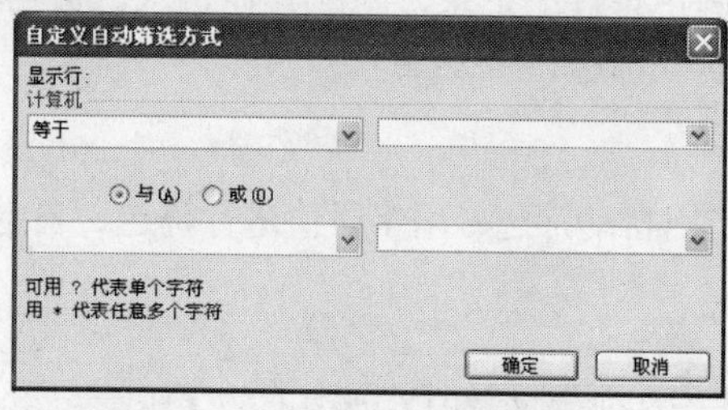

图10-23 【自定义自动筛选方式】对话框

在【自定义自动筛选方式】对话框中，可进行以下操作。

- 在第 1 个条件的左边下拉列表中选择一种比较方式。
- 在第 1 个条件的右边下拉列表中输入或选择一个值。
- 选择【与】单选项，则可筛选出同时满足两个条件的记录。
- 选择【或】单选项，则可筛选出满足任何一个条件的记录。
- 如有必要，在第 2 个条件的左边下拉列表中选择一种比较方式，在第 2 个条件的右边下拉列表中输入或选择一个值。
- 单击 确定 按钮，即可按所进行的设置进行筛选。

在图 10-23 所示的【自定义自动筛选方式】对话框中，如果第 1 个条件为“大于”、“70”，第 2 个条件为“小于”、“90”，选择【与】单选项，筛选结果则如图 10-24 所示。

	A	B	C	D	E	F	G
1							
2	姓名	系别	性别	英语	计算机	体育	总分
3	赵东春	数学	男	52	78	84	214
4	钱南夏	中文	男	69	74	43	186
7	周前梅	数学	男	76	83	84	243
9	郑左竹	中文	男	84	78	46	208

图10-24 自定义条件的筛选结果

(4) 多次筛选。

对一个字段筛选完后，还可以用前面的方法再次筛选。如在图 10-24 所示的筛选基础上，再筛选出体育分大于 80 的记录，筛选结果如图 10-25 所示。

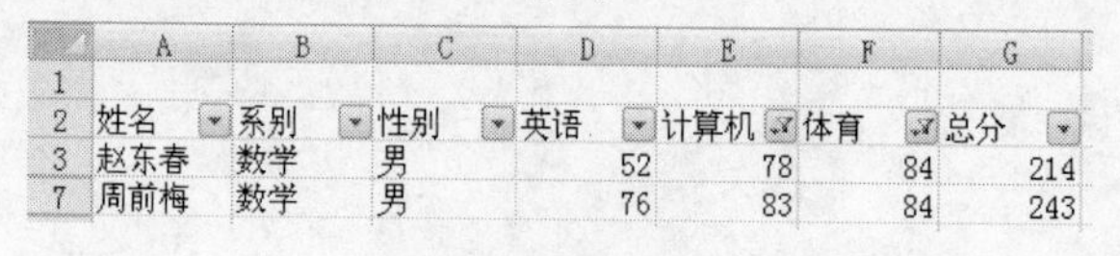

	A	B	C	D	E	F	G
1							
2	姓名	系别	性别	英语	计算机	体育	总分
3	赵东春	数学	男	52	78	84	214
7	周前梅	数学	男	76	83	84	243

图10-25 多次筛选

(5) 取消筛选。

在某个字段的【自动筛选】列表的字段值复选项组中选择【全选】复选项，即可取消对该字段的筛选。

单击【排序和筛选】组（见图 10-17）中的【筛选】按钮，即可取消所有的筛选，表恢复到筛选前的样子。

二、高级筛选

高级筛选的筛选条件不是在字段的【自动筛选】列表中定义，而是在表所在工作表的条件区域中定义筛选条件，Excel 2007 会根据条件区域中的条件进行筛选。高级筛选常用的操作有定义条件区域、启用高级筛选和取消高级筛选等。

(1) 定义条件区域。

条件区域是一个矩形单元格区域，用来表达高级筛选的筛选条件，有以下几个要求。

- 条件区域与表之间至少要留一个空白行。
- 条件区域可以包含若干列，列标题必须是表中某列的列标题。
- 条件区域可以包含若干行（称为条件行），可以有一列或多列。
- 一个条件行包含多个列，则当这些条件都满足时，该条件行的条件才算满足。
- 条件行单元格中条件的格式是在比较运算符后面跟一个数据（如>60）。无运算符表示“=”（如“60”表示等于60），无数据表示“0”（如“>”表示大于0）。

条件区域中的条件有以下几种常见情况。

- 单列上具有多个条件行。如图10-26所示的条件区域，作用是：显示“姓名”列中有“钱南夏”或者“周前梅”的行。
- 多列上具有单个条件行。如图10-27所示的条件区域，作用是：显示“系别”列中为“数学”并且“英语”列中的值小于60的行。
- 多列上具有多个简单条件行。如图10-28所示的条件区域，作用是：显示“系别”列中为“数学”或者“英语”列中的值小于60的行。
- 多列上具有多个复杂条件行。如图10-29所示的条件区域，作用是：显示“系别”列中为“数学”并且“英语”列中的值大于80的行，也显示“系别”列中为“中文”并且“英语”列中的值大于75的行。
- 多个相同列。如图10-30所示条件区域，作用是：显示“英语”列中的值大于等于80并且小于90的行，也显示小于60的行。

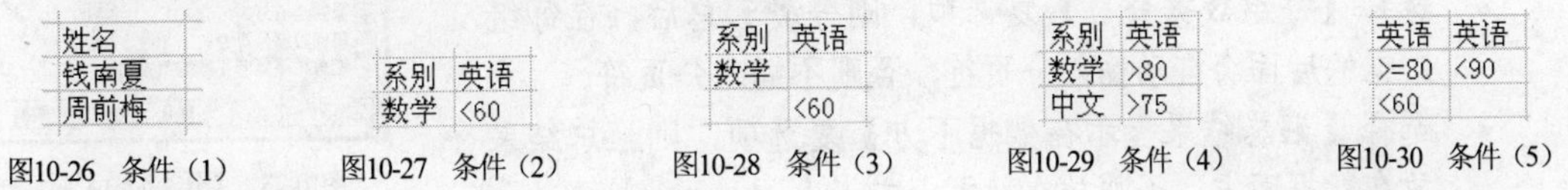

姓名
钱南夏
周前梅

图10-26 条件（1）

系别	英语
数学	<60

图10-27 条件（2）

系别	英语
数学	
	<60

图10-28 条件（3）

系别	英语
数学	>80
中文	>75

图10-29 条件（4）

英语	英语
>=80	<90
<60	

图10-30 条件（5）

(2) 启用高级筛选。

设定好条件区域后，在功能区【数据】选项卡的【排序和筛选】组（见图10-17）中单击【高级】按钮，弹出如图10-31所示的【高级筛选】对话框，从中可进行以下操作。

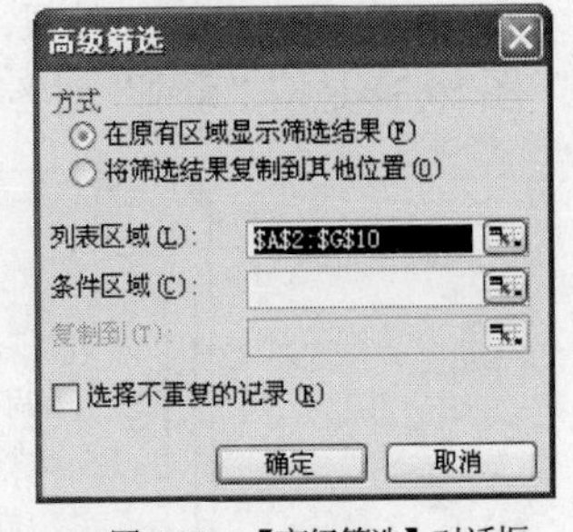

图10-31 【高级筛选】对话框

- 选择【在原有区域显示筛选结果】单选项，则筛选结果在原有区域显示。
- 选择【将筛选结果复制到其他位置】单选项，则将筛选结果复制到其他位置，位置在【复制到】文本框内输入或在工作表中选择。
- 在【列表区域】文本框内输入或在工作表中选择筛选数据的区域。
- 在【条件区域】文本框内输入或在工作表中选择筛选条件的区域。
- 选择【选择不重复的记录】复选项，重复记录只显示一条，否则全显示。
- 单击【确定】按钮，即可按所进行的设置进行高级筛选。

(3) 取消高级筛选。

进行了高级筛选后，在功能区【数据】选项卡的【排序和筛选】组（见图10-17）中单击【清除】按钮，即可取消所进行的高级筛选，表恢复到筛选前的状态。

10.3.4　分类汇总

将表中同一类别的数据放在一起，求出它们的总和、平均值或个数等，这称为分类汇总。对同一类数据分类汇总后，还可以对其中的另一类数据再分类汇总，这种分类方式称为多级分类汇总。

Excel 2007 在分类汇总前，必须先按分类的字段进行排序（不限升序和降序），否则分类汇总的结果不是所要求的结果。

一、单级分类汇总

以图 10-16 所示的表为例，先按分类字段（系别）排序，再将活动单元格移动到表中，在功能区【数据】选项卡的【分级显示】组（如图 10-32 所示）中单击【分类汇总】按钮，弹出如图 10-33 所示的【分类汇总】对话框，从中可进行以下操作。

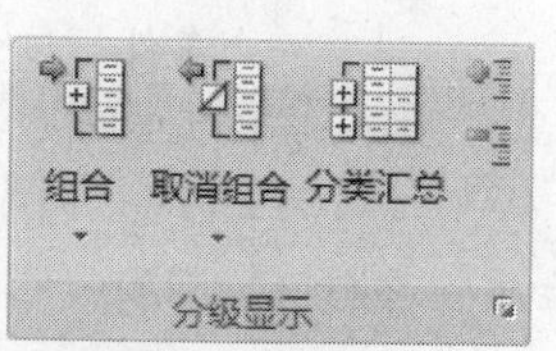

图10-32　【分级显示】组

- 在【分类字段】下拉列表中选择一个分类字段，这个字段必须是排序时的关键字段。
- 在【汇总方式】下拉列表中选择一种汇总方式，有【求和】、【平均值】、【计数】、【最大值】、【最小值】等选项。
- 在【选定汇总项】列表框中，选择按【汇总方式】进行汇总的字段名，可以选择多个字段名。
- 选择【替换当前分类汇总】复选项，则先前的分类汇总结果被删除，而以最新的分类汇总结果取代，否则再增加一个分类汇总结果。
- 选择【每组数据分页】复选项，则分类汇总后，在每组数据的后面会自动插入分页符，否则不插入分页符。
- 选择【汇总结果显示在数据下方】复选项，则汇总结果放在数据下方，否则放在数据上方。
- 单击 确定 按钮，即可按所进行的设置进行分类汇总。

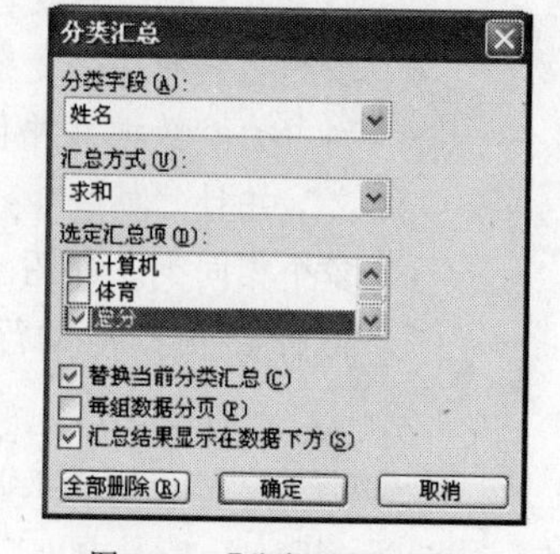

图10-33　【分类汇总】对话框

图 10-34 是按“系别”对各科成绩求平均值的结果，行号左侧的区域是分类汇总控制区域。

	A	B	C	D	E	F	G
1							
2	姓名	系别	性别	英语	计算机	体育	总分
3	赵东春	数学	男	52	78	84	214
4	孙西秋	数学	女	83	92	88	263
5	周前梅	数学	男	76	83	84	243
6	王右菊	数学	女	54	93	64	211
7		**数学 平均值**		66.25	86.5	80	232.75
8	钱南夏	中文	男	69	74	43	186
9	李北冬	中文	女	72	56	69	197
10	吴后兰	中文	女	79	67	77	223
11	郑左竹	中文	男	84	78	46	208
12		**中文 平均值**		76	68.75	58.75	203.5
13		**总计平均值**		71.125	77.625	69.375	218.125

图10-34　分类汇总结果

二、多级分类汇总

要进行多级分类汇总，必须按分类汇总级别进行排序。比如要按“系别”求平均成绩，每个系再按“性别”求平均成绩，则必须以“系别”为第 1 关键字排序，以“性别”为第 2 关键字排序。多级分类汇总时先分类汇总第 1 关键字，后分类汇总第 2、第 3 关键字。

用前面介绍的方法先增加第 1 级分类汇总结果，再增加第 2 级分类汇总结果，等等，这样可以就完成多级分类汇总。图 10-35 是多级分类汇总的示例。

	A	B	C	D	E	F	G
1							
2	姓名	系别	性别	英语	计算机	体育	总分
3	赵东春	数学	男	52	78	84	214
4	周前梅	数学	男	76	83	84	243
5			男 平均值	64	80.5	84	228.5
6	孙西秋	数学	女	83	92	88	263
7	王右菊	数学	女	54	93	64	211
8			女 平均值	68.5	92.5	76	237
9	钱南夏	中文	男	69	74	43	186
10	郑左竹	中文	男	84	78	46	208
11			男 平均值	76.5	76	44.5	197
12	李北冬	中文	女	72	56	69	197
13	吴后兰	中文	女	79	67	77	223
14			女 平均值	75.5	61.5	73	210
15			总计平均	71.125	77.625	69.375	218.125

图10-35　多级分类汇总的示例

三、分类汇总控制

分类汇总完成后，可以利用分类汇总控制区域中的按钮，折叠或展开表中的数据，还可以删除全部分类汇总结果，恢复到分类汇总前的状态。

(1)　折叠或展开数据。

- 单击 - 按钮，可折叠该组中的数据，只显示分类汇总结果，同时 - 按钮变成 + 按钮。
- 单击 + 按钮，可展开该组中的数据，显示该组中的全部数据，同时 + 按钮变成 - 按钮。
- 单击分类汇总控制区域顶端的数字按钮，则只显示该级别的分类汇总结果。

在图 10-35 所示的分类汇总结果中，单击第 2 级的第 1 个 - 按钮，折叠该组数据，结果如图 10-36 所示。

	A	B	C	D	E	F	G
1							
2	姓名	系别	性别	英语	计算机	体育	总分
5			男 平均值	64	80.5	84	228.5
6	孙西秋	数学	女	83	92	88	263
7	王右菊	数学	女	54	93	64	211
8			女 平均值	68.5	92.5	76	237
9	钱南夏	中文	男	69	74	43	186
10	郑左竹	中文	男	84	78	46	208
11			男 平均值	76.5	76	44.5	197
12	李北冬	中文	女	72	56	69	197
13	吴后兰	中文	女	79	67	77	223
14			女 平均值	75.5	61.5	73	210
15			总计平均	71.125	77.625	69.375	218.125

图10-36　折叠一组数据

(2)　删除分类汇总。

把活动单元格移动到表中，再次单击【分类汇总】按钮，弹出【分类汇总】对话框（见图 10-33），从中单击 全部删除(R) 按钮，即可删除全部分类汇总结果。

10.4　Excel 2007 图表的使用

图10-37　【图表】组

图表就是将表中的数据以各种图的形式显示，使得数据更加直观。利用【插入】选项卡【图表】组（如图 10-37 所示）中的工具，可以方便地创建图表，还可以设置图表。图表的常用操作包括创建图表和设置图表。

10.4.1 图表的概念

图表有多种类型，每一种类型又有若干个子类型。以下是常用的图表类型。

- 柱形图（如图 10-38 所示）：用于显示一段时间内的数据变化或各项之间的比较情况。
- 折线图（如图 10-39 所示）：用于显示随时间变化的连续数据，因此非常适用于显示在相等时间间隔下数据的趋势。

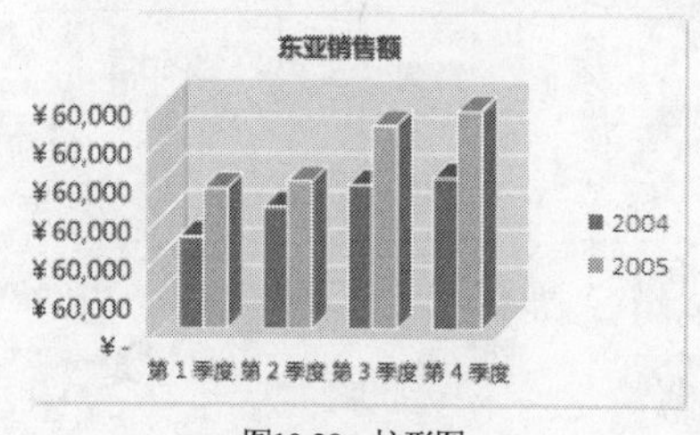

图10-38 柱形图

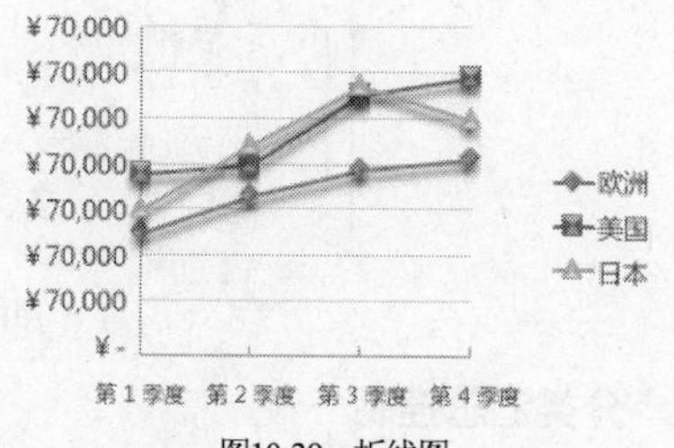

图10-39 折线图

- 饼图（如图 10-40 所示）：用于显示一个数据系列中各项的大小与各项总和的比例。
- 条形图（如图 10-41 所示）：用于显示各个项目之间的比较情况。

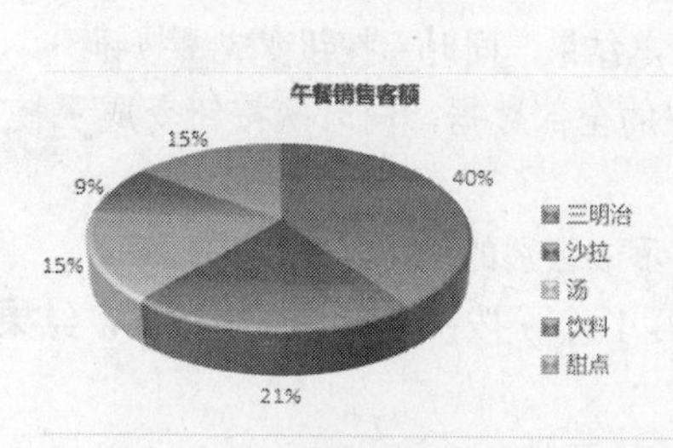

图10-40 饼图

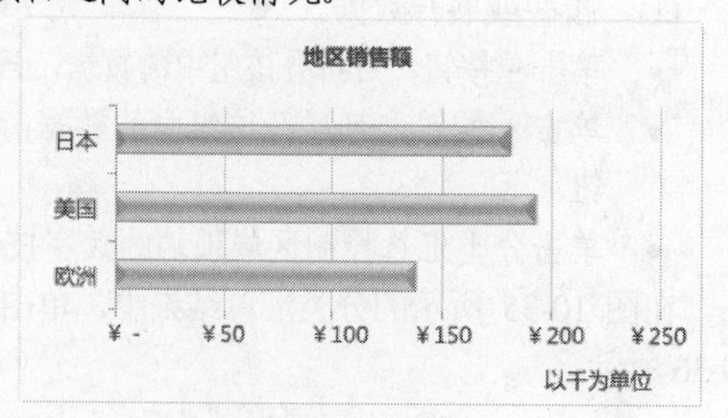

图10-41 条形图

- 散点图（如图 16-42 所示）：用于显示若干数据系列中各数值之间的关系。通常用于显示和比较数值，例如实验数据、统计数据和工程数据等。
- 面积图（如图 16-43 所示）：强调数量随时间而变化的程度，也可用于引起人们对总趋势的注意。

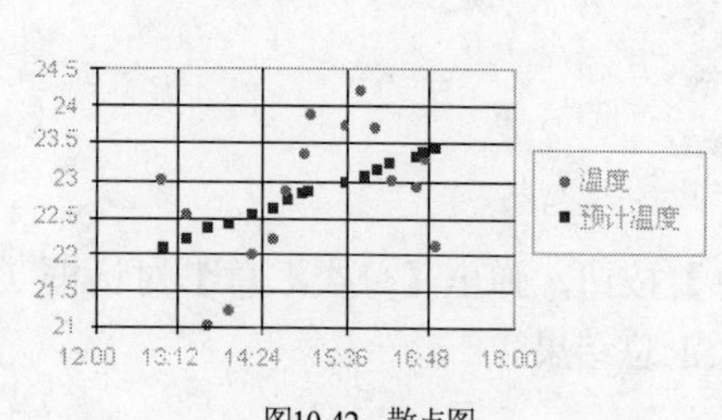

图10-42 散点图

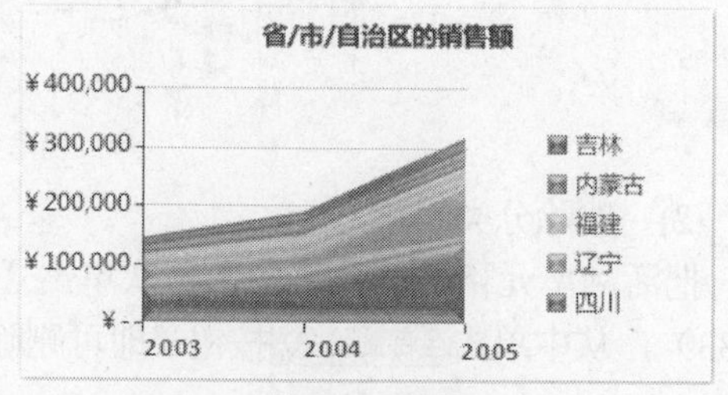

图10-43 面积图

图表和工作表是密切相关的，当工作表中的数据发生变化时，图表也会随之变化。一个图表由图表标题、数值轴、分类轴、绘图区和图例等 5 部分组成。按默认方式创建的图表（参阅“10.4.2 图表的创建”小节），这 5 部分并不全部显示。用户可根据需要，通过设置图表（参阅“10.4.3 图表的设置”小节），显示或不显示某一部分。图 10-44 是包含图表标题、数值轴、分类轴、绘图区和图例的图表。

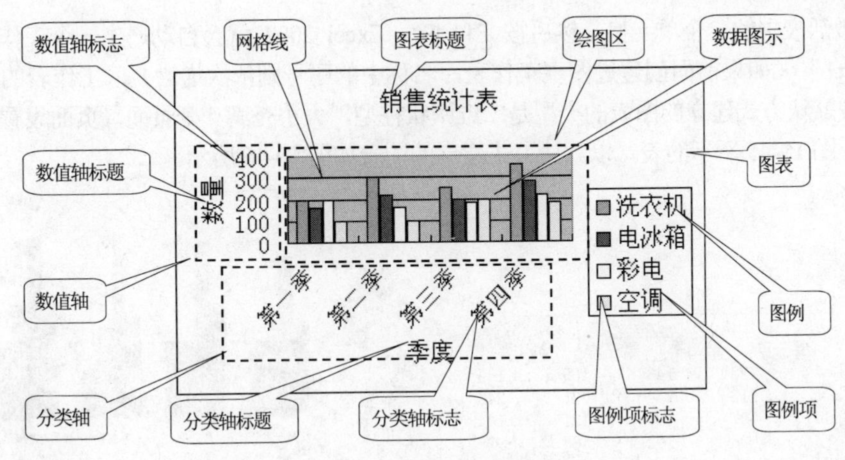

图10-44 图表示例

(1) 图表标题。

图表标题在图表的顶端，用来说明图表的名称、种类或性质。按默认方式创建的图表不包含图表标题。

(2) 绘图区。

绘图区是图表中数据的图形显示，包括网格线和数据图示。

- 网格线：把数值轴或分类轴分成若干相同部分的横线或竖线。
- 数据图示：根据数据的大小和分类，显示相应高度的图例项标志。

(3) 数值轴。

数值轴是图表中的垂直轴，用来区分数据的大小，包括数值轴标题和数值轴标志。

- 数值轴标题：在图表左边，用来说明数据的种类。按默认方式创建的图表不包含数值轴标题。
- 数值轴标志：数据大小的刻度值。

(4) 分类轴。

分类轴是图表中的水平轴，用来区分数据的类别，包括分类轴标题和分类轴标志。

- 分类轴标题：在图表底端，用来说明数据的分类种类。按默认方式创建的图表不包含分类轴标题。
- 分类轴标志：数据的各分类名称。

(5) 图例。

图例用于区分数据系列的彩色小方块和名称，包括图例项和图例项标志。

- 图例项：数据的系列名称。
- 图例项标志：代表某一系列的彩色小方块。

10.4.2 图表的创建

Excel 2007提供有两种建立图表的方法：按默认方式建立图表和用自选方式建立图表。按默认方式建立的图表放置在一个新工作表中，按自选方式建立的图表嵌入到当前的工作表中。

一、以默认方式建立图表

首先激活表中的一个单元格，然后按F11键，Excel 2007 就会自动产生一个工作表，工作表名为“chart1”（如果前面创建过图表工作表，名称中的序号则依次递增），工作表的内容是该表的图表。按默认方式建立的图表的类型是二维簇状柱型，大小充满一个页面，页面设置自动调整为“横向”。图 10-45 所示的表，以默认方式建立的图表如图 10-46 所示。

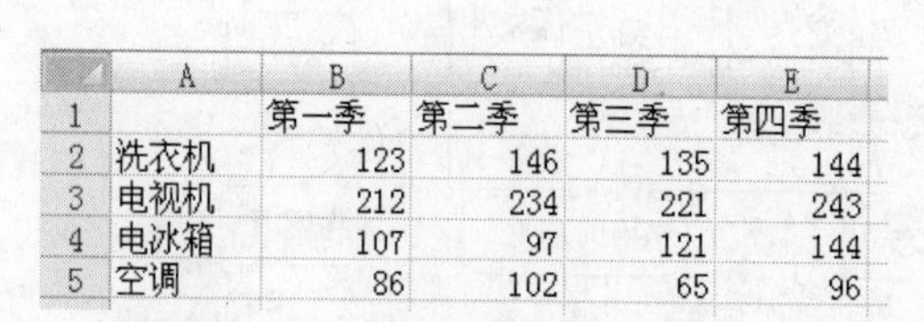

	A	B	C	D	E
1		第一季	第二季	第三季	第四季
2	洗衣机	123	146	135	144
3	电视机	212	234	221	243
4	电冰箱	107	97	121	144
5	空调	86	102	65	96

图10-45　表

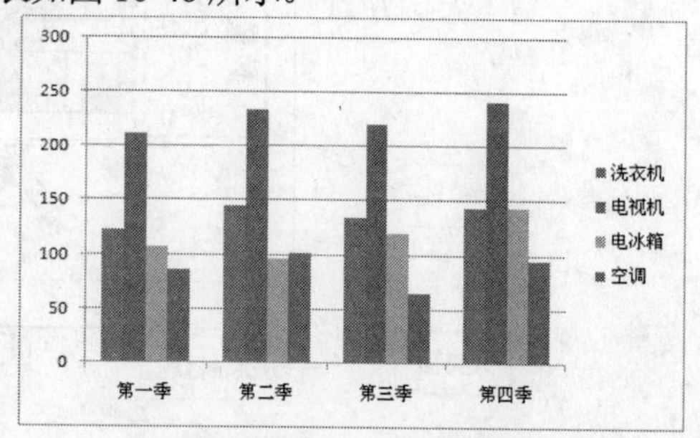

图10-46　以默认方式建立的图表

建立图表后，图表被选定，同时功能区中会增加【设计】、【布局】和【格式】等 3 个选项卡，通过这些选项卡的组中的工具，可以设置图表。

二、以自选方式建立图表

选定要建立图表的单元格区域后，单击功能区【插入】选项卡【图表】组（如图 10-47 所示）中的一个图表类型按钮，打开该类型图表的一个子类型图表列表，从中选择一种图表子类型，即可在当前工作表中建立一个相应的图表。图 10-48 是图 10-45 所示的表的条形图表，图表子类型是三维条形。

图10-47　【图表】组

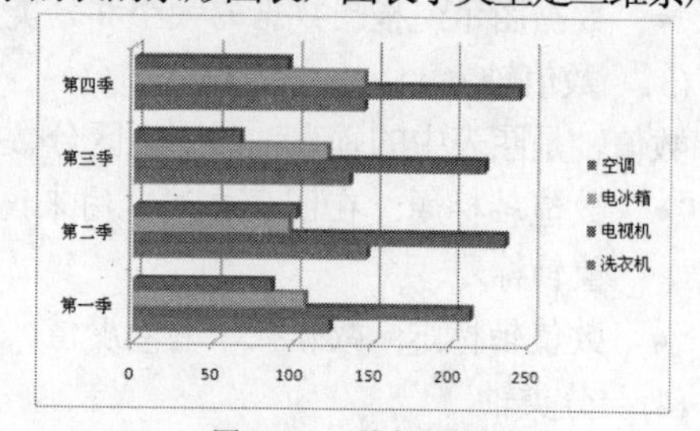

图10-48　三维条形图表

10.4.3　图表的设置

图表的设置包括图表的总体设置和图表的局部设置。总体设置即设置图表的整体外观特征，局部设置即设置图表的局部外观特征。在设置图表前，应先单击图表，使其进入选定状态。

一、图表的总体设置

图表的总体设置包括图表类型、图表布局、图表样式、图表位置和图表大小等。图表的总体设置通常可使用【设计】选项卡（包括【类型】组、【图表布局】组、【图表样式】组、【位置】组和【大小】组）中的工具。

(1)　设置图表类型。

建立图表后，还可以更改图表的类型和子类型。单击【设计】选项卡中【类型】组（如图 10-49 所示）中的【更改图表类型】按钮，弹出如图 10-50 所示的【更改图表类型】对话框。

更改图表类型　另存为模板
类型

图10-49　【类型】组

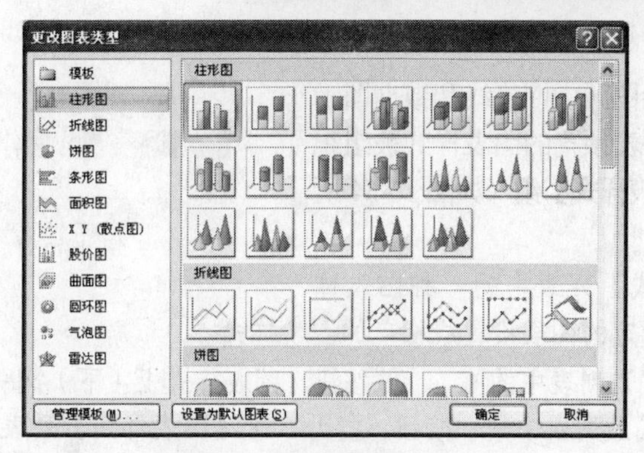

图10-50 【更改图表类型】对话框

在【更改图表类型】对话框中，可进行以下操作。

- 在对话框左侧的【图表类型】列表中选择一种图表类型，这时对话框右侧的【图表子类型】列表中将列出该图表类型的所有子类型。
- 在【图表子类型】列表中选择一种图表子类型。
- 单击 确定 按钮，即可将所选定的图表设置成相应的类型和子类型。

图 10-46 所示图表更改为“折线图”后如图 10-51 所示。

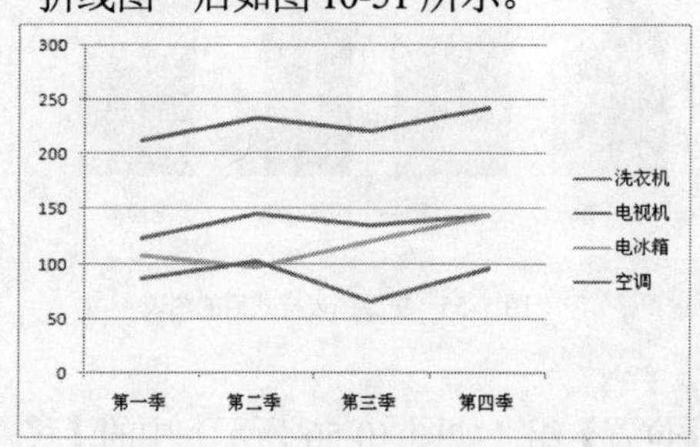

图10-51 更改图表类型后的图表

(2) 设置图表布局。

图表布局是指图表的标题、数值轴、分类轴、绘图区和图例的位置关系。图表预置的布局样式被组织在【设计】选项卡的【图表布局】组（如图 10-52 所示）中，常用的操作如下。

- 单击【图表布局】列表中的一种布局样式，即可将选定的图表设置成相应的布局样式。
- 单击【图表布局】列表中的▲（▼）按钮，布局样式上（下）翻一页。
- 单击【图表布局】列表中的▼按钮，打开一个【布局样式】列表，可从中选择一种样式，即可将选定的图表设置成相应的布局样式。

图 10-46 所示图表更改成另外一种布局后则如图 10-53 所示。

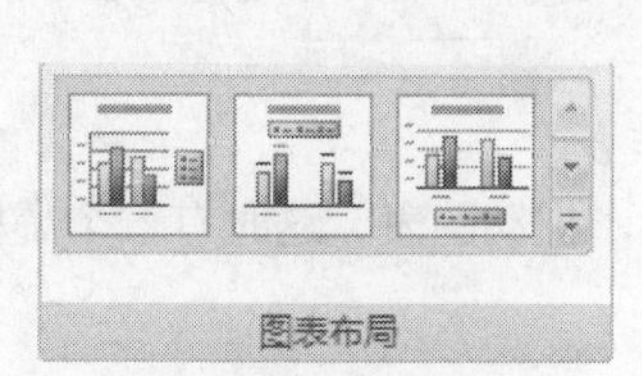

图10-52 【图表布局】组

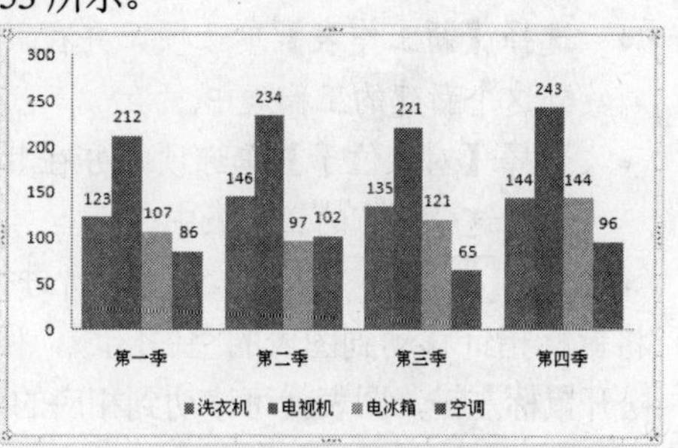

图10-53 更改布局后的图表

(3) 设置图表样式。

图表样式是指图表绘图区中网格线和数据图示的大小、形状和颜色。图表预置的图表样式被组织在【设计】选项卡的【图表样式】组（如图 10-54 所示）中，常用的操作如下。

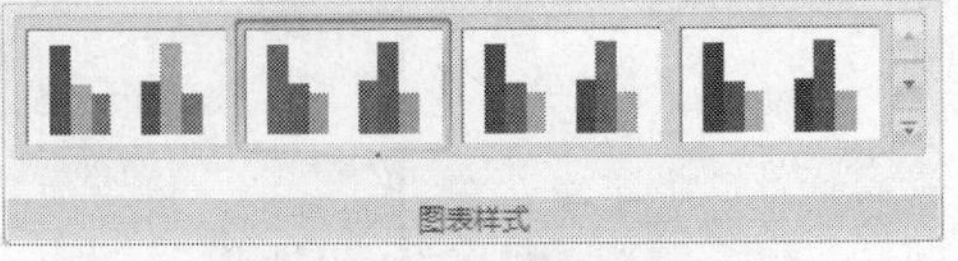

图10-54 【图表样式】组

- 单击【图表样式】列表中的一种图表样式，即可将所选定的图表设置成相应的图表样式。
- 单击【图表样式】列表中的 （ ）按钮，图表样式上（下）翻一页。
- 单击【图表样式】列表中的 按钮，打开一个【图表样式】列表，可从中选择一种样式，即可将所选定的图表设置成相应的图表样式。

图 10-46 所示图表更改成另外一种图表样式后则如图 10-55 所示。

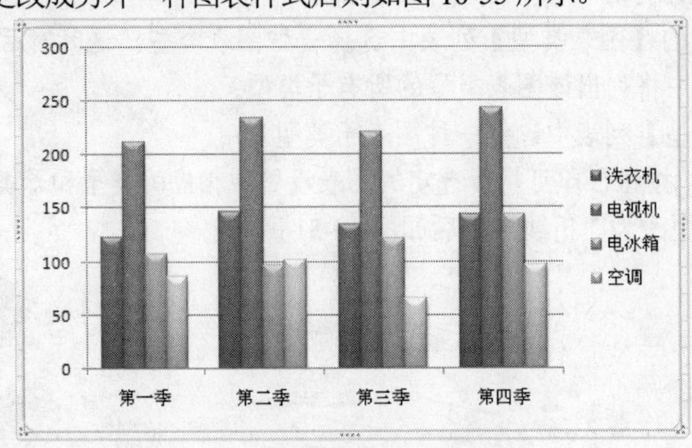

图10-55 更改图表样式后的图表

(4) 设置图表位置。

单击【设计】选项卡的【位置】组（如图 10-56 所示）中的【移动图表】按钮，弹出如图 10-57 所示的【移动图表】对话框。

图10-56 【位置】组

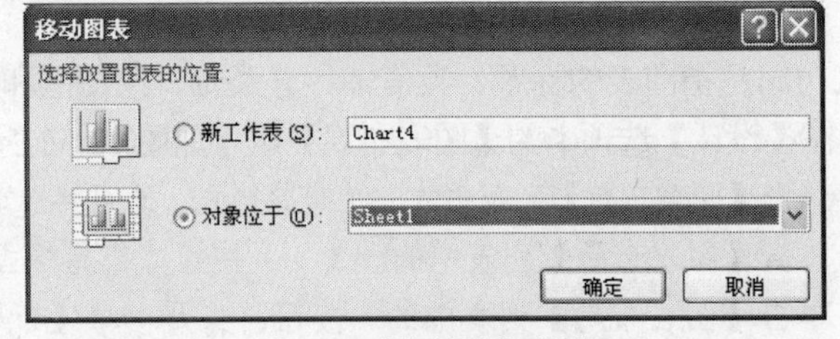

图10-57 【移动图表】对话框

在【移动图表】对话框中，可进行以下操作。

- 选择【新工作表】单选项，并在其右边的文本框中输入一个工作表名，图表将移动到这个新建的工作表中。
- 选择【对象位于】单选项，并在其右边的下拉列表中选择一个工作表名，图表将移动到这个已有的工作表中。
- 单击 确定 按钮，即可按所进行的设置移动工作表。

将鼠标指针移动到图表的空白区域，鼠标指针变成 状，拖动图表，这时有一个虚框随之移动，松开鼠标左键，图表就可移动到相应的位置。

(5) 设置图表大小。

选定图表后，通过【格式】选项卡【大小】组（如图 10-58 所示）中的工具，可以设置图表的大小。

- 在【大小】组的【高度】数值框中，输入或调整一个高度值，即可将选定的图表设置为该高度。
- 在【大小】组的【宽度】数值框中，输入或调整一个宽度值，即可将选定的图表设置为该宽度。

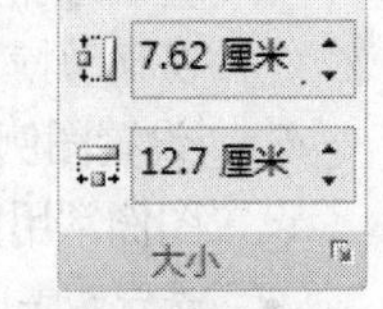

图10-58 【大小】组

单击图表，图表的四周会出现 8 个黑点组，称为图表的尺寸控点。将鼠标指针移动到图表的尺寸控点上，鼠标指针变成↕、↔、↘、↗状，拖动鼠标就可以改变图表的大小。图表的大小改变时，图表内的对象也会随之改变。

二、局部设置

图表的局部设置包括图表标题、坐标轴标题、图例、数据标签、数据表、坐标轴和网格线等。图表的局部设置通常可使用【布局】选项卡（包括【标签】组和【坐标轴】组）中的工具。

(1) 设置图表标题。

设置图表标题常用的操作如下。

- 选定图表后，单击【布局】选项卡【标签】组（如图 10-59 所示）中的【图表标题】按钮，在打开的菜单（如图 10-60 所示）中选择一个命令，即可设置有无图表标题，或指定图表标题的样式。
- 选定图表标题后，再单击标题，标题内会出现光标，这时可编辑标题。
- 把鼠标指针移动到图表标题上，鼠标指针变成✥状，这时拖动鼠标，可以移动图表标题的位置。

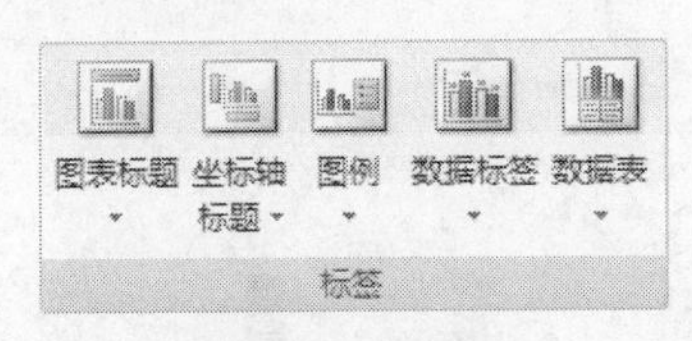

图10-59 【标签】组

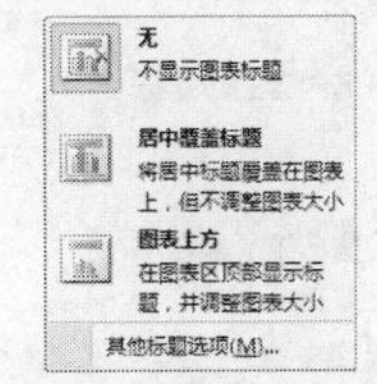

图10-60 【图表标题】菜单

(2) 设置坐标轴标题。

设置坐标轴标题常用的操作如下。

- 选定图表后，单击【布局】选项卡【标签】组（见图 10-59）中的【坐标轴标题】按钮，在打开的菜单（如图 10-61 所示）中选择【主要横坐标轴标题】或【主要纵坐标轴标题】命令，然后从打开的菜单（以选择【主要横坐标轴标题】命令为例，如图 10-62 所示）中选择一个命令，即可设置有无横坐标轴标题，或指定横坐标轴标题的样式。

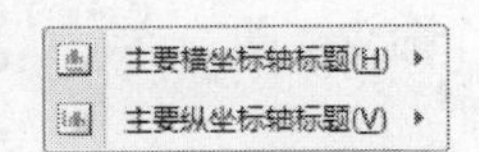

图10-61 【坐标轴标题】菜单

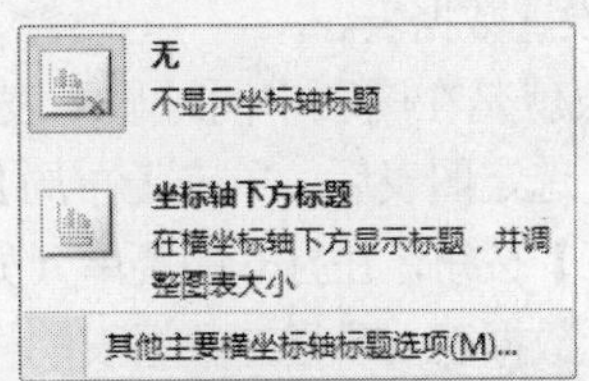

图10-62 【主要横坐标轴标题】菜单

- 选定横（纵）坐标轴标题，然后单击该标题，标题内会出现光标，这时可编辑标题。
- 把鼠标指针移动到横（纵）坐标轴标题上，鼠标指针变成✥状，这时拖动鼠标，可以移动横（纵）坐标轴标题的位置。

(3) 设置图例。

设置图例常用的操作如下。

- 选定图表后，单击【布局】选项卡【标签】组（见图 10-59）中的【图例】按钮，在打开的菜单（如图 10-63 所示）中选择一个命令，即可设置有无图例，或指定图例的样式。
- 把鼠标指针移动到图例上，鼠标指针变成✥状，这时拖动鼠标，可以移动图例的位置。
- 单击图例，图例四周会出现尺寸控点，把鼠标指针移动到尺寸控点上，拖动鼠标可改变图例的大小。图例大小改变时，图例内的图和文字不改变。

无
关闭图例
在右侧显示图例
显示图例并右对齐
在顶部显示图例
显示图例并顶端对齐
在左侧显示图例
显示图例并左对齐
在底部显示图例
显示图例并底端对齐
在右侧覆盖图例
在图表右侧显示图例，但不调整大小
左侧覆盖图例
在图表左侧显示图例，但不调整大小
其他图例选项(M)...

图10-63 【图例】菜单

(4) 设置数据标签。

数据标签就是绘图区中在每个数据图示上标注的数值，这个值就是该数据图示对应表中的值。默认方式下建立的图表没有数据标签。

选定图表后，单击【布局】选项卡【标签】组（见图 10-59）中的【数据标签】按钮，在打开的菜单（如图 10-64 所示）中选择一个命令，即可设置有无数据标签，或指定数据标签的样式。

图 10-46 所示图表添加数据标签后则如图 10-65 所示。

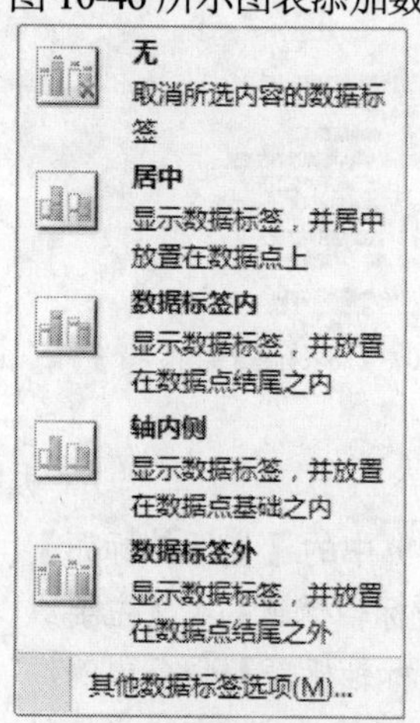

图10-64 【数据标签】菜单

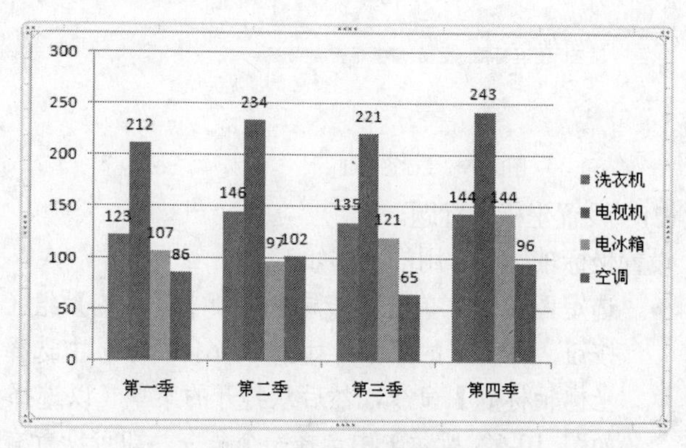

图10-65 添加数据标签后的图表

(5) 设置数据表。

数据表就是在图表中同时显示表中的数据。默认方式下建立的图表没有数据表。选定图表后，单击【布局】选项卡【标签】组（见图 10-59）中的【数据表】按钮，在打开的菜单（如图 10-66 所示）中选择一个命令，即可设置有无数据表，或指定数据表的样式。

图 10-46 所示图表添加数据表后则如图 10-67 所示。

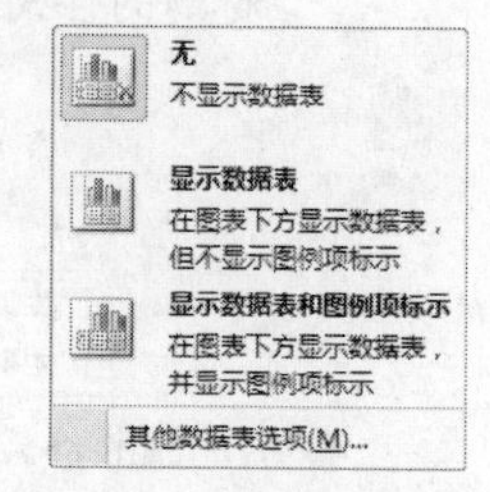

图10-66 【数据表】菜单

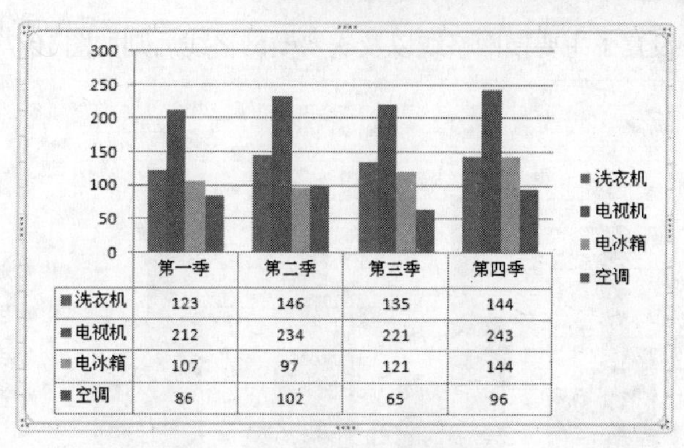

图10-67 添加数据表后的图表

(6) 设置坐标轴。

选定图表后，单击【布局】选项卡【坐标轴】组（如图 10-68 所示）中的【坐标轴】按钮，在打开的菜单（如图 10-69 所示）中选择【主要横坐标轴】或【主要纵坐标轴】命令，然后从打开的菜单（以选择【主要横坐标轴】为例，如图 10-70 所示）中选择一个命令，即可设置有无横坐标轴，或指定横坐标轴的样式。

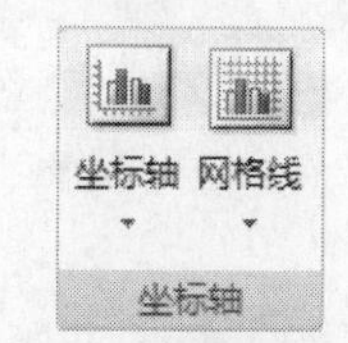

图10-68 【坐标轴】组

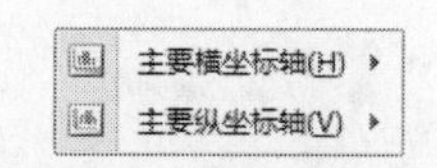

图10-69 【坐标轴】菜单

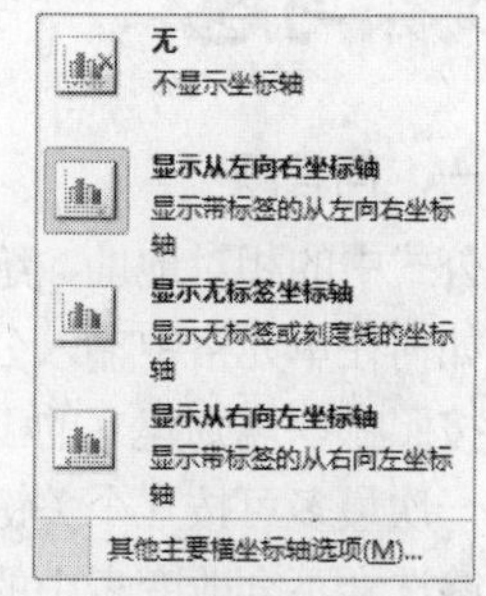

图10-70 【主要横坐标轴】菜单

(7) 设置网格线。

网格线就是绘图区中均分数值轴（或分类轴）的横线（或竖线）。网格线有主要网格线和次要网格线两种类型，主要网格线之间较疏，次要网格线之间较密。默认方式下建立的图表只有主要横网格线。

选定图表后，单击【布局】选项卡【坐标轴】组（见图 10-68）中的【网格线】按钮，在打开的菜单（如图 10-71 所示）中选择【主要横网格线】或【主要纵网格线】命令，然后从打开的菜单（以选择【主要横网格线】命令为例，如图 10-72 所示）中选择一个命令，即可设置有无横网格线，或指定横网格线的样式。

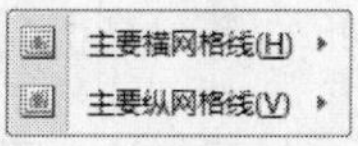

图10-71 【网格线】菜单

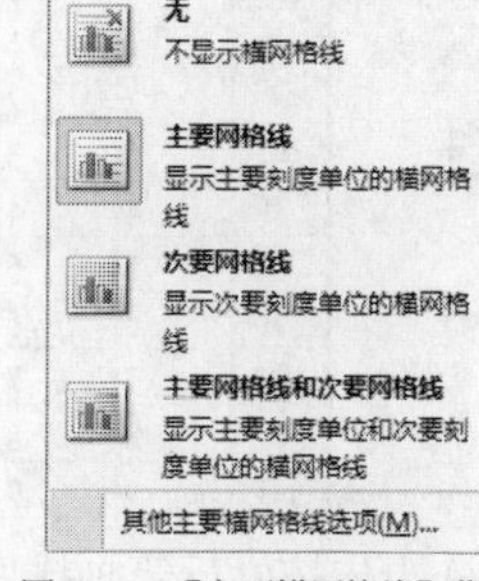

图10-72 【主要横网格线】菜单

图 10-46 所示图表设置了主要横网格线以及次要横网格线后则如图 10-73 所示。

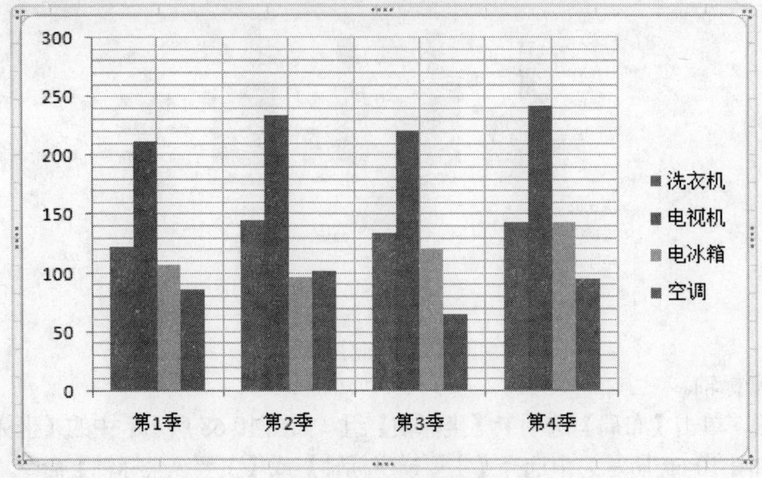

图10-73　添加网格线后的图表

10.5　习题

一、问答题

1. 公式中的相对地址、绝对地址和混合地址有什么区别？
2. 如何在单元格中输入公式？如何修改公式？
3. 按照哪些规则建立的工作表才是表？
4. 一次最多可按几个关键字排序？
5. 筛选会不会改变表中的数据？
6. 如何取消筛选？
7. 如何完成单级分类汇总？如何完成多级分类汇总？
8. 如何删除分类汇总？
9. 图表由哪几部分组成？
10. 如何创建图表？如何设置图表？

二、操作题

1. 建立以下九九乘法表，要求除了第 1 行和第 1 列外，其余单元格中的数用公式计算。

	A	B	C	D	E	F	G	H	I	J
1		1	2	3	4	5	6	7	8	9
2	1	1	2	3	4	5	6	7	8	9
3	2	2	4	6	8	10	12	14	16	18
4	3	3	6	9	12	15	18	21	24	27
5	4	4	8	12	16	20	24	28	32	36
6	5	5	10	15	20	25	30	35	40	45
7	6	6	12	18	24	30	36	42	48	54
8	7	7	14	21	28	35	42	49	56	63
9	8	8	16	24	32	40	48	56	64	72
10	9	9	18	27	36	45	54	63	72	81

2. 对以下工作表先按姓氏笔画排序，再筛选出所有女教授的记录，最后统计各职称的奖金总额。

	A	B	C	D
1	姓名	性别	职称	奖金
2	赵东梅	女	教授	2000
3	钱南兰	女	副教授	1900
4	孙西竹	男	讲师	1600
5	李北菊	男	教授	2500
6	周春纸	男	副教授	2200
7	吴夏笔	女	讲师	1900
8	郑秋砚	男	教授	2800
9	王冬墨	女	副教授	2000

3. 利用上一题的工作表中的数据，建立以下两个图表。

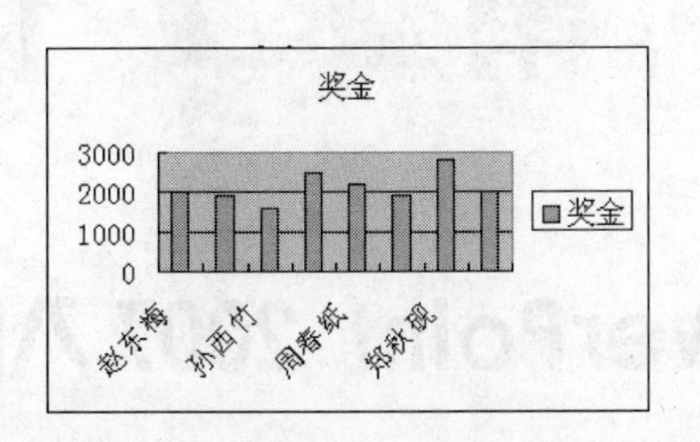

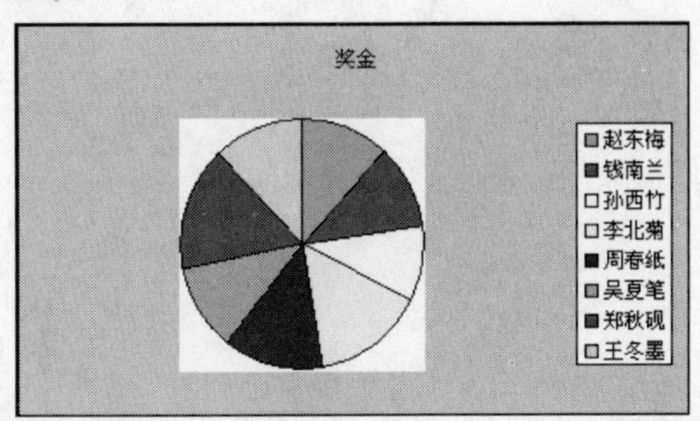

第11讲 PowerPoint 2007 入门

PowerPoint 2007 是微软公司开发的办公软件 Office 2007 中的一个组件，利用它可以方便地制作图文并茂、感染力强的幻灯片，是计算机办公的得力工具。本讲主要介绍幻灯片软件 PowerPoint 2007 的入门知识。本讲课时为 2 小时。

学习目标

- ◆ 掌握PowerPoint 2007的启动与退出方法。
- ◆ 掌握PowerPoint 2007的窗口组成和视图方式。
- ◆ 掌握PowerPoint 2007的演示文稿操作方法。

11.1 PowerPoint 2007 的启动与退出

PowerPoint 2007 的启动和退出是 PowerPoint 2007 的最基本操作，使用 PowerPoint 2007 时应先启动 PowerPoint 2007，使用完后应退出 PowerPoint 2007。

11.1.1 PowerPoint 2007 的启动

启动 PowerPoint 2007 的方法有多种，用户可根据自己的习惯或喜好选择其中的一种，以下是一些常用的方法。

- 选择【开始】/【程序】/【Microsoft Office】/【Microsoft Office PowerPoint 2007】命令。
- 如果建立了 PowerPoint 2007 的快捷方式，双击该快捷方式即可。
- 打开一个 PowerPoint 演示文稿文件即可。

用前两种方法启动 PowerPoint 2007 后，系统将自动建立一个空白演示文稿，默认的演示文稿名为“演示文稿 1”。用最后一种方法启动 PowerPoint 2007 后，系统将自动打开相应的演示文稿。

11.1.2 PowerPoint 2007 的退出

关闭 PowerPoint 2007 窗口即可退出 PowerPoint 2007。退出 PowerPoint 2007 时，系统会关闭所打开的演示文稿。如果演示文稿创建或改动后没有被保存，系统会弹出如图 11-1 所示的【Microsoft office PowerPoint】对话框（以“演示文稿 1”为例），让用户确定是否保存。

图11-1 【Microsoft office PowerPoint】对话框

11.2 PowerPoint 2007 的窗口组成与视图方式

与以前的版本相比，PowerPoint 2007 窗口有了较大的变动。用户可以在 PowerPoint 2007 不同的视图下使用 PowerPoint 2007。本节介绍 PowerPoint 2007 的窗口组成与视图方式。

11.2.1 PowerPoint 2007 窗口的组成

启动 PowerPoint 2007 后，会出现图 11-2 所示的窗口。PowerPoint 2007 的窗口由 4 个区域组成：标题栏、功能区、工作区和状态栏。

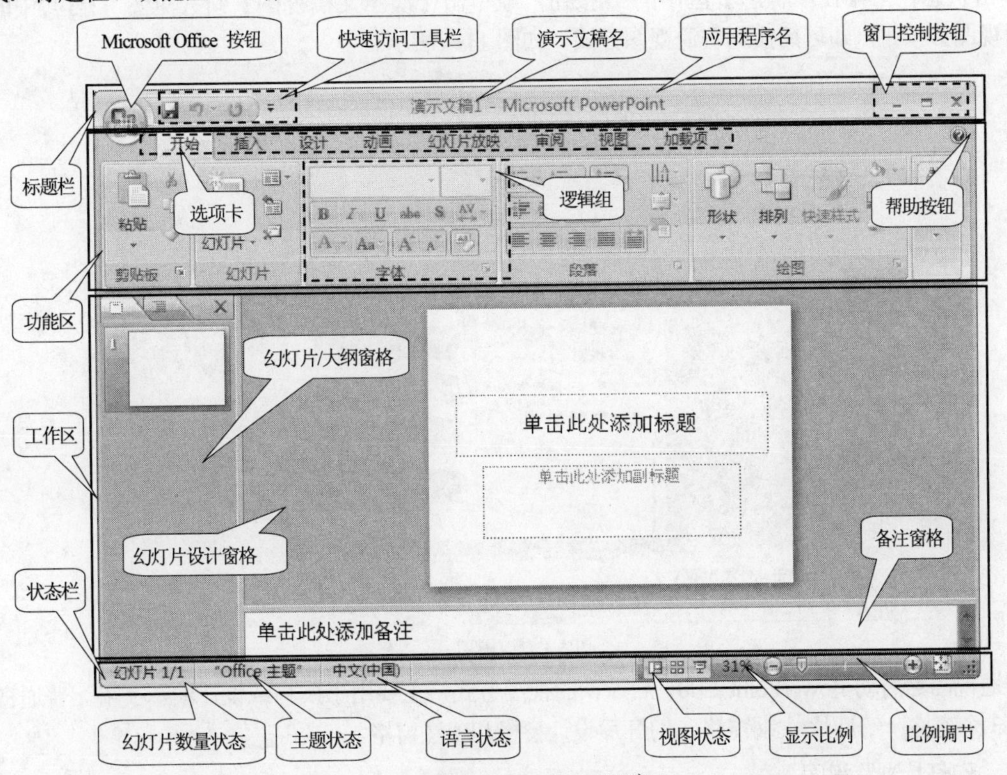

图11-2 PowerPoint 2007 窗口

PowerPoint 2007 的窗口与 Word 2007 的窗口大致相似。不同之处是：PowerPoint 2007 的工作区相当于 Word 2007 的文档区，在不同的视图方式下，工作区是不同的。

演示文稿是用 PowerPoint 2007 建立的文件，用来存储用户建立的幻灯片。在 PowerPoint 2007

窗口标题栏中的演示文稿名，是当前正在操作的演示文稿。

幻灯片是演示文稿最重要的组成部分，整个演示文稿就是由若干张幻灯片按照一定的排列顺序组成的。在状态栏的幻灯片数量状态区中显示了当前演示文稿所包含幻灯片的数量，以及当前正在编辑的幻灯片的编号。在工作区的幻灯片/大纲窗格中，显示了当前演示文稿所包含幻灯片的缩略图或幻灯片大纲。在工作区的幻灯片/大纲窗格中，单击一张幻灯片的缩略图或幻灯片大纲，该幻灯片称为当前幻灯片，在工作区的幻灯片设计窗格中，会显示当前的幻灯片。幻灯片的制作主要是在幻灯片设计窗格中完成。

11.2.2 PowerPoint 2007 的视图方式

PowerPoint 2007 有 4 种视图方式：普通视图、幻灯片浏览视图、幻灯片放映视图和备注页视图，每种视图都将用户的处理焦点集中在演示文稿的某个要素上。单击状态栏中的某个视图按钮，或单击功能区【视图】选项卡【演示文稿视图】组（如图 11-3 所示）中某个视图按钮，即可切换到相应的幻灯片视图。

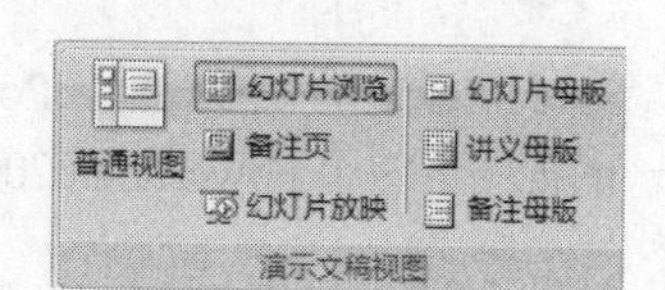

图11-3　【演示文稿视图】组

一、普通视图

单击状态栏上【视图状态】区中的按钮，或单击【演示文稿视图】组（见图 11-3）中的【普通视图】按钮，即可切换到普通视图方式，如图 11-4 所示。

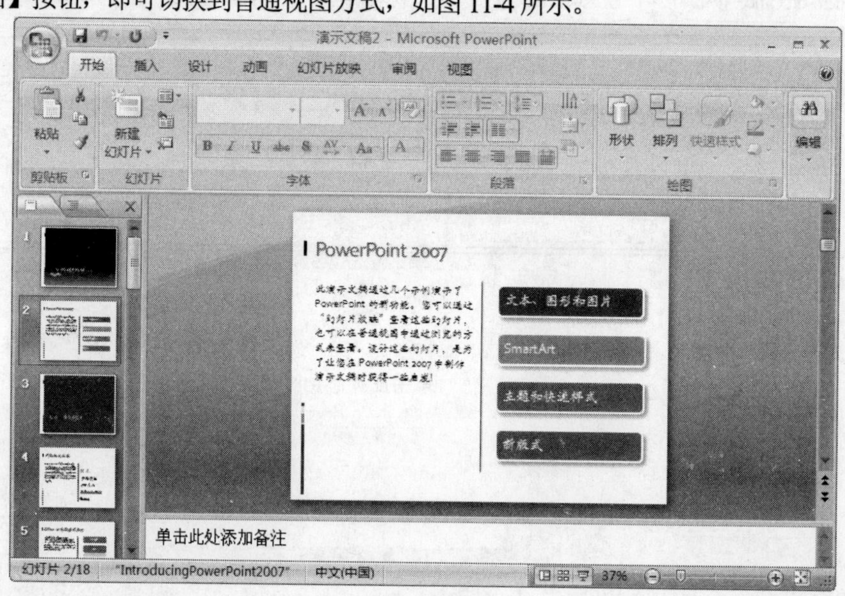

图11-4　普通视图

普通视图是启动 PowerPoint 2007 后默认的视图方式，主要用于撰写或设计演示文稿。普通视图包含 3 个窗格：幻灯片/大纲窗格、幻灯片设计窗格和备注窗格。

二、幻灯片浏览视图

单击状态栏上【视图状态】区中的按钮，或单击【演示文稿视图】组（见图 11-3）中的【幻灯片浏览】按钮，即可切换到幻灯片浏览视图方式，如图 11-5 所示。幻灯片浏览视图是以缩略图形式显示幻灯片的视图。

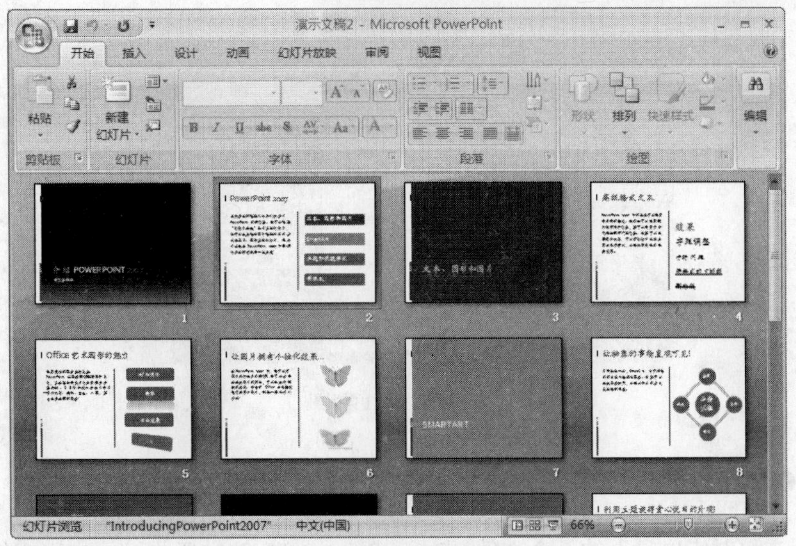

图11-5　幻灯片浏览视图

三、幻灯片放映视图

单击状态栏上【视图状态】区中的按钮，或单击【演示文稿视图】组（见图 11-3）中的【幻灯片放映】按钮，即可切换到幻灯片放映视图方式，如图 11-6 所示。幻灯片放映视图占据整个计算机屏幕，从当前幻灯片开始一幅一幅地放映演示文稿中的幻灯片。

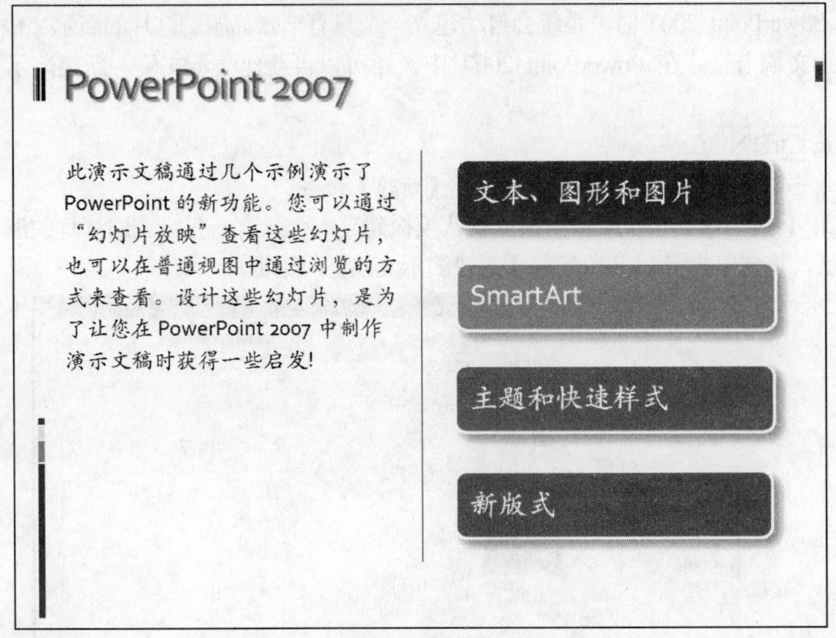

图11-6　幻灯片放映视图

四、备注页视图

用户可以在【备注】窗格中键入幻灯片的备注，该窗格位于普通视图中【幻灯片】窗格的下方（见图 11-2）。单击【演示文稿视图】组（见图 11-3）中的【备注页】按钮，即可切换到备注页视图方式，如图 11-7 所示。在备注页视图方式下，可以整页格式查看和使用幻灯片的备注。

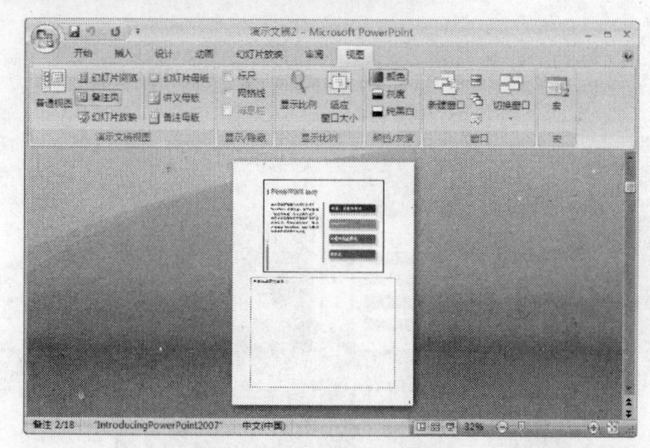

图11-7　备注页视图

11.3　PowerPoint 2007 的演示文稿操作

一个演示文稿对应磁盘上的一个文件。PowerPoint 2007 先前版本演示文稿文件的扩展名是“ppt”或“pps”。PowerPoint 2007 演示文稿文件的扩展名为“.pptx”或“ppsx”，该类文件的图标是或。

11.3.1　新建演示文稿

启动 PowerPoint 2007 时，系统会自动建立一个只有一张标题幻灯片的演示文稿，默认的文档名是“演示文稿 1”。在 PowerPoint 2007 中，还可以再新建演示文稿，新建演示文稿的方法如下。

- 按 Ctrl+N 键。
- 单击按钮，在打开的菜单中选择【新建】命令。

使用第 1 种方法，系统会自动根据默认模板建立一个只有一张标题幻灯片的演示文稿。使用第 2 种方法，将弹出如图 11-8 所示的【新建演示文稿】对话框。

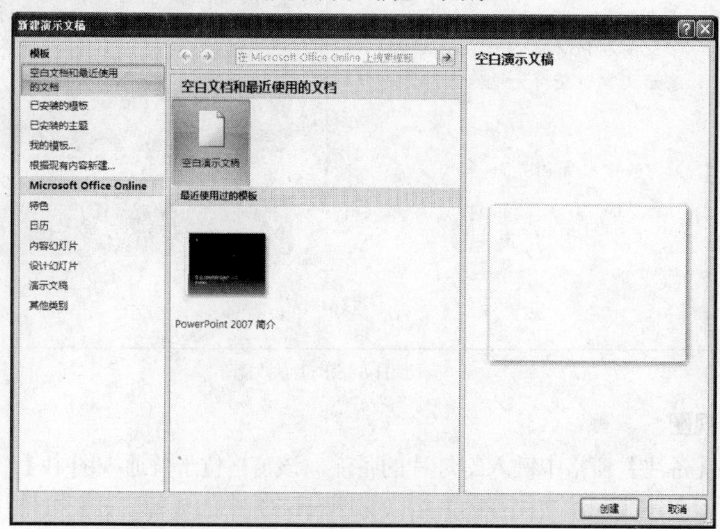

图11-8　【新建演示文稿】对话框

在【新建演示文稿】对话框中，可进行以下新建文档的操作。

- 单击【模板】窗格（最左边的窗格）中的一个命令，【模板列表】窗格（中间的窗格）会显示该组模板中的所有模板。
- 单击【模板列表】窗格中的一个模板将其选中，【模板效果】窗格（最右边的窗格）会显示该模板的效果。
- 单击 创建 按钮，即可基于所选择的模板建立一个新演示文稿。

11.3.2 保存演示文稿

PowerPoint 2007 工作时，演示文稿的内容驻留在计算机内存和磁盘的临时文件中，没有正式保存。保存演示文稿的方式有两种：保存和另存为。

一、保存

在 PowerPoint 2007 中，保存演示文稿的方法如下。

- 按 Ctrl+S 键。
- 单击【快速访问工具栏】中的按钮。
- 单击按钮，在打开的菜单中选择【保存】命令。

如果演示文稿已被保存过，系统会自动将演示文稿的最新内容保存起来。如果演示文稿从未保存过，系统要求用户指定文件的保存位置以及文件名，相当于进行另存为操作，下面将介绍。

二、另存为

另存为是指把当前编辑的演示文稿以新文件名或新的保存位置保存起来。单击按钮，在打开的菜单中选择【另存为】命令，弹出如图 11-9 所示的【另存为】对话框。

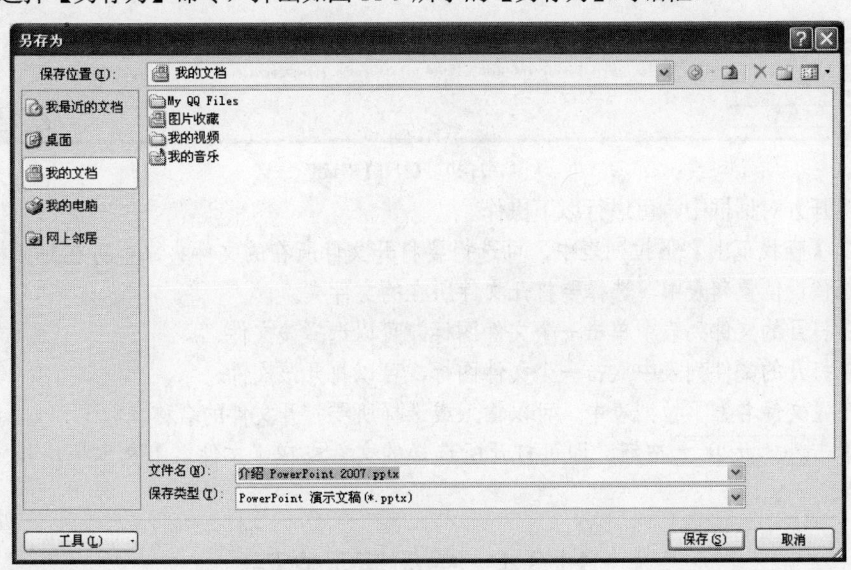

图11-9 【另存为】对话框

在【另存为】对话框中，可进行以下操作。

- 在【保存位置】下拉列表中，可选择要保存到的文件夹，也可在对话框左侧的预设保存位置列表中，选择要保存到的文件夹。
- 在【文件名】下拉列表中，可输入或选择一个文件名。

- 在【保存类型】下拉列表中，可选择要保存的文件类型。注意：PowerPoint 2007 先前版本默认的保存类型是.ppt 型文件，PowerPoint 2007 则是.pptx 型文件。
- 单击 保存(S) 按钮，即可按所进行的设置保存文件。

11.3.3　打开演示文稿

在 PowerPoint 2007 中，打开演示文稿的方法如下。

- 按 Ctrl+O 键。
- 单击按钮，在打开的菜单中选择【打开】命令。

采用以上方法，会弹出如图 11-10 所示的【打开】对话框。

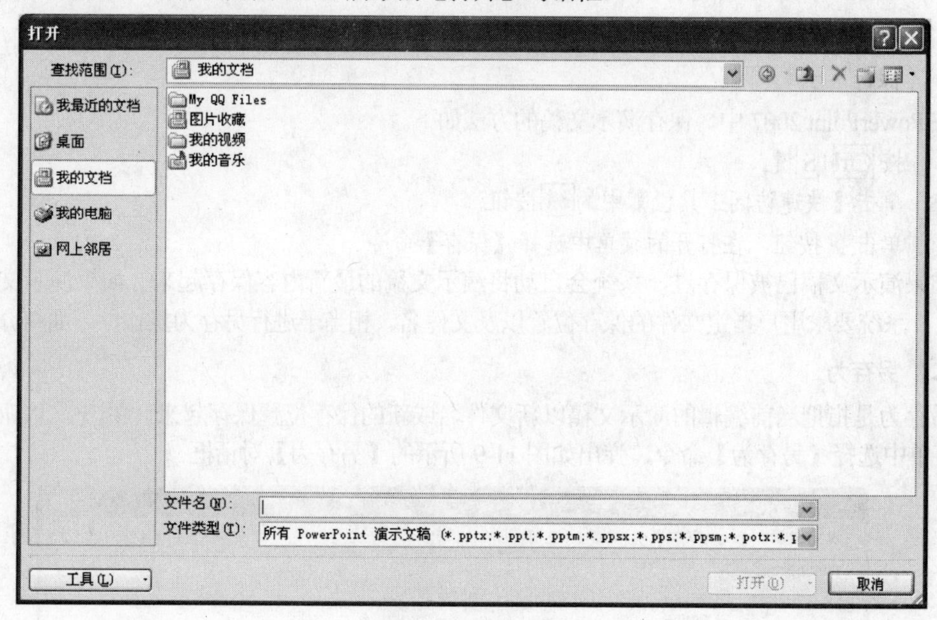

图11-10　【打开】对话框

在【打开】对话框中，可进行以下操作。

- 在【查找范围】下拉列表中，可选择要打开文件所在的文件夹，也可在对话框左侧的预设位置列表中，选择要打开文件所在的文件夹。
- 在打开的文件列表中单击一个文件图标，可以选择该文件。
- 在打开的文件列表中双击一个文件图标，可以打开该文件。
- 在【文件名】下拉列表中，可以输入或选择所要打开文件的名称。
- 单击 打开(O) 按钮，即可打开所选择的文件或在【文件名】文本框中指定的文件。

11.3.4　关闭演示文稿

在 PowerPoint 2007 中，关闭演示文稿的常用方法如下。

- 单击 PowerPoint 2007 窗口右上角的【关闭】按钮。
- 双击按钮。
- 单击按钮，在打开的菜单中选择【关闭】命令。

关闭演示文稿时，如果文档改动过，并且没有保存，系统会弹出如图 11-1 所示的【Microsoft Office PowerPoint】对话框（以“演示文稿 1”为例），让用户确定是否保存，方法同前。

11.4 习题

1. 启动 PowerPoint 2007 有哪些常用方法？
2. 退出 PowerPoint 2007 有哪些常用方法？
3. PowerPoint 2007 窗口由哪几部分组成？
4. PowerPoint 2007 有哪几种视图方式？各有什么特点？如何切换？
5. 如何新建一个演示文稿？
6. 如何保存一个演示文稿？
7. 如何把 PowerPoint 2007 的演示文稿保存为以前版本的演示文稿？
8. 如何打开一个演示文稿？
9. 如何关闭一个演示文稿？

第12讲 PowerPoint 2007的幻灯片制作

幻灯片制作是 PowerPoint 2007 的最主要功能。本讲介绍 PowerPoint 2007 的幻灯片制作。本讲课时为 4 小时。

学习目标

- ◆ 掌握建立PowerPoint 2007幻灯片的方法。
- ◆ 掌握管理PowerPoint 2007幻灯片的方法。
- ◆ 掌握设置PowerPoint 2007幻灯片静态效果的方法。
- ◆ 掌握设置PowerPoint 2007幻灯片动态效果的方法。

12.1 PowerPoint 2007 的幻灯片建立

一张幻灯片中可以包括文本、表格、形状、图片、剪贴画、艺术字、图表、音频和视频等内容。每张幻灯片都有一个版式，有若干虚线方框形式的占位符，用于规定幻灯片各内容的排放位置。占位符分为文本占位符和内容占位符两类，文本占位符中有相应的文字提示，只能输入文本；内容占位符的中央有一个图标列表，只能插入图形对象。

制作幻灯片常用的操作包括添加空白幻灯片、添加幻灯片内容、建立幻灯片链接等。

12.1.1 添加空白幻灯片

添加空白幻灯片通常可使用功能区【开始】选项卡【幻灯片】组（如图 12-1 所示）中的工具，有以下常用的方法。

- 单击【幻灯片】组中的按钮，可添加一张空白幻灯片，该幻灯片的版式是最近使用过的版式。
- 单击【幻灯片】组中的【新建幻灯片】按钮，打开一个【幻灯片版式】列表（如图 12-2 所示），从中选择一个版式，即可添加一张该版式的空白幻灯片。
- 在【幻灯片/大纲】窗格中单击鼠标右键，在弹出的快捷菜单中选择【新建幻灯片】命令，可以添加一张空白幻灯片，该幻灯片的版式是最近使用过的版式。

添加的幻灯片的位置有以下几种情况。

- 在普通视图中，在幻灯片设计窗格中制作幻灯片时添加的幻灯片，位于当前幻灯片的后面。
- 在幻灯片浏览视图中，如果选定了幻灯片，新幻灯片则位于该幻灯片的后面，否则，窗口中会出现一个垂直闪动的光条（称为光标），这时，新幻灯片位于光标处。

图12-1 【幻灯片】组

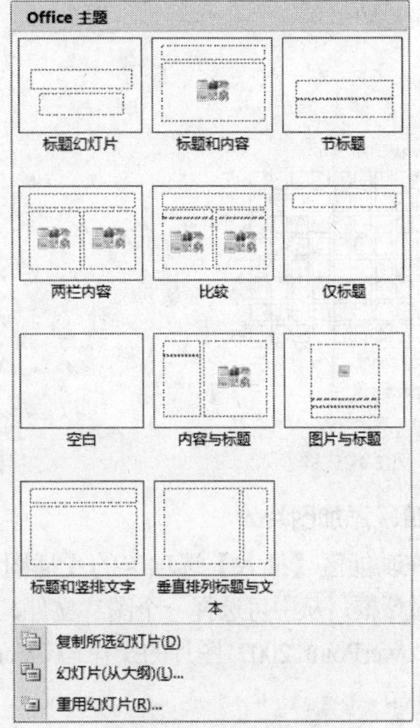

图12-2 【幻灯片版式】列表

12.1.2 添加幻灯片内容

针对幻灯片不同类型的内容，有不同的添加方法。

一、添加文本

在 PowerPoint 2007 中添加文本的方式有两种：在文本占位符中添加文本和文本框。占位符可视为文本框，有关操作可参阅“7.2.4 使用文本框”小节。在占位符或文本框中编辑文本的操作与 Word 2007 基本相同，这里不再重复，可参阅“5.3 Word 2007 的文本编辑”一节。在文本占位符或文本框中设置文本格式的操作与 Word 2007 基本相同，这里不再重复，“6.1 文字排版操作”一节。

二、添加表格

在功能区【插入】选项卡的【表格】组（如图 12-3 所示）中单击【表格】按钮，打开一个表格区（如图 12-4 所示），在表格区域拖动鼠标，幻灯片中就会出现相应行和列的表格，松开鼠标左键后，即可插入相应的表格。

PowerPoint 2007 表格的操作与 Word 2007 基本相同，这里不再重复，可参阅“7.1 Word 2007 的表格处理”小节。

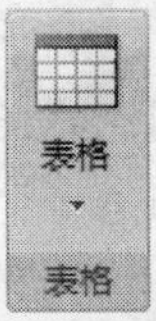

图12-3 【表格】组

三、添加形状

在功能区【插入】选项卡的【插图】组（如图 12-5 所示）中单击【形

状】按钮，打开【形状】列表，如图 12-6 所示。在【形状】列表中单击一个形状图标，鼠标指针变成+状，在幻灯片中拖动鼠标即可绘制相应的形状。

PowerPoint 2007 形状的操作与 Word 2007 基本相同，这里不再重复，可参阅“7.2.1 使用形状”小节。

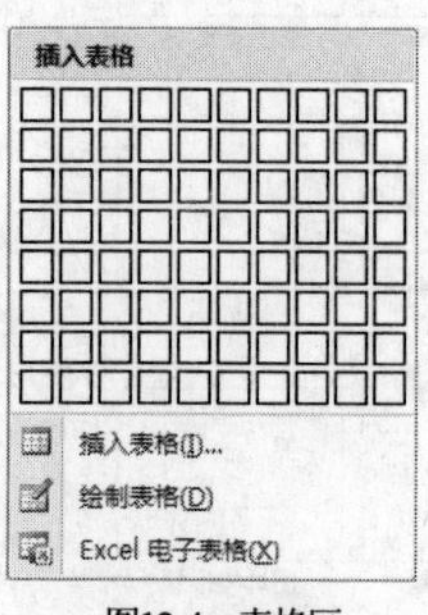

图12-4 表格区

图12-5 【插图】组

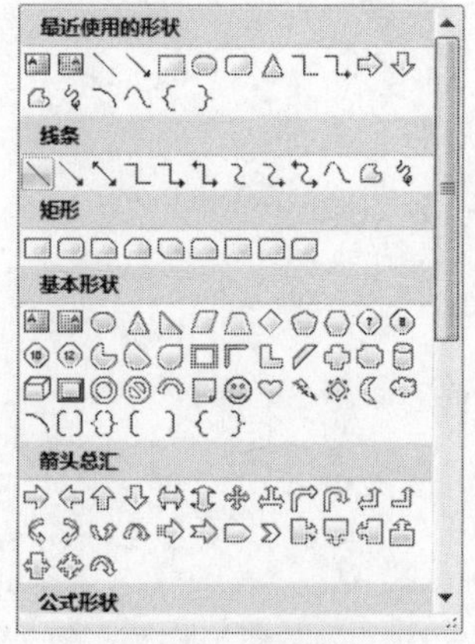

图12-6 【形状】列表

四、添加图片

在功能区【插入】选项卡的【插图】组（见图 12-5）中单击【图片】按钮，打开【插入图片】对话框，从中可选择一个图片文件，插入到幻灯片中。

PowerPoint 2007 图片的操作与 Word 2007 基本相同，这里不再重复，可参阅“7.2.2 使用图片”小节。

五、添加剪贴画

在功能区【插入】选项卡的【插图】组（见图 12-5）中，单击【剪贴画】按钮，窗口中出现【剪贴画】任务窗格，通过该窗格可选择一个图片文件，插入到幻灯片中。

PowerPoint 2007 剪贴画的操作与 Word 2007 的基本相同，这里不再重复，可参阅“7.2.3 使用剪贴画”小节。

六、添加艺术字

在功能区【插入】选项卡的【文本】组（如图 12-7 所示）中，单击【艺术字】按钮，打开【艺术字样式】列表，从中选择一种艺术字样式，再在弹出的【编辑艺术字文字】对话框中输入艺术字文字，在幻灯片中插入相应的艺术字。

图12-7 【文本】组

PowerPoint 2007 艺术字的操作与 Word 2007 的基本相同，这里不再重复，可参阅“7.2.5 使用艺术字”小节。

七、添加图表

在功能区【插入】选项卡的【插图】组（见图 12-5）中单击【图表】按钮，弹出如图 12-8 所示的【插入图表】对话框，从中选择一种图表类型及其子类型，单击 确定 按钮，即可在幻灯片中插入一个默认数据清单的图表，同时打开一个 Excel 2007 窗口（如图 12-9 所示），在该窗口中，可根据需要更改数据清单中的数据，幻灯片中的图表会同步更改。

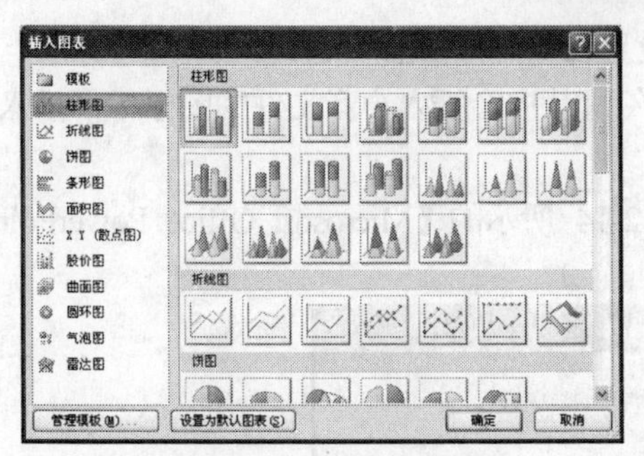

图12-8 【插入图表】对话框

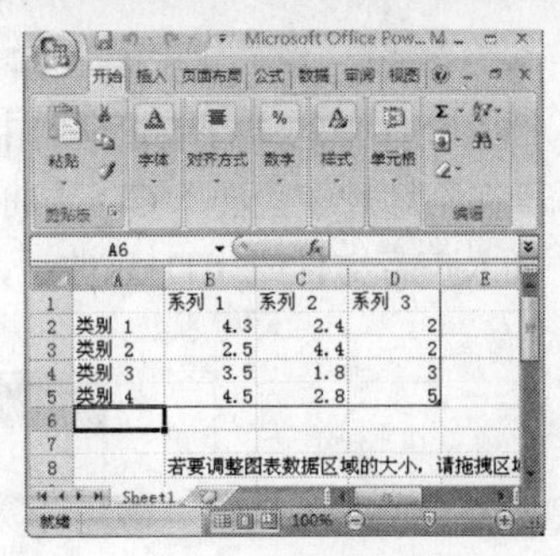

图12-9 Excel 2007 窗口

PowerPoint 2007 图表的操作与 Excel 2007 基本相同，这里不再重复，可参阅“10.4 Excel 2007 图表的使用”小节。

八、添加音频

幻灯片中的音频有 3 类：文件中的声音、剪辑管理器中的声音和 CD 乐曲。

(1) 插入文件中的声音。

在功能区【插入】选项卡的【媒体剪辑】组（如图 12-10 所示）中单击【声音】按钮，打开【声音】菜单（如图 12-11 所示），从中选择【文件中的声音】命令，弹出【插入声音】对话框，可从中选择一个声音文件插入到幻灯片中。

图12-10 【媒体剪辑】组

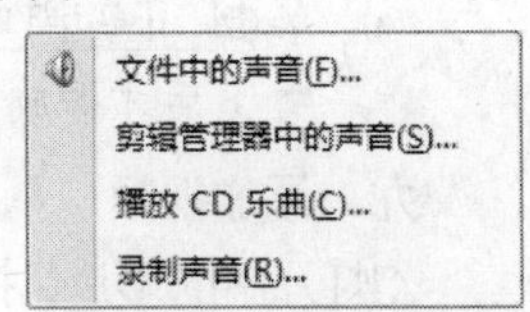

图12-11 【声音】菜单

(2) 插入剪辑管理器中的声音。

在【声音】菜单（见图 12-11）中选择【剪辑管理器中的声音】命令，窗口中会出现如图 12-12 所示的【剪贴画】任务窗格。

在【剪贴画】任务窗格中，可进行以下操作。

- 在【搜索文字】文本框内，可输入所需要声音的名称或类别。
- 在【搜索范围】下拉列表中，可选择要搜索的文件夹。
- 在【结果类型】下拉列表中，可选择要搜索声音的类型。
- 单击 搜索 按钮，在任务窗格中会列出所搜索到的声音文件的图标。
- 单击某一声音文件图标，即可将该声音插入到幻灯片中。

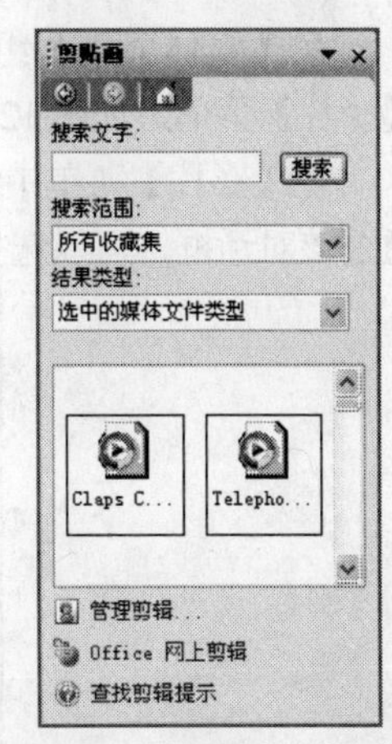

图12-12 【剪贴画】任务窗格

(3) 插入 CD 乐曲。

在【声音】菜单（见图 12-11）中选择【播放 CD 乐曲】命令，弹出如图 12-13 所示的【插入 CD 乐曲】对话框。

在【插入 CD 乐曲】对话框中，可进行以下操作。

- 在【开始曲目】数值框中，可输入或调整开始的曲目。
- 在【结束曲目】数值框中，可输入或调整结束的曲目。
- 选择【循环播放，直到停止】复选项，则在播放 CD 乐曲时循环播放。
- 选择【幻灯片放映时隐藏声音图标】复选项，则在幻灯片放映时不显示声音图标。

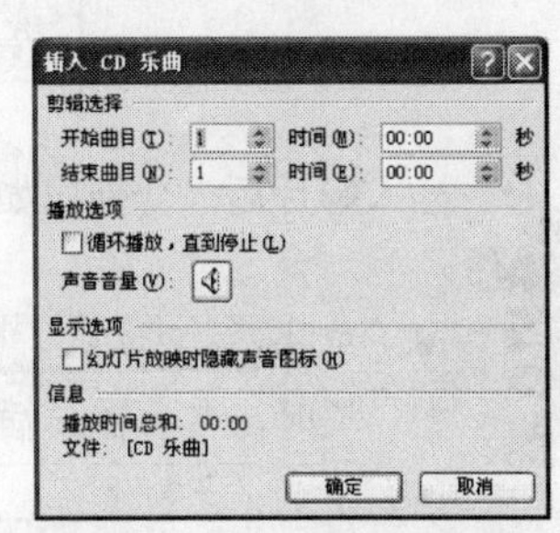

图12-13 【插入 CD 乐曲】对话框

- 单击【确定】按钮，即可按所进行的设置在幻灯片中插入CD乐曲。

插入文件中的声音或管理器中的声音后，在幻灯片中会插入声音文件的图标；插入CD乐曲后，在幻灯片中会插入CD乐曲的图标。

插入声音文件或CD乐曲后，会弹出如图12-14所示的【Microsoft Office PowerPoint】对话框。

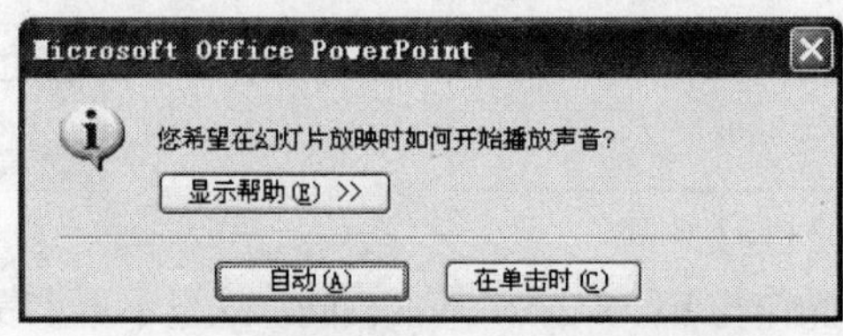

图12-14 【Microsoft Office PowerPoint】对话框

在【Microsoft Office PowerPoint】对话框中，可进行以下操作。

- 单击【自动(A)】按钮，则在幻灯片放映时，自动播放插入的声音。
- 单击【在单击时(C)】按钮，则在幻灯片放映时，只有单击声音图标（CD乐曲图标）后才播放声音（CD乐曲）。

九、添加视频

幻灯片中的影片包括文件中的影片和剪辑管理器中的影片。

(1) 插入文件中的影片。

在【媒体剪辑】组（见图12-10）中单击【影片】按钮，打开【影片】菜单，如图12-15所示。

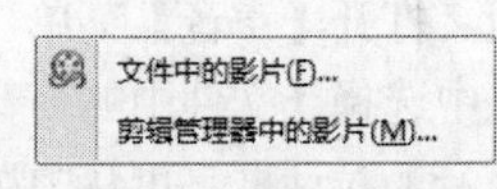

图12-15 【影片】菜单

在【影片】菜单中选择【文件中的影片】命令，弹出如图12-16所示的【插入影片】对话框。通过该对话框，可以选择一个影片文件插入到幻灯片中。

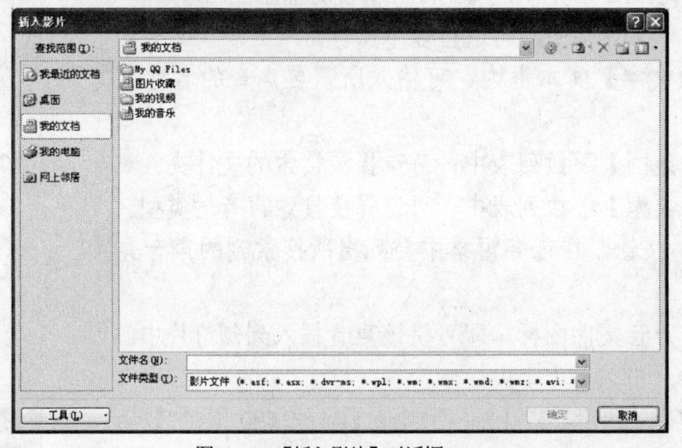

图12-16 【插入影片】对话框

插入影片后，会弹出如图12-17所示的【Microsoft Office PowerPoint】对话框，从中可进行以下操作。

图12-17 【Microsoft office PowerPoint】对话框

- 单击【自动(A)】按钮，则在幻灯片放映时，自动播放插入的影片。
- 单击【在单击时(C)】按钮，则在幻灯片放映时，只有单击声音影片区域才播放该影片。

(2) 插入剪辑管理器中的影片。

在【影片】菜单中选择【剪辑管理器中的影片】命令，窗口中会出现类似图 12-12 所示的【剪贴画】任务窗格。通过该任务窗格，可以选择一个影片文件插入到幻灯片中。

在幻灯片中插入影片后，对影片可以进行以下操作。

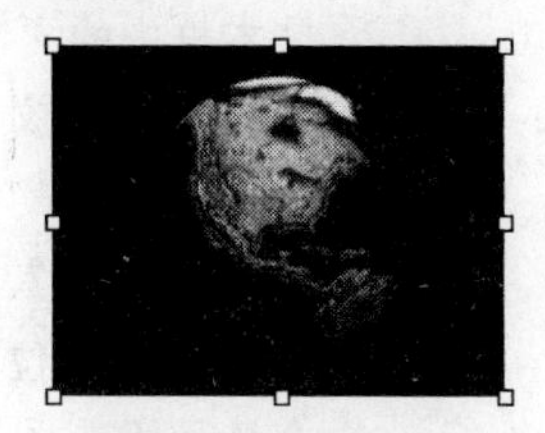

图12-18 选定后的影片

- 将鼠标指针移动到影片上，鼠标指针变成✥状，拖动鼠标可以改变影片的位置。
- 单击影片将其选定，影片周围会出现 8 个尺寸控点，如图 12-18 所示。
- 选定影片后，将鼠标指针移动到影片的尺寸控点上，鼠标指针变成↕、↔、↘或↗状，拖动鼠标可改变影片的大小。
- 选定影片后，按 Delete 键或 Backspace 键可以删除该影片。

12.1.3 建立幻灯片链接

幻灯片链接是指幻灯片中的某个对象（称链接对象）与另外一个对象（被链接对象）的关联。链接对象可以是幻灯片中的文本、图片等，还可以是 PowerPoint 2007 预置的动作按钮。被链接对象可以是当前演示文稿中的幻灯片，也可以是其他演示文稿中的某张幻灯片，或者是 Internet 上的某个网页或电子邮件地址。幻灯片放映时，单击链接对象，就会自动跳转到被链接对象。

一、建立超链接

在 PowerPoint 2007 中，只能为文本、文本占位符、文本框和图片等建立超链接。在演示文稿中，按 Ctrl+K 键或单击功能区【插入】选项卡【链接】组（如图 12-19 所示）中的【超链接】按钮，弹出如图 12-20 所示的【插入超链接】对话框。

超链接 动作
链接

图12-19 【链接】组

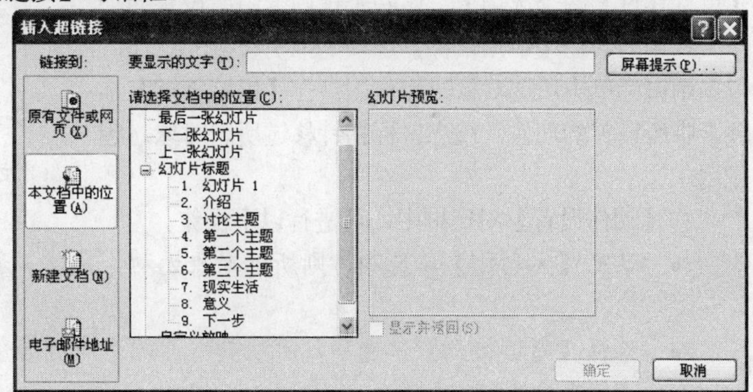

图12-20 【插入超链接】对话框

建立超级链接前，用户选定不同的对象，会影响【插入超链接】对话框中【要显示的文字】编辑框的内容，具体来说有以下 3 种情况。

- 没有选定对象，【要显示的文字】编辑框的内容为空白，可以对其编辑。
- 选定了文本，【要显示的文字】编辑框的内容为该文本，可以对其编辑。
- 选定了文本占位符、文本框、图片等，【要显示的文字】编辑框的内容为"<<在文档中选定的内容>>"，此时不可编辑。

在【插入超链接】对话框中，可进行以下操作。

- 【要显示的文字】编辑框如果可编辑，则可在该编辑框中输入或编辑文本。

- 单击 屏幕提示(P)... 按钮，弹出如图 12-21 所示的【设置超级链接屏幕提示】对话框，在【屏幕提示文字】文本框中，可以输入用于屏幕提示的文字。在幻灯片放映时，把鼠标指针移动到带链接的文本或图形上时，屏幕上会出现【屏幕提示文字】文本框中的文字。

图12-21 【设置超级链接屏幕提示】对话框

- 在【请选择文档中的位置】列表框中，可以选择【第一张幻灯片】、【最后一张幻灯片】、【下一张幻灯片】、【上一张幻灯片】等，指定超级链接的相对位置，同时在【幻灯片预览】框内会显示所选择幻灯片的预览图。
- 单击【幻灯片标题】左边的⊞按钮，展开幻灯片标题，可从中选择一张幻灯片，指定超级链接的绝对位置，同时在【幻灯片预览】框内会显示所选择幻灯片的预览图。
- 单击 确定 按钮，即可按所进行的设置建立超链接。

要删除超链接，先选定建立链接的对象，用建立超链接的方法打开【插入超链接】对话框，该对话框比图 12-20 所示的对话框多了一个 删除链接(R) 按钮，单击该按钮即可删除超链接。

二、设置动作

为某一个对象设置动作的方法是：选定某对象后，在功能区【插入】选项卡的【链接】组（见图 12-19）中单击【动作】按钮，弹出如图 12-22 所示的【动作设置】对话框。

在【动作设置】对话框中，有【单击鼠标】和【鼠标移过】两个选项卡，这两个选项卡中所设置的动作大致相同。在【单击鼠标】选项卡中所设置的动作，仅当用鼠标单击所选对象时起作用；在【鼠标移过】选项卡中所设置的动作，仅当鼠标指针移过所选对象时起作用。

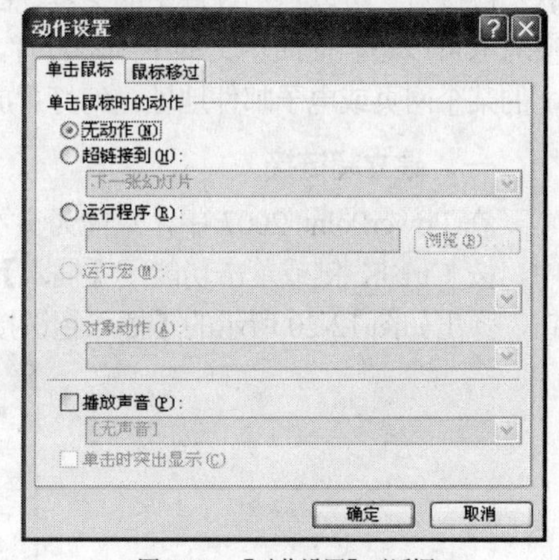

图12-22 【动作设置】对话框

在【动作设置】对话框中，可进行以下操作。

- 选择【无动作】单选项，则所选对象无动作。这一选项用来取消对象已设置的动作。
- 选择【超链接到】单选项，可从其下面的下拉列表中选择所链接到的幻灯片，或【结束放映】命令。
- 选择【运行程序】单选项，可在其下面的编辑框内输入程序的文件名，或者单击 浏览(B)... 按钮，从弹出的对话框中指定程序文件。
- 选择【播放声音】复选项，可从其下面的下拉列表中选择所需的声音。
- 单击 确定 按钮，即可完成动作设置。

三、建立动作按钮

动作按钮是系统预置的某些形状（如左箭头和右箭头），这些形状预置了相应的动作。在功能区【插入】选项卡的【插图】组（见图 12-5）中单击【形状】按钮，打开【形状】列表，【形状】列表的最后一组是【动作按钮】组，如图 12-23 所示。

动作按钮

图12-23 【动作按钮】组

在【动作按钮】组中单击一个动作按钮后，鼠标指针变成十状，此时在幻灯片中拖动鼠标，即可绘制出相应大小的动作按钮。如果在幻灯片中单击鼠标，即可绘制出默认大小的动作按钮。绘制出动作按钮后，会自动打开【动作设置】对话框（与图 12-22 所示的对话框类似，不同之处是根据插入的动作按钮，设置了相应的动作），从中可更改按钮的动作。

如果要删除动作按钮，先单击动作按钮，然后按Delete键或Backspace键即可。

12.2 PowerPoint 2007 的幻灯片管理

PowerPoint 2007 幻灯片管理常用的操作有选定幻灯片、移动幻灯片、复制幻灯片和删除幻灯片等。

12.2.1 选定幻灯片

选定幻灯片的常用方法如下。

- 单击幻灯片图标或幻灯片缩略图，即可选定该幻灯片。
- 选定一张幻灯片后，按住Shift键，再单击另一张幻灯片图标或幻灯片缩略图，即可选定这两张幻灯片之间的所有幻灯片。
- 选定一张幻灯片后，按住Ctrl键，再单击另一张幻灯片图标或幻灯片缩略图，若该幻灯片被选定，则可取消对该幻灯片的选定，否则选定该幻灯片。
- 按Ctrl+A键，或在功能区【开始】选项卡的【编辑】组中单击 选择 按钮，在打开的菜单中选择【全选】命令，即可选定所有的幻灯片。

选定幻灯片后，在幻灯片外的空白处单击鼠标，即可取消对幻灯片的选定。

12.2.2 移动幻灯片

移动幻灯片即指改变演示文稿中幻灯片的顺序，有以下几种常用方法。

- 拖动幻灯片图标或幻灯片缩略图，可将幻灯片移动到目标位置。
- 先选定要移动的多张幻灯片，再拖动所选定幻灯片中的某一张幻灯片，即可将选定的幻灯片移动到目标位置。
- 先把要移动的幻灯片剪切到剪贴板上，再从剪贴板上粘贴到一幻灯片的后面即可。

12.2.3 复制幻灯片

复制幻灯片的常用方法如下。

- 按住Ctrl键拖动幻灯片图标或幻灯片缩略图，即可在目标位置复制该幻灯片。
- 先选定要复制的多张幻灯片，再按住Ctrl键拖动所选定幻灯片中的某一张幻灯片，即可将选定的幻灯片复制到目标位置。
- 先把选定的幻灯片复制到剪贴板上，再从剪贴板上粘贴到一张幻灯片的后面即可。

12.2.4 删除幻灯片

选定一张或多张幻灯片后，按 Delete 键或 Backspace 键，或把选定的幻灯片剪切到剪贴板上，都可以删除所选定的幻灯片。在大纲选项卡中删除幻灯片（剪切到剪贴板上除外）时，如果幻灯片中包含注释页或图形，则会弹出如图 12-24 所示的【Microsoft Office PowerPoint】对话框，让用户确定是否删除。

图12-24 【Microsoft Office PowerPoint】对话框

12.3 PowerPoint 2007 的幻灯片静态效果设置

幻灯片的静态效果设置包括更换版式、更换主题、更换背景、更改母版、设置页面、设置页眉和页脚等。

12.3.1 更换版式

幻灯片版式是指幻灯片的内容在幻灯片上的排列方式，由占位符组成。在制作幻灯片时，首先要指定张幻灯片的版式，制作完幻灯片后，还可以更换幻灯片的版式。要更换幻灯片版式，先选定要更换版式的幻灯片，然后在功能区【开始】选项卡的【幻灯片】组（如图 12-25 所示）中单击 版式 按钮，打开【版式】列表（如图 12-26 所示），从中单击一个版式图标，即可把当前幻灯片设定为该版式。

图12-25 【幻灯片】组

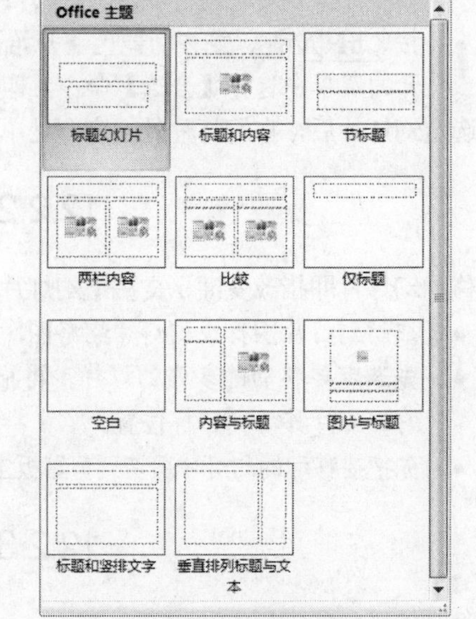

图12-26 【版式】列表

更换幻灯片版式有以下几个特点。

- 更换版式后，幻灯片的位置不发生变化。
- 更换版式后，幻灯片的内容不会因版式的更换而丢失。
- 更换版式后，幻灯片内容的格式会随版式的更换而更改。

- 如果新版式中有与旧版式不同的占位符，则幻灯片中会自动添加一个空占位符。
- 如果旧版式中有与新版式不同的占位符，则原来占位符的位置及其内容不变。

图 12-27 是使用【内容与标题】版式的幻灯片，更换为【垂直排列标题与文本】版式后则如图 12-28 所示。

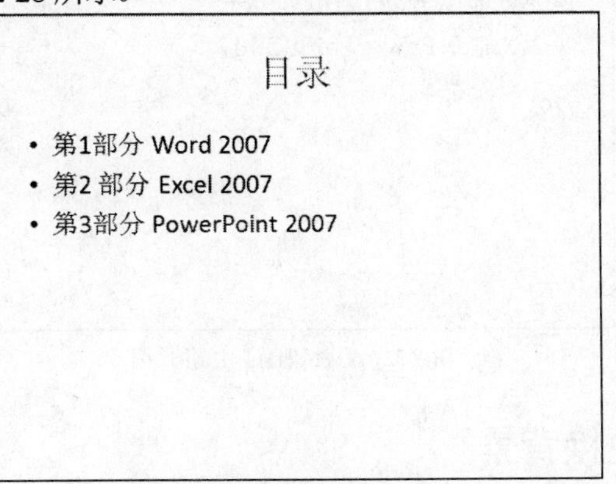

图12-27 【内容与标题】版式的幻灯片

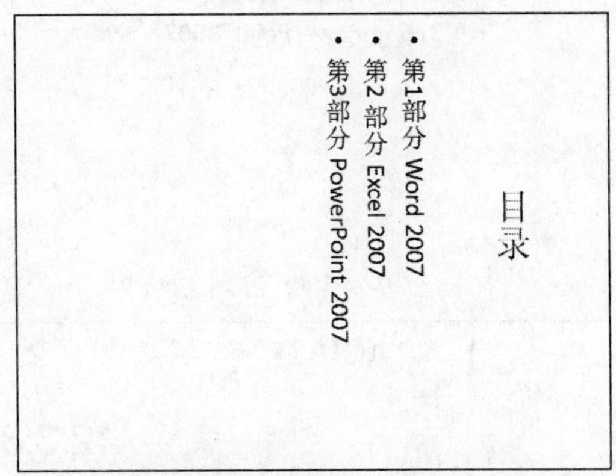

图12-28 【垂直排列标题与文本】版式的幻灯片

12.3.2 更换主题

文档主题由一组格式选项构成，包括一组主题颜色、一组主题字体以及一组主题效果。每个演示文稿内都包含一个主题，默认主题是【Office 主题】。通过功能区【设计】选项卡【主题】组（如图 12-29 所示）中的工具，可以更换主题，常用的操作如下。

图12-29 【主题】组

- 单击【主题】列表中的一种主题，即可应用该主题。
- 单击【主题】列表中的▲（▼）按钮，主题上（下）翻一页。
- 单击【主题】列表中的▼按钮，打开【主题】列表（如图 12-30 所示），可从中选择一种主题，该主题即应用于当前演示文稿。

图12-30 【主题】列表

- 单击 颜色 按钮，打开【主题颜色】列表，可从中选择一种主题颜色，应用该主题颜色。
- 单击 字体 按钮，打开【主题字体】列表，可从中选择一种主题字体，应用该主题字体。
- 单击 效果 按钮，打开【主题效果】列表，可从中选择一种主题效果，应用该主题效果。

图 12-31 是【夏至】主题的幻灯片，图 12-32 是【龙腾四海】主题的幻灯片。

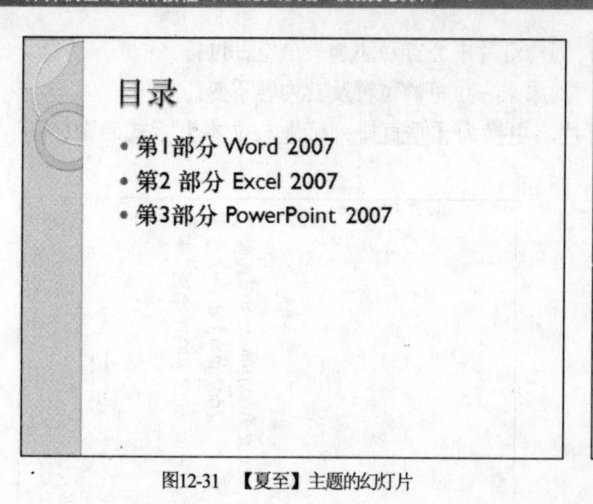

目录
第1部分 Word 2007
第2 部分 Excel 2007
第3部分 PowerPoint 2007
图12-31　【夏至】主题的幻灯片

目录
第1部分 Word 2007
第2 部分 Excel 2007
第3部分 PowerPoint 2007
图12-32　【龙腾四海】主题的幻灯片

12.3.3　更换背景

幻灯片的主题中一般会设置相应的背景，用户还可以改变背景。用户可以从幻灯片主题所包含的背景样式中选择一种背景样式，也可以自定义背景。自定义背景有纯色填充、渐变填充、纹理填充和图片填充等几种方式。

一、选择背景样式

背景样式是 PowerPoint 2007 主题中预置的纯色填充和渐变填充样式。不同的主题有不同的背景样式，通常，每种主题预置有 13 种背景样式。

选定要更换背景的幻灯片，然后在功能区【设计】选项卡的【背景】组（如图 12-33 所示）中单击 背景样式 按钮，打开如图 12-34 所示的【背景样式】列表，从中选择一种背景样式，即可将所选定的幻灯片设置成相应的背景样式。

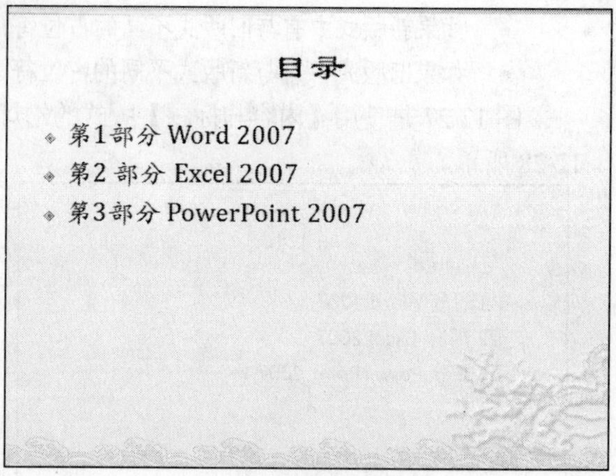

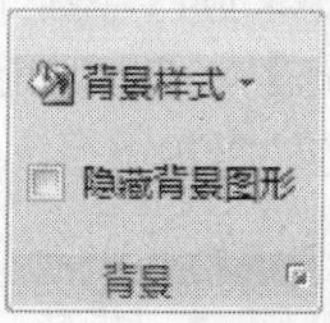

背景样式
隐藏背景图形
背景
图12-33　【背景】组

图 12-35 是应用背景样式后的幻灯片。

设置背景格式(B)...
重置幻灯片背景(R)
图12-34　【背景样式】列表

目录
第1部分 Word 2007
第2 部分 Excel 2007
第3部分 PowerPoint 2007
图12-35　应用背景样式后的幻灯片

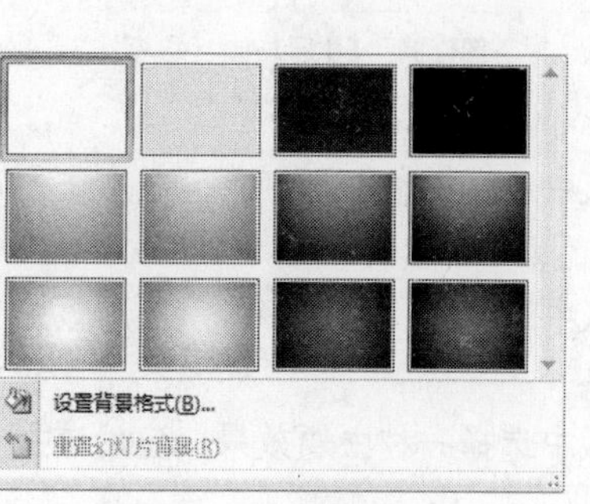

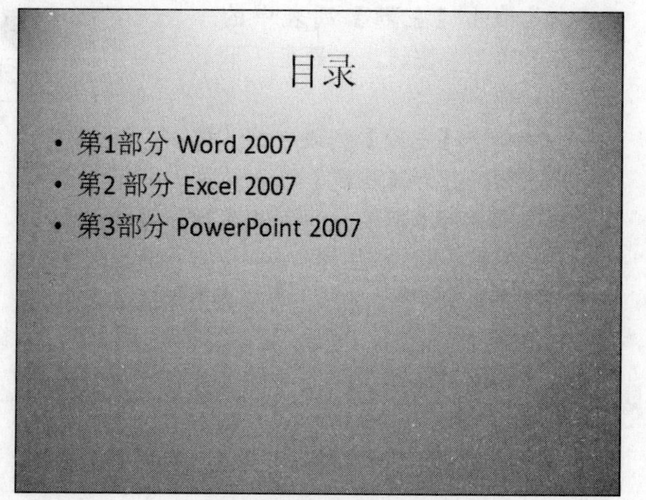

二、自定义背景

在【背景样式】列表（见图 12-34）中选择【设置背景格式】命令，弹出如图 12-36 所示的【设置背景格式】对话框，从中可进行以下操作。

- 选择【纯色填充】单选项，则背景为纯色填充，可在详细设置区（见图 12-36）中根据需要设置纯色填充。

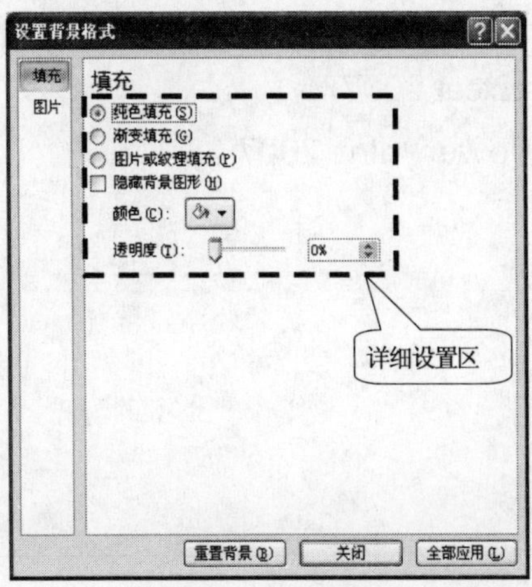

图12-36 【设置背景格式】对话框

- 选择【渐变填充】单选项，则背景为渐变填充，可在详细设置区（如图 12-37 所示）中根据需要设置渐变填充。
- 选择【图片或纹理填充】单选项，则背景为图片或纹理填充，可在详细设置区（如图 12-38 所示）中根据需要设置图片或纹理填充。
- 选择【隐藏背景图形】复选项，则背景中不显示背景图形。
- 单击 重置背景(B) 按钮，可把背景还原为设置前的背景。
- 单击 关闭 按钮，可把所设置的背景应用于所选定的幻灯片。
- 单击 全部应用(T) 按钮，可把所设置的背景应用于所有的幻灯片。

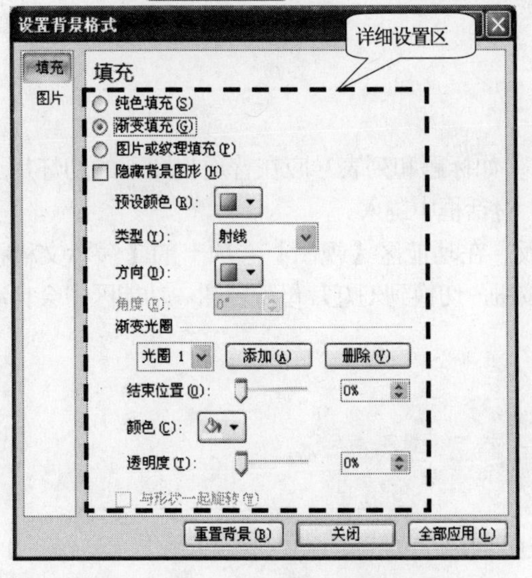

图12-37 【渐变填充】详细设置

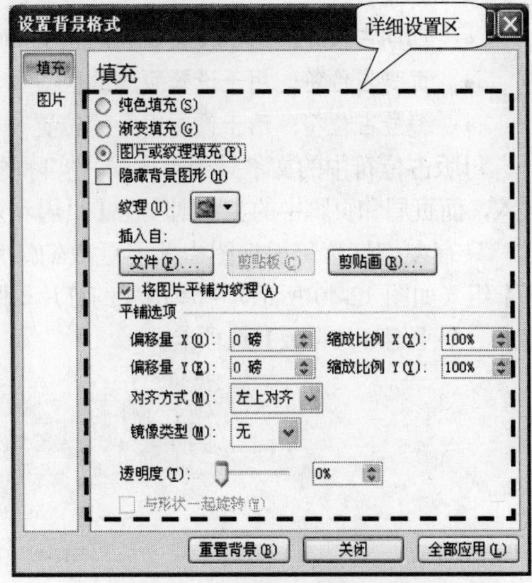

图12-38 【图片或纹理填充】详细设置

图 12-39 是进行纹理填充背景的幻灯片。

目录
• 第1部分 Word 2007
• 第2 部分 Excel 2007
• 第3部分 PowerPoint 2007

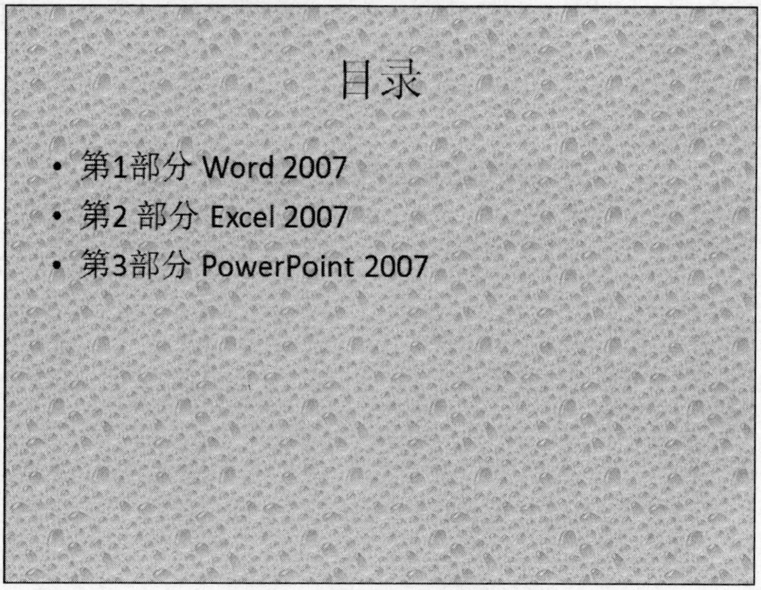

图12-39　进行纹理填充背景的幻灯片

12.3.4　更改母版

幻灯片母版存储有幻灯片的模板信息，包括字形、占位符的大小和位置、主题和背景等。幻灯片母版的主要用途是使用户能方便地进行全局更改（如替换字形、添加背景等），并使该更改应用到演示文稿中的所有幻灯片。

幻灯片母版中有以下几个占位符。

- 标题占位符：用于设置标题的位置和样式。
- 对象占位符：用于设置对象的位置和样式。
- 日期占位符：用于设置日期的位置和样式。
- 页脚占位符：用于设置页脚的位置和样式。
- 编号占位符：用于设置编号的位置和样式。

母版占位符中的文本只用于样式，实际的文本（如标题和列表）应在普通视图下的幻灯片上键入，而页眉和页脚中的文本则应在【页眉和页脚】对话框中键入。

只有在幻灯片母板视图中才能更改幻灯片母板。在功能区【视图】选项卡的【演示文稿视图】组（如图 12-40 所示）中单击【幻灯片母版】按钮，切换到幻灯片母版视图，功能区中会自动增加一个【幻灯片母版】选项卡。

普通视图
幻灯片浏览
备注页
幻灯片放映
幻灯片母版
讲义母版
备注母版
演示文稿视图

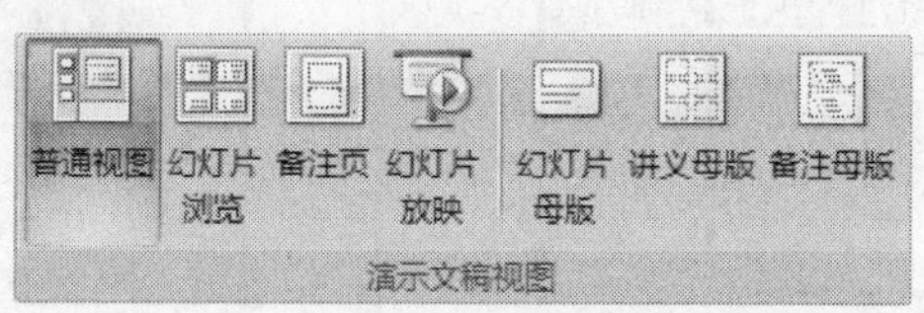

图12-40　【演示文稿视图】组

母版视图包括两个窗格，左边的窗格为幻灯片缩略图窗格，右边的窗格为幻灯片窗格。在幻灯片缩略图窗格（如图 12-41 所示）中，第 1 个较大的缩略图为幻灯片母版缩略图，相关的版式缩略图位于其下方。

在幻灯片缩略图窗格中单击幻灯片母版缩略图，幻灯片窗格如图 12-42 所示；单击版式缩略图（以第 1 个版式为例），幻灯片窗格如图 12-43 所示。

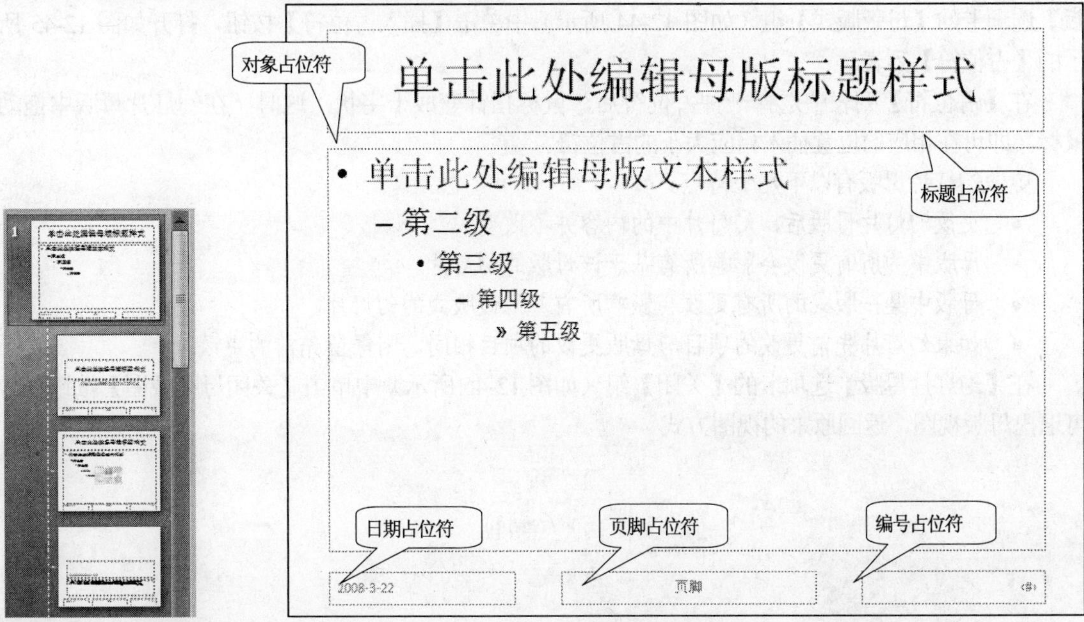

图12-41　幻灯片缩略图窗格　　图12-42　幻灯片母版

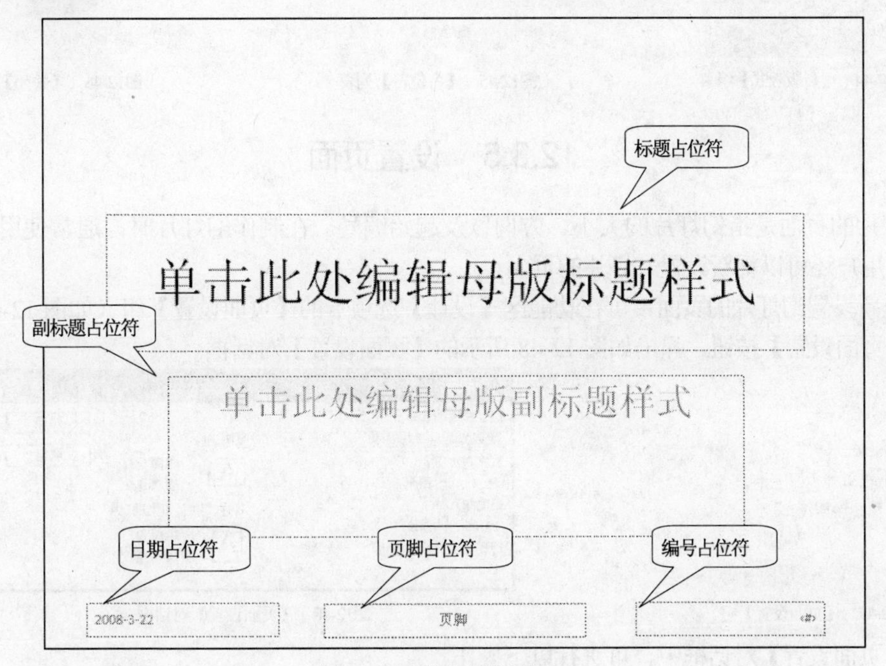

图12-43　标题幻灯片版式母版

用户可以像更改演示文稿中的幻灯片一样更改幻灯片母版，常用的操作有以下几种。

- 更改字体或项目符号。

- 更改占位符的位置和大小。
- 更改背景颜色、背景填充效果或背景图片。
- 插入新对象。

与更改演示文稿中的幻灯片不一样的是，在幻灯片母版中可以插入占位符。在【幻灯片母版】选项卡的【母版版式】组（如图 12-44 所示）中单击【插入占位符】按钮，打开如图 12-45 所示的【占位符】列表。

在【占位符】列表中选择一种占位符后，鼠标指针变成十字状，这时，在幻灯片母版中拖动鼠标，即可在相应的位置插入相应大小的占位符。

更改幻灯片母版有以下几个特点。

- 更改幻灯片母版后，幻灯片中的内容并不改变。
- 母版中的所有更改会影响所有基于该母版的幻灯片。
- 母版中某一版式的所有更改会影响所有基于该版式的幻灯片。
- 如果幻灯片先前更改的项目与母版更改的项目相同，则保留先前的更改。

在【幻灯片母版】选项卡的【关闭】组（如图 12-46 所示）中单击【关闭母版视图】按钮，即可退出母版视图，返回原来的视图方式。

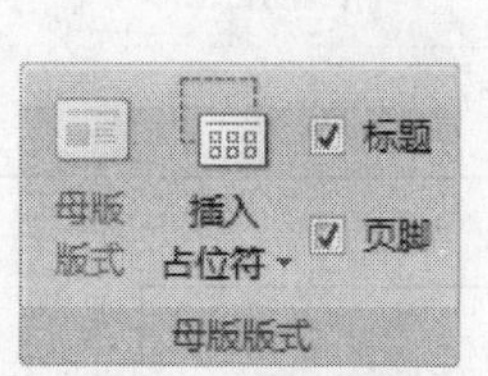

图12-44 【母版版式】组

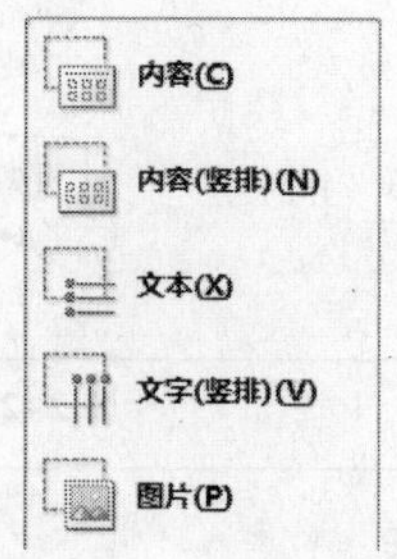

图12-45 【占位符】列表

图12-46 【关闭】组

12.3.5 设置页面

幻灯片的页面是指幻灯片的大小、方向以及起始编号。在制作幻灯片时，通常使用默认的页面设置。用户还可以重新设置幻灯片的页面。

要重新设置幻灯片的页面，可在功能区【设计】选项卡的【页面设置】组（如图 12-47 所示）中单击【页面设置】按钮，弹出如图 12-48 所示的【页面设置】对话框。

图12-47 【页面设置】组

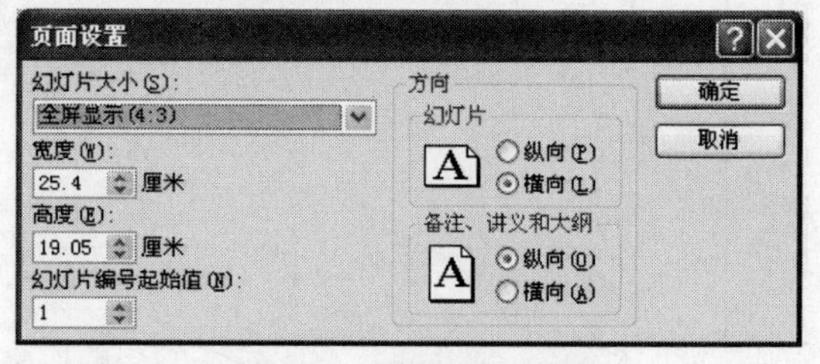

图12-48 【页面设置】对话框

在【页面设置】对话框中，可进行以下操作。

- 在【幻灯片大小】下拉列表中，可选择一种幻灯片大小的比例。
- 在【宽度】数值框中，可输入或调整幻灯片的宽度。
- 在【高度】数值框中，可输入或调整幻灯片的高度。

- 在【幻灯片编号起始值】数值框中，可输入或调整幻灯片编号的起始值。
- 选择【幻灯片】组的【纵向】单选项，幻灯片的方向为纵向。
- 选择【幻灯片】组的【横向】单选项，幻灯片的方向为横向。
- 选择【备注、讲义和大纲】组的【纵向】单选项，备注、讲义和大纲的方向为纵向。
- 选择【备注、讲义和大纲】组的【横向】单选项，备注、讲义和大纲的方向为横向。
- 单击 确定 按钮，即可完成页面设置，关闭该对话框。

12.3.6　设置页眉和页脚

在幻灯片母版中，预留了日期、页脚和编号等 3 种占位符，统称为页眉和页脚。默认情况下，页眉和页脚都不显示，用户可通过【页眉和页脚】对话框使某个或全部的页眉和页脚显示出来，还可以设置页脚的内容。

在功能区【插入】选项卡的【文本】组（如图 12-49 所示）中单击【页眉和页脚】按钮，弹出如图 12-50 所示的【页眉和页脚】对话框，当前选项卡是【幻灯片】选项卡。

图12-49　【文本】组

在【幻灯片】选项卡中，可进行以下操作。

- 选择【日期和时间】复选项，可在幻灯片的日期占位符中添加日期和时间，否则不能添加日期和时间。
- 选择【日期和时间】复选项后，如果再选择【自动更新】单选项，系统将自动插入当前的日期和时间，插入的日期和时间会根据演示时的日期和时间自动更新。插入日期和时间后，还可从【自动更新】下方的 3 个下拉列表中选择日期和时间的格式、日期和时间所采用的语言、日期和时间所采用的日历类型等。

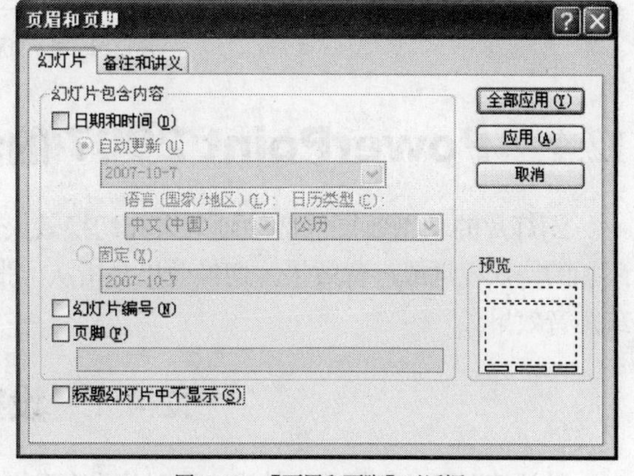

图12-50　【页眉和页脚】对话框

- 选择【日期和时间】复选项后，如果再选择【固定】单选项，则可直接在其下面的文本框中输入日期和时间，插入的日期和时间不会根据演示时的日期和时间自动更新。
- 选择【幻灯片编号】复选项，可在幻灯片的数字占位符中显示幻灯片编号，否则不显示幻灯片编号。
- 选择【页脚】复选项，可在幻灯片的页脚占位符中显示页脚，否则不显示页脚。页脚的内容可在其下面的文本框中输入。
- 选择【标题幻灯片中不显示】复选项，则在标题幻灯片中不显示页眉和页脚，否则显示页眉和页脚。

- 单击 全部应用(Y) 按钮，即可对所有的幻灯片设置页眉和页脚，同时关闭该对话框。
- 单击 应用(A) 按钮，则只对当前幻灯片或选定的幻灯片设置页眉和页脚，同时关闭该对话框。

设置了页眉和页脚后，幻灯片中会显示出相应的页眉和页脚，如图 12-51 所示。在 PowerPoint 2007 中，对显示出来的页眉和页脚，可以改变它们的内容和格式，这些改变仅对当前幻灯片起作用。要使页眉和页脚的内容对所有的幻灯片起作用，应通过【页眉和页脚】对话框进行设置，并且完成前单击 全部应用(Y) 按钮。要使页眉和页脚的格式对所有的幻灯片起作用，应在幻灯片母版的相应占位符中设置相应的格式。

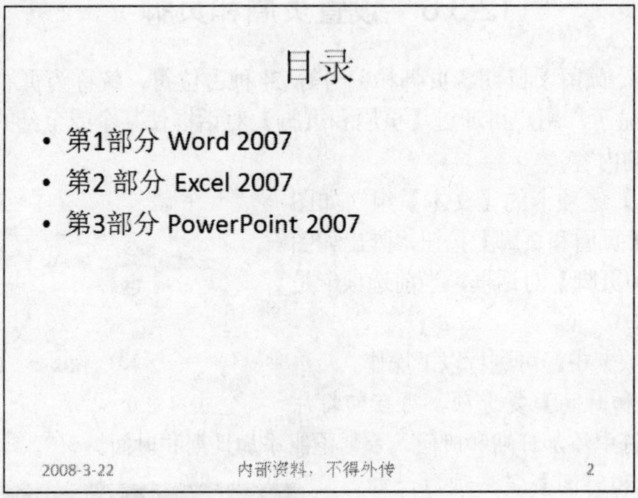

图12-51 显示页眉和页脚的幻灯片

12.4 PowerPoint 2007 的幻灯片动态效果设置

幻灯片的动态效果包括动画效果和切换效果。动画效果是指在一张幻灯片内，给文本或对象添加的特殊视觉或声音效果。切换效果是指从一张幻灯片切换到另一张幻灯片时，添加的特殊视觉或声音效果。

12.4.1 设置动画效果

默认情况下，幻灯片中的文本和对象没有动画效果。制作完幻灯片后，用户可根据需要给文本设置相应的动画效果。设置动画效果常用的方法有两种：应用预置动画和自定义动画。

一、应用预置动画

预置动画是指系统为文字已设定好的动画方案，PowerPoint 2007 预置有 3 种动画方案：【淡出】、【擦除】和【飞入】。

在功能区【动画】选项卡的【动画】组（如图 12-52 所示）中，对于标题占位符，【动画】下拉列表中只有【淡出】、【擦除】和【飞入】等 3 种动画方案，如图 12-53 所示；对于内容占位符，每种动画方案又有两种方式：【整批发送】和【按第一级段落】。

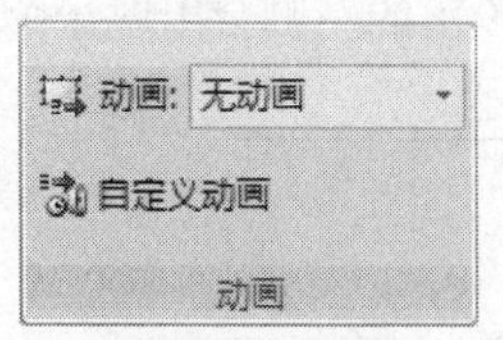

图12-52 【动画】组

图12-53 标题占位符动画类型

【整批发送】是指该内容占位符中的所有文字整批采用动画方式，【按第一级段落】是指该内容占位符中项目级别为第一级的段落文字分批采用动画方式。如一个占位符中有5个一级项目，并且设置了【飞入】动画，如果采用【整批发送】方式，则这5个一级项目一起【飞入】；如果采用【按第一级段落】方式，则这5个一级项目逐个【飞入】。

从【动画】下拉列表中选择一种动画方案，或选择一种动画方案及其动画方案方式后，即可将占位符中的文本设置成该动画方案。

二、自定义动画

除了应用预置动画外，用户还可以自定义动画。在功能区【动画】选项卡的【动画】组（见图12-52）中单击【自定义动画】按钮，窗口中会出现如图12-54所示的【自定义动画】任务窗格，从中可添加动画、设置动画选项、调整动画顺序和删除动画等。

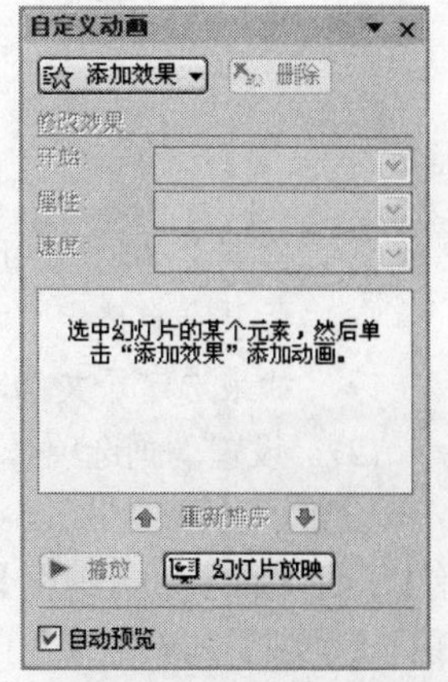

图12-54 【自定义动画】任务窗格

(1) 添加动画。

在【自定义动画】任务窗格中单击【添加效果】按钮，在打开的【动画效果】菜单（如图12-55所示）中选择一种动画类型，再从其子菜单中选择一种动画效果，即可将幻灯片中的文本设置成相应的动画效果。【动画效果】菜单中4个菜单的功能如下。

- 进入：设置项目进入时的动画效果。其子菜单如图12-56所示。
- 强调：设置项目进入后的强调动画效果。其子菜单如图12-57所示。
- 退出：设置项目退出时的动画效果。项目退出后，幻灯片上不再显示，通常作为一个项目的最后一个动画。其子菜单与图12-56相同。

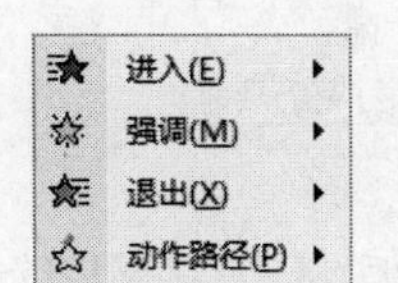

图12-55 【动画效果】菜单

图12-56 【进入】子菜单

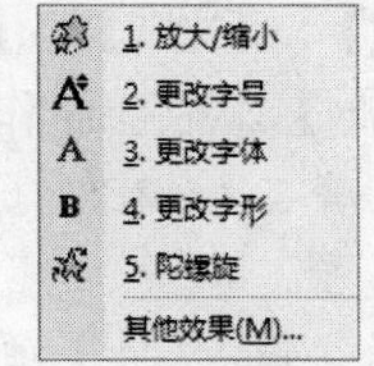

图12-57 【强调】子菜单

- 动作路径：设置项目的运动路径。其子菜单如图12-58所示。设置了动作路径后，在幻灯片中可以看到一条虚线，表示该动作路径。通过拖动鼠标，可改变动作路径的起点、终点和位置。

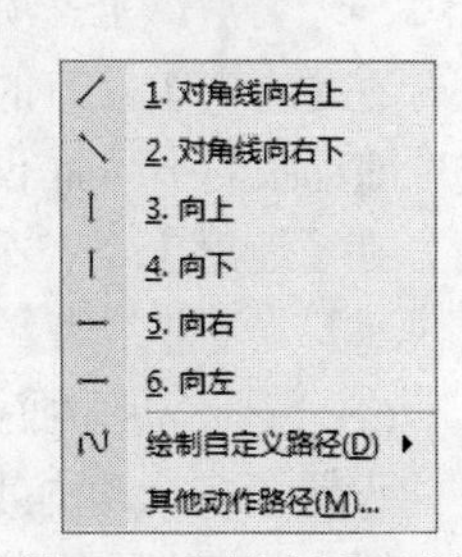

图12-58 【动作路径】子菜单

可以对幻灯片占位符中的项目或者对段落（包括单个项目符号和列表项）应用自定义动画。例如，可以对幻灯片上的所有项目应用飞入动画，也可以对项目符号列表中的单个段落应用该动画。此外，用户还可以对一个项目应用多个动画，从而实现项目符号项在飞入后再飞出。

添加了动画后，在【幻灯片设计】窗格中，在幻灯片相应段落的左侧会出现一个用方框框住的数字，该数字表示该段落文本动画的出场顺序，如图 12-59 所示。

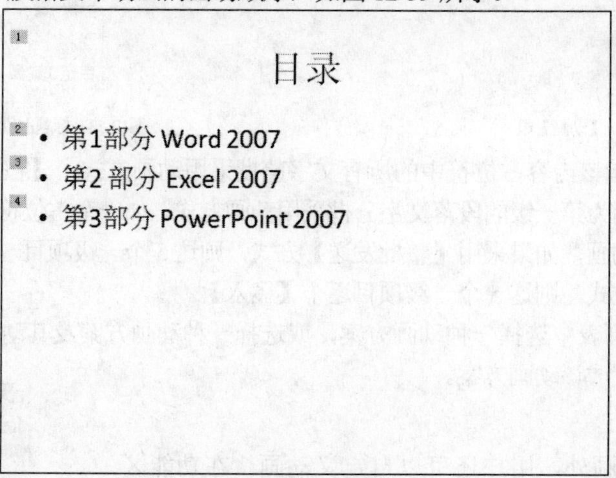

图12-59　动画顺序

设置自定义动画时，应注意以下几种情况。

- 如果没有选定文本，则对当前占位符中的所有文本设置相应的动画效果。
- 如果选定了文本，则对选定文本所在段落的所有文本设置相应的动画效果。

(2)　设置动画选项。

设置了动画效果后，【自定义动画】窗格中的【开始】、【方向】和【速度】等下拉列表则变为可用状态，并且【动画】列表中（【自定义动画】窗格中央的区域）会出现刚定义的动画的条目（如图 12-60 所示），单击一个动画条目，即可选定该动画条目，同时，【开始】、【方向】和【速度】等下拉列表中的选项为所选定动画的相应选项。

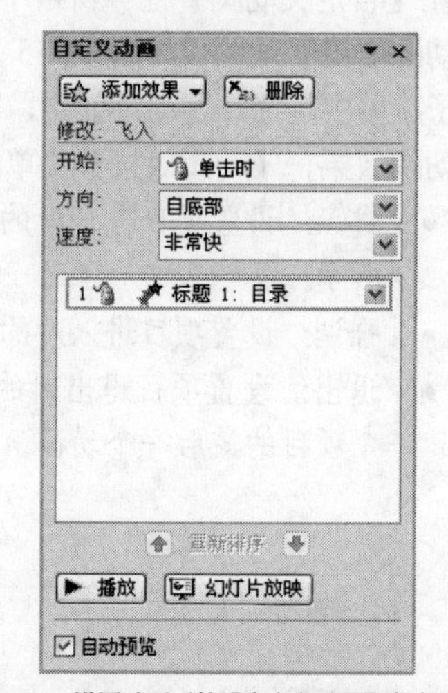

图12-60　设置动画后的【自定义动画】任务窗格

在【开始】下拉列表中，可选择该动画的开始时间，有【单击时】、【之前】、【之后】等 3 个选项，默认的选项是【单击时】。各选项的作用如下。

- 单击时：在幻灯片放映时，单击该项目时开始动画。
- 之前：与上一项动画同时开始动画。
- 之后：上一项动画结束后开始动画。

在【方向】（有的动画是【属性】）下拉列表中，可以选择该动画的属性，该下拉列表中的选项随动画的不同而不同。

在【速度】下拉列表中，可以选择该动画的快慢，有【非常慢】、【慢速】、【中速】、【快速】、【非常快】等5 个选项。

(3)　调整动画顺序。

设置了多个动画效果后，可从任务窗格中央的【动画】列表中选择一个动画，然后单击或按钮，改变动画的出场顺序。

(4) 删除动画。

从任务窗格中央的【动画】列表框中选择一个动画条目后，单击【删除】按钮，即可删除该动画效果。

12.4.2 设置切换效果

幻灯片切换效果是幻灯片在放映时，从一张幻灯片移到下一张幻灯片时出现的类似动画的效果。可以控制每张幻灯片切换效果的速度，还可以添加声音。默认情况下，幻灯片没有切换效果，用户可根据需要设置幻灯片的切换效果。

通过功能区【动画】选项卡的【切换到此幻灯片】组（如图12-61所示）中的工具，即可设置幻灯片的切换效果。

图12-61 【切换到此幻灯片】组

【切换到此幻灯片】组中常用的操作如下。

- 单击【切换效果】列表中的一种切换效果，当前幻灯片即应用该切换效果。
- 单击【切换效果】列表中的▲（▼）按钮，切换效果上（下）翻一页。
- 单击【切换效果】列表中的▼按钮，打开该【切换效果】列表（如图12-62所示），可从中选择一种切换效果，当前幻灯片即应用该切换效果。
- 从【切换声音】下拉列表中选择一种声音，切换时就会伴随该声音。【切换声音】下拉列表中的选项如图12-63所示。

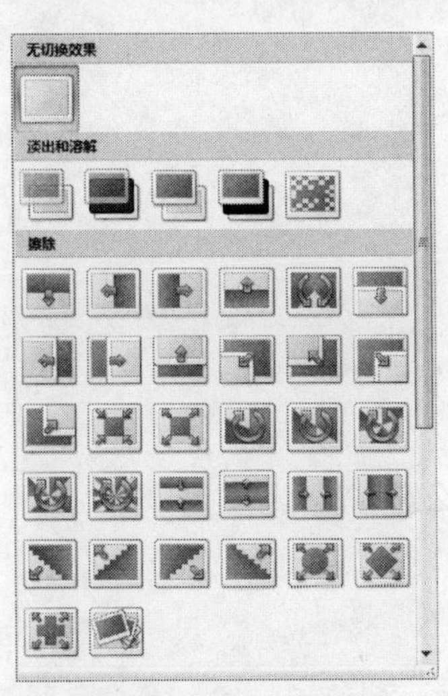

图12-62 【切换效果】列表

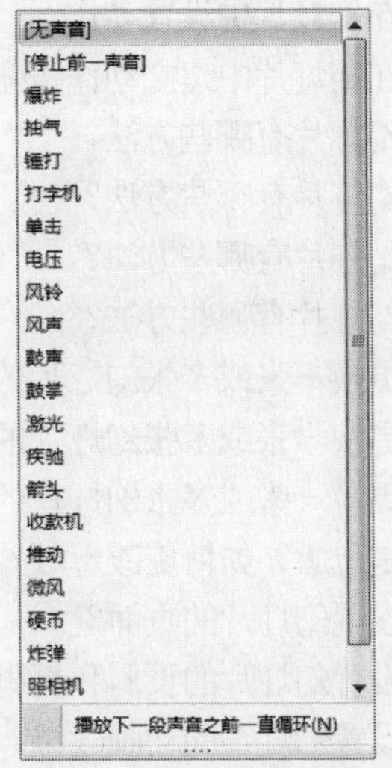

图12-63 【切换声音】下拉列表

- 从【切换速度】下拉列表中选择一种切换速度，即以该速度切换幻灯片，有【快速】、【中速】和【慢速】等3个选项。
- 单击【全部应用】按钮，所选择的切换效果即可应用于所有的幻灯片。

- 选择【单击鼠标时】复选项，则单击鼠标时切换幻灯片。
- 选择【在此之后自动设置动画效果】复选项，并在其右侧的数值框中输入或调整一个时间值，则经过所设定的时间后，即可自动切换到下一张幻灯片。

设置切换效果时，应注意以下几种情况。

- 在【切换效果】列表中选择【无切换效果】，可以取消切换效果。
- 在【切换效果】列表中若选择【随机】组中的最后一个切换效果，须注意该切换效果不是一个特定的切换效果，而是随机选择一种切换效果。
- 如果既选择了【单击鼠标时】复选项，又选择了【在此之后自动设置动画效果】复选项，那么在放映幻灯片时，即使还没有到所设定的时间，单击鼠标也可以切换幻灯片。
- 如果既没有选择【单击鼠标时】复选项，又没有选择【在此之后自动设置动画效果】复选项，那么在放映幻灯片时，则可用其他的方式切换幻灯片。

12.5 习题

一、问答题

1. 如何在幻灯片中插入空白幻灯片？
2. 如何在幻灯片中插入和删除文本框？
3. 如何在幻灯片中插入表格、图表、形状、图片、剪贴画和艺术字？
4. 如何在幻灯片中插入声音？如何使插入的声音自动播放？
5. 如何在幻灯片中插入 CD 乐曲？如何使插入的 CD 乐曲自动播放？
6. 如何在幻灯片中插入视频？如何使插入的视频自动播放？
7. 如何在幻灯片中建立超链接？
8. 如何在幻灯片中设置动作？
9. 如何在幻灯片中建立动作按钮？
10. 选定幻灯片有哪些方法？
11. 移动幻灯片有哪些方法？
12. 复制幻灯片有哪些方法？
13. 删除幻灯片有哪些方法？
14. 如何更换一张或多张幻灯片的版式？
15. 如何更换一张或多张幻灯片的主题？
16. 如何更换一张或多张幻灯片的背景？
17. 什么是母版？如何更改母版？更改母版对幻灯片有什么影响？
18. 如何设置幻灯片的页面？
19. 如何设置幻灯片的页眉和页脚？
20. 如何设置幻灯片的动画效果？
21. 如何设置幻灯片的切换效果？

二、操作题

1. 建立以下演示文稿。

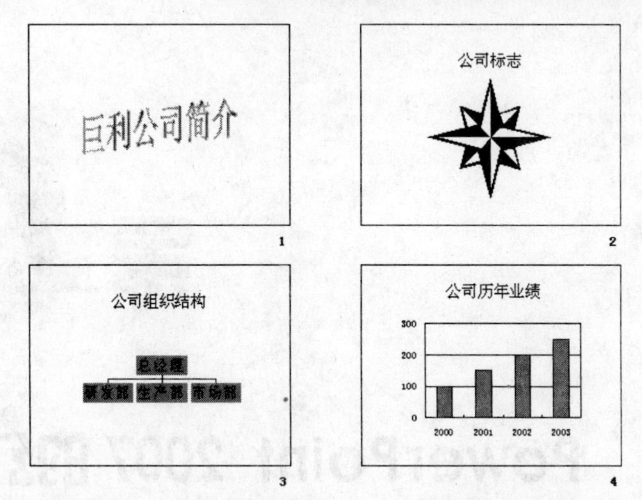

2. 建立以下演示文稿，要求将第1张幻灯片中的3行文本分别链接到第2、3、4张幻灯片上，将4张幻灯片中的动作按钮分别链接到“下一张”、“最后一张”、“上一张”和“第1张”，将第3张幻灯片中的6个链接分别链接到相应的网站。

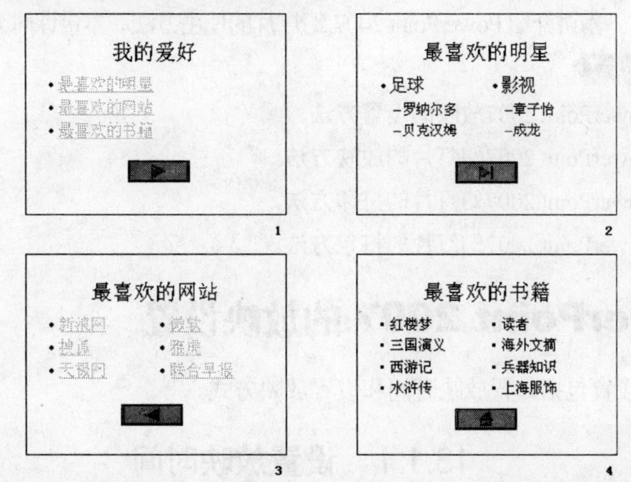

3. 把第1题所建立的幻灯片设置成自己所喜欢的主题和背景，并在页眉和页脚中显示幻灯片编号以及日期和时间，日期和时间要求在放映幻灯片时显示的是当时的日期和时间。
4. 把第2题所建立的幻灯片设置成自己所喜欢的动画效果和切换效果，要求每张幻灯片的动画效果不同，每两张幻灯片之间切换时的切换效果不同。

PowerPoint 2007 的幻灯片使用

幻灯片最终要放映或打印。还可对演示文稿进行打包，解包后在没有安装 PowerPoint 2007 的系统上也可以放映幻灯片。本讲介绍 PowerPoint 2007 幻灯片的使用方法。本讲课时为 3 小时。

学习目标

- 掌握PowerPoint 2007放映的设置方法。
- 掌握PowerPoint 2007幻灯片的放映方法。
- 掌握PowerPoint 2007幻灯片的打印方法。
- 掌握PowerPoint 2007幻灯片的打包方法。

13.1 PowerPoint 2007 的放映设置

幻灯片的放映设置包括设置放映时间和设置放映方式。

13.1.1 设置放映时间

放映幻灯片时，默认方式是通过单击鼠标或按空格键切换到下一张幻灯片。用户可设置每张幻灯片的放映时间，使其自动播放。设置放映时间的方式有两种：人工设时和排练计时。

一、人工设时

通过设置幻灯片的切换效果可以设置幻灯片的放映时间，在“12.4.2 设置切换效果”小节中曾经介绍过。在【切换到此幻灯片】组（见图 12-61）中，在【在此之后自动设置动画效果】复选项右侧的数值框中可以输入或设置一个时间值，该时间就是当前幻灯片或所选定幻灯片的放映时间。如果利用切换效果来实现幻灯片的自动播放，则需要对每张幻灯片进行相应的设置。

二、排练计时

如果用户对人工设定的放映时间没有把握，可以在排练幻灯片的过程中自动记录每张幻灯片放映的时间。在功能区【幻灯片放映】选项卡的【设置】组（如图 13-1 所示）中单击排练计时按钮，系统则切换到幻灯片放映视图，同时屏幕上会出现如图 13-2 所示的【预演】工具栏，其中各工具的功能如下。

- 第 1 个时间框：放映当前幻灯片所用的时间。
- 第 2 个时间框：放映到现在总共所用的时间。
- 按钮：单击该按钮，可进行下一张幻灯片的计时。
- 按钮：单击该按钮，可暂停当前幻灯片的计时。
- 按钮：单击该按钮，可重新对当前幻灯片计时。

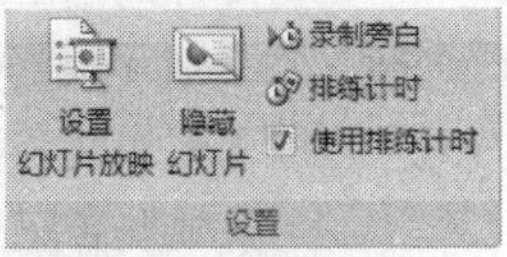

图13-1 【设置】组

三、清除计时

清除排练时间的方法有以下两种。

图13-2 【预演】工具栏

- 在功能区【幻灯片放映】选项卡的【设置】组（见图 13-1）中，取消对【使用排练计时】复选项的选择。
- 在设置切换效果时，取消对【在此之后自动设置动画效果】复选项的选择，然后单击全部应用按钮即可（见图 12-61）。

13.1.2 设置放映方式

为适应不同场合的需要，幻灯片有不同的放映方式。用户可以根据自己的需要设置幻灯片的放映方式。在功能区【幻灯片放映】选项卡的【设置】组（见图 13-1）中单击【设置幻灯片放映】按钮，弹出如图 13-3 所示的【设置放映方式】对话框，从中可进行以下操作。

- 选择【演讲者放映（全屏幕）】单选项，则幻灯片在全屏幕中放映，放映过程中演讲者可以控制幻灯片的放映过程。
- 选择【观众自行浏览（窗口）】单选项，则幻灯片在窗口中放映，用户可以控制幻灯片的放映过程，在幻灯片放映的同时，用户还可以运行其他应用程序。
- 选择【在展台浏览（全屏幕）】单选项，则幻灯片在全屏幕中自动放映，用户不能控制幻灯片的放映过程，只能按 Esc 键终止放映。

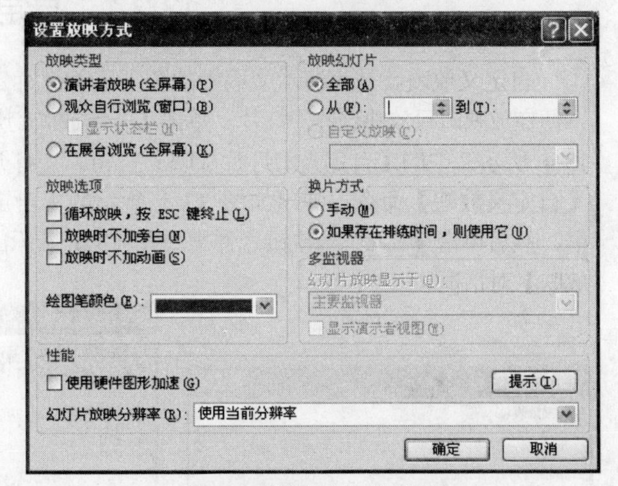

图13-3 【设置放映方式】对话框

- 选择【循环放映，按 ESC 键终止】复选项，则循环放映幻灯片，按 Esc 键后终止放映，否则演示文稿只放映一遍。
- 选择【放映时不加旁白】复选项，那么即使录制了旁白，也不播放。
- 选择【放映时不加动画】复选项，那么即使在幻灯片中设置了动画效果，放映时也不显示动画效果。
- 选择【显示状态栏】复选项（只有在【观众自行浏览】方式下该复选项才有效），则在放映窗口中显示状态栏，否则不显示状态栏。
- 选择【全部】单选项，则放映演示文稿中的所有幻灯片。
- 选择幻灯片范围【从】单选项，则可在【从】和【到】数值框中输入或调整要放映幻灯片的范围。

- 如果演示文稿中定义了自定义放映（可参阅“13.2.1 自定义放映”小节），【自定义放映】单选项可选，选择后，可在下面的下拉列表中选择自定义放映的名称，放映时只放映自定义放映中的幻灯片。
- 选择【手动】单选项，单击鼠标或按空格键则可使幻灯片换页。
- 选择【如果存在排练时间，则使用它】单选项，则根据排练时间自动切换到下一张幻灯片。
- 在【绘图笔颜色】下拉列表中选择一种绘图笔颜色，在放映幻灯片时，可以用该颜色标注幻灯片。
- 选择【使用硬件图形加速】复选项，则可加快演示文稿中图形的显示速度。
- 从【幻灯片放映分辨率】下拉列表中可以选择放映时显示器的分辨率。
- 单击 确定 按钮，即可完成幻灯片放映方式的设置。

13.2 PowerPoint 2007 的幻灯片放映

幻灯片放映常用的操作包括自定义放映、启动放映、控制放映和标注放映等。

13.2.1 自定义放映

自定义放映就是为演示文稿中的若干张幻灯片定义一个名称，以便在放映时只放映这些幻灯片。单击【开始放映幻灯片】组（如图13-4 所示）中的【自定义幻灯片放映】按钮，在打开的菜单中选择【自定义放映】命令，弹出如图 13-5 所示的【自定义放映】对话框，然后单击 新建(N)... 按钮，弹出如图 13-6 所示的【定义自定义放映】对话框。

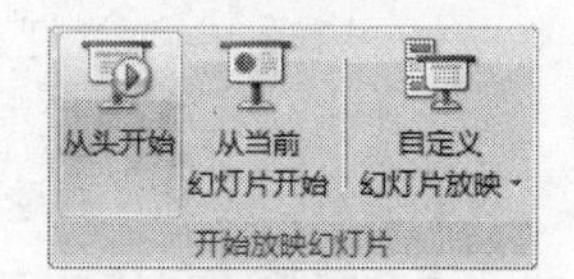

图13-4 【开始放映幻灯片】组

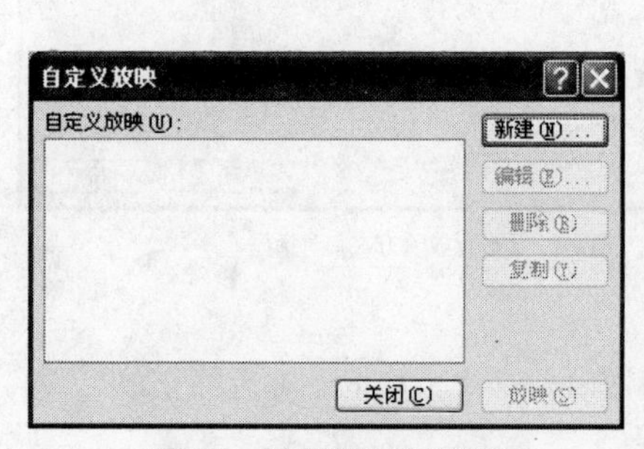

图13-5 【自定义放映】对话框

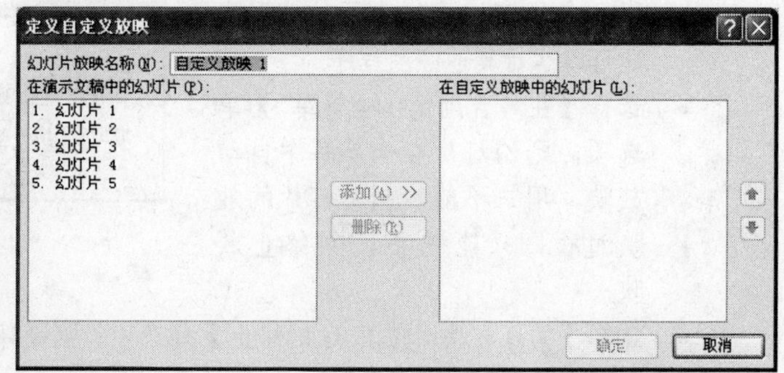

图13-6 【定义自定义放映】对话框

在【幻灯片放映名称】文本框中输入自定义放映的名称，在【在演示文稿中的幻灯片】列表中单击选择所需要的幻灯片的标题，单击 添加(A) >> 按钮，把幻灯片添加到【在自定义放映中的幻灯片】列表中，然后单击 确定 按钮，即可完成自定义放映的设置。

13.2.2 启动放映

在 PowerPoint 2007 窗口中，启动幻灯片放映的方法如下。

- 单击PowerPoint 2007窗口中的幻灯片放映视图按钮[豆]。
- 单击【开始放映幻灯片】组（见如图13-4）中的【从当前幻灯片开始】按钮。
- 如果定义了自定义放映，单击【开始放映幻灯片】组（见图13-4）中的【自定义幻灯片放映】按钮，在打开的菜单中可选择一个自定义放映的名称。
- 单击【开始放映幻灯片】组（见图13-4）中的【从头开始】按钮。
- 按F5键。

使用前两种方法，系统是从当前幻灯片开始放映；使用后两种方法，系统是从第1张幻灯片开始放映；使用第3种方法，则可放映自定义放映中所包含的幻灯片。

13.2.3　控制放映

如果幻灯片没有设置成“在展台浏览”放映方式，则在幻灯片放映过程中，用户可以控制其放映过程。常用的控制方式有切换幻灯片、定位幻灯片、暂停放映和结束放映等。

一、切换幻灯片

在幻灯片放映的过程中，常常要切换到下一张幻灯片或切换到上一张幻灯片。即便使用排练计时自动放映幻灯片，用户也可以手工切换到下一张幻灯片或上一张幻灯片。

在幻灯片放映的过程中，切换到下一张幻灯片的方法如下。

- 单击鼠标右键，弹出如图13-7所示的【放映控制】快捷菜单，从中选择【下一张】命令。
- 单击鼠标左键。
- 按空格、PageDown、N、→、↓或Enter键。

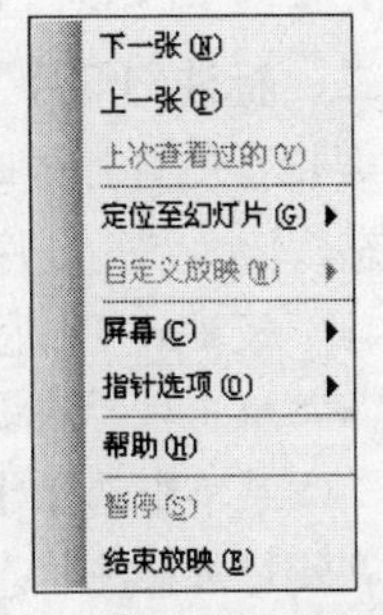

图13-7　【放映控制】快捷菜单

在幻灯片放映的过程中，切换到上一张幻灯片的方法如下。

- 单击鼠标右键，在弹出的快捷菜单（见图13-7）中选择【上一张】命令。
- 按PageUp、P、←、↑或Backspace键。

二、定位幻灯片

在幻灯片放映的过程中，有时需要切换到某一张幻灯片，然后从该幻灯片开始顺序放映。定位到某张幻灯片的方法如下。

- 单击鼠标右键，从弹出的快捷菜单（见图13-7）中选择【定位至幻灯片】命令，弹出由幻灯片标题组成的子菜单，从中选择一个标题，即可定位到该幻灯片。
- 输入幻灯片的编号（注意：输入时看不到输入的编号），按回车键，即可定位到相应编号的幻灯片（在幻灯片设计的过程中，在大纲窗格或幻灯片浏览窗格中每张幻灯片前面的数字就是幻灯片编号）。
- 同时按住鼠标左、右键两秒钟，即可定位到第1张幻灯片。

三、暂停放映

使用排练计时自动放映幻灯片时，有时需要暂停放映，以便处理发生的意外情况。暂停放映的常用方法如下。

- 按S或+键。
- 单击鼠标右键，从弹出的快捷菜单（见图13-7）中选择【暂停】命令。

暂停放映后，要继续放映，常用方法如下。

- 按S或+键。
- 单击鼠标右键，从弹出的快捷菜单（见图 13-7）中选择【继续执行】命令。

四、结束放映

最后一张幻灯片放映完后，会出现黑色屏幕，顶部有“放映结束，单击鼠标退出。”的字样，这时单击鼠标就可以结束放映。要在放映的过程中结束放映，常用方法如下。

- 按Esc、-或Ctrl+Break键。
- 单击鼠标右键，从弹出的快捷菜单（见图 13-7）中选择【结束放映】命令。

13.2.4 标注放映

在幻灯片放映的过程中，为了做即时说明，可以用鼠标对幻灯片进行标注。常用的标注操作有设置绘图笔颜色、标注幻灯片和擦除笔迹等。

一、设置绘图笔颜色

在放映的过程中单击鼠标右键，从弹出的快捷菜单（参见图 13-7）中选择【指针选项】/【墨迹颜色】命令，弹出如图 13-8 所示的【墨迹颜色】子菜单，单击其中的一种颜色，即可将绘图笔设置为该颜色。

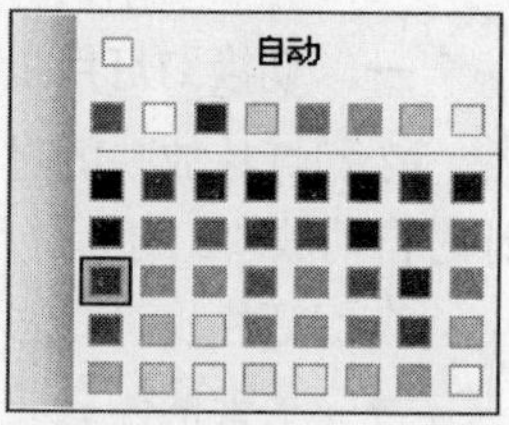

自动

图13-8 【墨迹颜色】子菜单

二、标注幻灯片

要想在幻灯片放映的过程中标注幻灯片，必须先转换到幻灯片标注状态。转换到幻灯片标注状态的方法如下。

- 按Ctrl+P 键。
- 单击鼠标右键，从弹出的快捷菜单（见图 13-7）中选择【指针选项】命令，在其子菜单中选择【圆珠笔】、【毡尖笔】或【荧光笔】命令。

在幻灯片标注状态下，拖动鼠标就可以在幻灯片上进行标注，如图 13-9 所示。

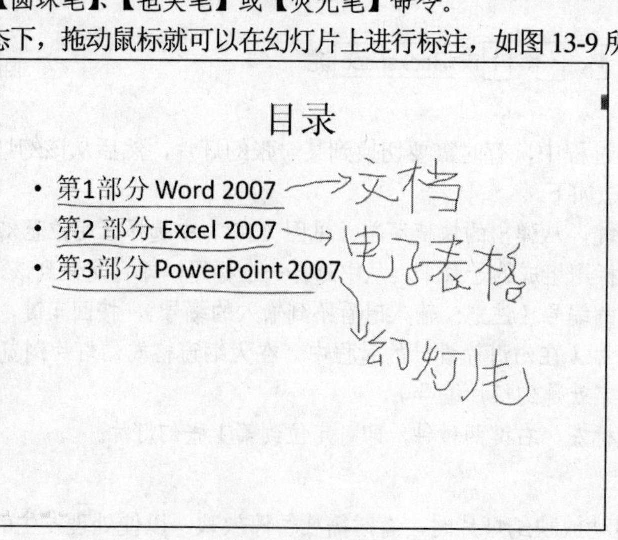

图13-9 标注幻灯片

取消标注幻灯片的状态的常用方法如下。

- 按Esc或Ctrl+A键。

- 单击鼠标右键，从弹出的快捷菜单（见图 13-7）中选择【指针选项】/【箭头】命令。

三、擦除笔迹

当前幻灯片切换到下一张幻灯片后，再次回到标注过的幻灯片中，原先所标注的笔迹都被保留了下来。要在当前幻灯片中擦除其上标注的笔迹，常用方法如下。

- 按E键。
- 单击鼠标右键，从弹出的快捷菜单（见图 13-7）中选择【屏幕】/【显示/隐蔽墨迹标志】命令。

13.3 PowerPoint 2007 的幻灯片打印

在实际工作中，往往需要将幻灯片打印出来。通常在打印前应先进行打印预览，然后再打印。

13.3.1 打印预览

打印预览是在屏幕上显示幻灯片打印时的效果，一切满意后再打印，这样可避免不必要的浪费。

单击按钮，在打开的菜单中选择【打印】/【打印预览】命令，这时功能区只有【打印预览】选项卡，如图 13-10 所示。【打印预览】选项卡中包含有【打印】组、【页面设置】组、【显示比例】组和【预览】组等。

图13-10 【打印预览】选项卡

【打印】组中工具的功能如下。

- 单击【打印】按钮，可以打印幻灯片。
- 单击【选项】按钮，打开如图 13-11 所示的【选项】菜单，从中选择一个命令后，即可设置相应的选项。

【页面设置】组中工具的功能如下。

- 在【打印内容】下拉列表（如图 13-12 所示）中，可以选择要打印的内容。
- 如果在【打印内容】下拉列表中选择的不是第 1 项（幻灯片），【纸张方向】按钮则可用，单击该按钮，可以在横向与纵向之间切换。

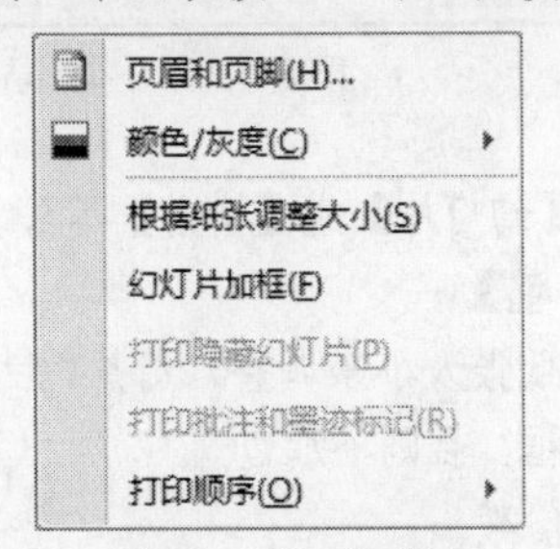

图13-11 【选项】菜单

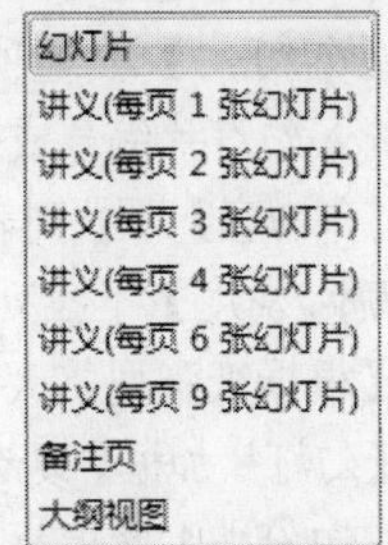

图13-12 【打印内容】下拉列表

【显示比例】组中工具的功能如下。

- 单击【显示比例】按钮，显示比例在“整页”和“100%”之间切换。
- 单击【适应窗口大小】按钮，可调整幻灯片的大小，使其充满整个窗口。

【预览】组中工具的功能如下。

- 单击【下一页】按钮，可定位到下一页。
- 单击【上一页】按钮，可定位到上一页。
- 单击【关闭打印预览】按钮，则可关闭打印预览窗口，返回幻灯片的编辑状态。

13.3.2 打印幻灯片

打印幻灯片的方法如下。

- 按Ctrl+P键。
- 单击按钮，在打开的菜单中选择【打印】/【打印】命令。
- 单击按钮，在打开的菜单中选择【打印】/【快速打印】命令。

使用最后一种方法，将按默认方式打印全部幻灯片一份。使用第1种方法，将弹出如图13-13所示的【打印】对话框。在【打印】对话框中，可进行以下操作。

- 在【名称】下拉列表中，可选择所用的打印机。
- 单击 属性(P) 按钮，弹出【打印机属性】对话框，从中可以选择纸张大小、方向、纸张来源、打印质量和打印分辨率等。
- 选择【打印到文件】复选项，则把幻灯片打印到某个文件上。
- 选择【全部】单选项，则打印所有的幻灯片。
- 选择【当前幻灯片】单选项，则只打印当前幻灯片。
- 如果在打印前选定了幻灯片，则【选定幻灯片】单选项可选，选择该单选项后，打印时只打印选定的幻灯片。
- 如果演示文稿中定义了自定义放映（参见“13.2.1 自定义放映”小节），则【自定义放映】单选项可用，选择该单选项后，可在其右面的下拉列表中选择自定义放映的名称，打印时只打印这些幻灯片。
- 选择【幻灯片】单选项，可在其右面的文本框中输入幻灯片编号或幻灯片范围。

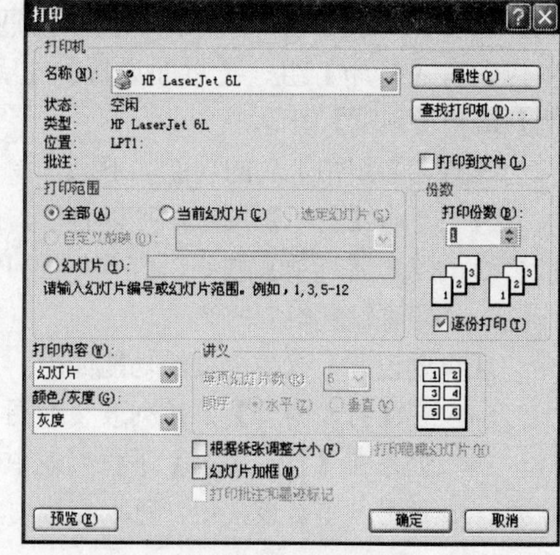

图13-13 【打印】对话框

- 在【打印内容】下拉列表中可选择演示文稿的内容（【幻灯片】或【讲义】等）。
- 在【颜色/灰度】下拉列表中可选择【灰度】或【彩色】。
- 选择【根据纸张调整大小】复选项，打印时则根据纸张大小来调整幻灯片的大小。
- 选择【幻灯片加框】复选项，打印幻灯片时则加上边框，否则不加边框。
- 在【打印份数】数值框中，可输入或调整要打印的份数。
- 选择【逐份打印】复选项，则打印完从起始页到结束页一份后，再打印其余各份，否则起始页打印够指定的张数后，再打印下一页。
- 单击 确定 按钮，即可按所进行的设置打印。

13.4 PowerPoint 2007 的幻灯片打包

如果要在一台没有安装 PowerPoint 的计算机上放映幻灯片，可以用 PowerPoint 2007 提供的“打包”功能，把演示文稿打包，再把打包文件复制到没有安装 PowerPoint 的计算机上，把打包的文件解包后，就可以放映该幻灯片。

13.4.1 打包幻灯片

单击按钮，在打开的菜单中选择【发布】/【CD 数据包】命令，弹出如图 13-14 所示的【打包成 CD】对话框，从中可进行以下操作。

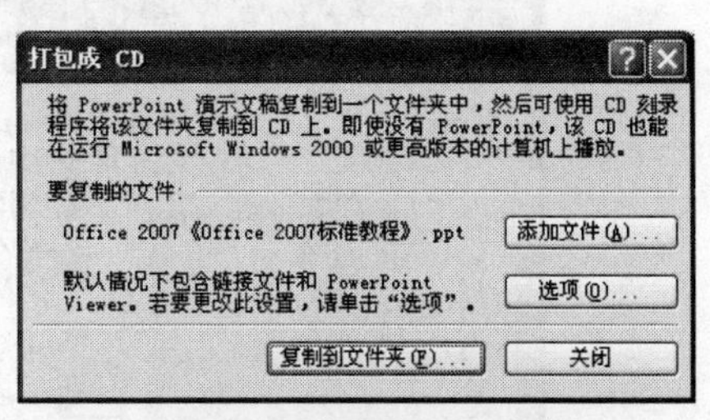

图13-14 【打包成CD】对话框

- 单击 添加文件(A)... 按钮，弹出【添加文件】对话框，从中选择一个演示文稿，可将其与当前的演示文稿文件一起打包。
- 单击 复制到文件夹(F)... 按钮，弹出如图 13-15 所示的【复制到文件夹】对话框，从中指定文件夹的名称和位置，打好的包将保存到这个文件夹中。

图13-15 【复制到文件夹】对话框

- 单击 选项(O)... 按钮，弹出如图 13-16 所示的【选项】对话框，从中可设置打包的选项。
- 单击 关闭 按钮，即可关闭【打包成 CD】对话框，退出打包操作。

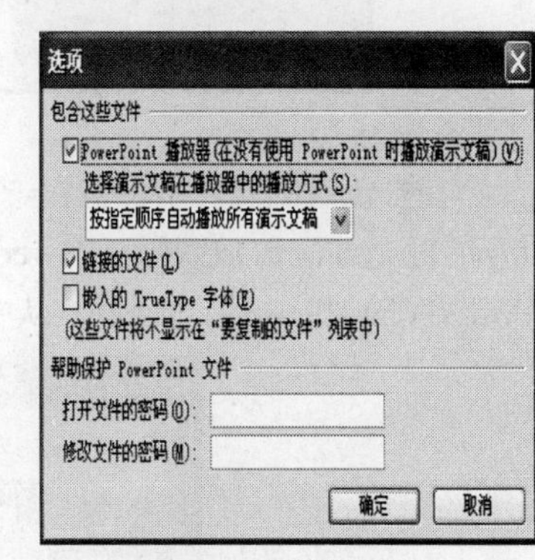

图13-16 【选项】对话框

在【选项】对话框中，可进行以下操作。

- 选择【PowerPoint 播放器】复选项，则打包文件中包含 PowerPoint 播放器，打包后的幻灯片，在没有安装 PowerPoint 的系统中也能放映幻灯片。
- 在【选择演示文稿在播放器中的播放方式】下拉列表中可以选择一种播放方式，播放方式列表如图 13-17 所示。
- 选择【链接的文件】复选项，则把幻灯片中所链接的文件一同打包。

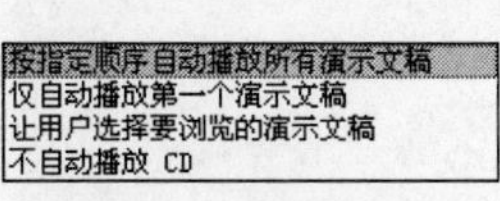

图13-17 播放方式列表

- 选择【嵌入的 TureType 字体】复选项，则把幻灯片所用到的 TureType 字体文件一同打包。
- 在【打开文件的密码】文本框中输入打开文件的密码，则幻灯片打包后，要打开其中的幻灯片，需要正确地输入这个密码。
- 在【修改文件的密码】文本框中输入修改文件的密码，则幻灯片打包后，要修改其中的幻灯片，需要正确地输入这个密码。

13.4.2 使用打包幻灯片

幻灯片打包成 CD 后，光盘就具有了自动放映的功能，即把光盘插入到光驱后，系统能够自动放映打包的幻灯片，即使系统中没有安装 PowerPoint 也能放映。

将幻灯片复制到文件夹后，在文件夹中会建立一个子文件夹，子文件夹的名字就是图 13-15 中【文件夹名称】文本框中输入的名字，该文件夹中除了包含演示文稿文件外，还包含用于放映幻灯片的程序，如图 13-18 所示。

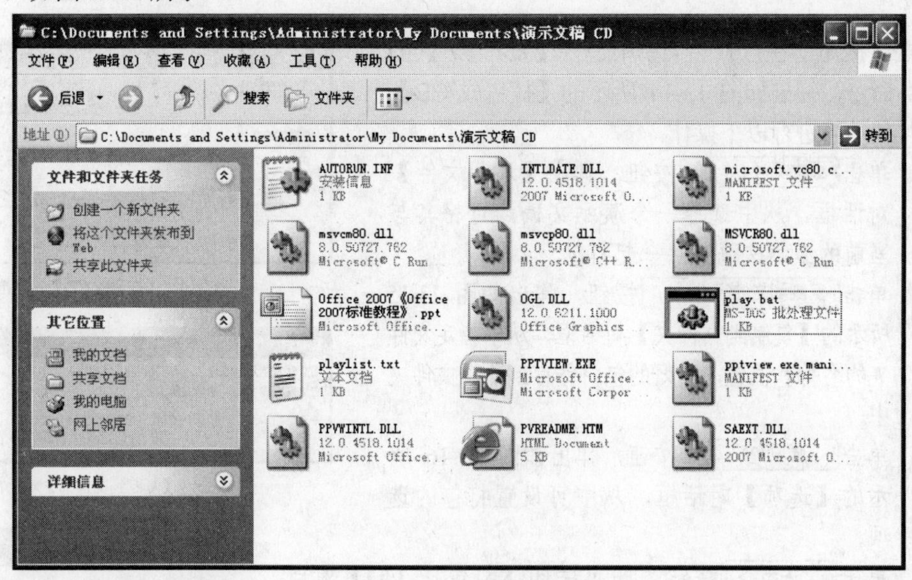

图13-18　打包后的所有文件

在打包后的文件中，包含一个 PowerPoint 放映器文件“PPTVIEW.EXE”，双击该文件，即可启动 PowerPoint 放映器。PowerPoint 放映器启动后，会弹出如图 13-19 所示的【Microsoft Office PowerPoint Viewer】对话框，从中选择一个演示文稿文件，即可放映该演示文稿中的幻灯片。

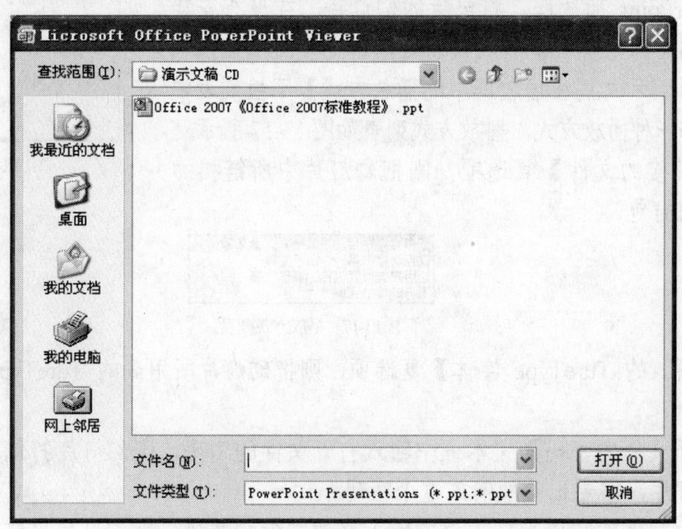

图13-19　【Microsoft Office PowerPoint Viewer】对话框

13.5 习题

一、问答题

1. 如何设置幻灯片的放映时间？
2. 如何设置幻灯片的放映方式？
3. 如何自定义放映？
4. 如何启动放映？
5. 在幻灯片放映的过程中，如何切换、定位幻灯片？如何暂停、结束幻灯片的放映？
6. 在幻灯片放映的过程中，如何进行标注？如何擦除标注的笔迹？
7. 如何打印幻灯片？
8. 如何打包幻灯片？
9. 如何使用打包后的幻灯片？

二、操作题

1. 把第 12 讲习题中所建立的幻灯片，分别用手工计时和排练计时的方法，设置幻灯片的放映时间，使其能自动放映。
2. 放映第 12 讲习题中所建立的幻灯片，并进行标注，然后擦除标注的笔迹。
3. 对第 12 讲习题中所建立的幻灯片打包，然后在另外一台计算机上解包并放映。

第14讲 Internet应用基础

计算机网络是计算机技术与通信技术发展的产物。Internet 也称因特网，是国际性的计算机互联网络。通过 Internet，可以实现全球范围内的信息交流与资源共享。本讲介绍 Internet 应用基础。本讲课时为 4 小时。

学习目标

- 了解Internet的基础知识。
- 掌握Internet Explorer 7.0的使用方法。
- 掌握Outlook Express的使用方法。

14.1 Internet 的基础知识

要想有效地使用 Internet，首先需要掌握 Internet 的基础知识，包括 Internet 的基本概念、服务内容和接入方式等。

14.1.1 Internet 的基本概念

Internet 有许多重要的基本概念需要了解，包括 TCP/IP、IP 地址、域名系统、Web 页、统一资源定位和 E-mail 地址等。

一、TCP/IP

网络是由不同的部门和单位组建的，要把各种不同的网络互连并实现通信，必须有统一的通信语言，称为网络协议。Internet 使用的网络协议是 TCP/IP。

TCP/IP 包含两个协议：传输控制协议（TCP）和网际协议（IP）。传输控制协议的作用是表达信息，并确保该信息能够被另一台计算机所理解；网际协议的作用是将信息从一台计算机传送到另一台计算机。

使用 TCP/IP 传送信息时，首先将要发送的信息分成许多个数据包，每个数据包都有包头和包体。包头是一些 TCP/IP 信息；包体则包括要传送的信息，然后通过物理线路进行发送，数据包到达接收方计算机后，打开数据包，取出包中的信息。所有的数据包接收完后，最后将各个分包的信息合成为完整的信息。

二、IP地址

采用 TCP/IP 网络的每台设备（计算机或其他网络设备）都必须有惟一的地址，这就是 IP 地址，该IP地址在全球是惟一的。IP地址是一个4字节（32位）的二进制数，每个字节可对应一个小于 256 的十进制整数，字节间用小圆点分隔，形式如×××. ×××. ×××. ×××，如目前新浪网站（www.sina.com.cn）的IP地址是218.30.100.185。

IP 地址包括网络号和主机号。网络号和主机号的位数不是固定的，根据网络规模和应用的不同，IP 地址分为 A～E 类，每类 IP 地址中网络号和主机号的位数如表 14-1 所示。常用的 IP 地址是A、B、C类IP地址。

表14-1　　IP地址的分类

类别	第一字节	第一字节数的范围	网络号位数	主机号位数
A	0×××××××	0～127	7	24
B	10××××××	128～191	14	16
C	110×××××	192～223	21	8
D	1110××××	224～239	多播地址	
E	11110×××	240～255	目前尚未使用	

A 类 IP 地址的网络号位数是 7 位，能表示的网络个数是 2^7 个，即 128 个；每个网络中主机号有24位，能表示的主机个数是 2^{24} 个，即16 777 216个。依此类推，可以知道其他类IP地址中网络的个数和每个网络中主机的个数。由于A类IP地址的网络中主机的个数甚多，因此称为大型网络；B类IP地址的网络称为中型网络，C类IP地址的网络称为小型网络。

如果从网络用户的地址角度分类，IP 地址又可分为动态地址和静态地址两类。动态地址是用户连接到Internet时，所连接的网络服务器根据当时所连接的情况，分配给用户的一个IP地址。当用户下网后，这个IP地址又可以分配给其他用户。静态地址是用户每次连接到Internet时，所连接的网络服务器分配给用户的一个固定的IP地址，即使用户下网，这个地址也不分配给其他用户。

为了确保 IP 地址在 Internet 上的惟一性，IP 地址由美国的国防数据网的网络信息中心（DDN NIC）分配。对于美国以外的国家和地区的 IP 地址，DDN NIC 又授权给世界各大区的网络信息中心分配。

三、域名系统

IP 地址是一串数字，不便于记忆，于是人们提出采用域名代替 IP。域名便于理解和记忆，但是在 Internet 上是以 IP 地址来访问某台计算机的，因此需要把域名翻译成 IP 地址，这项工作是由域名服务器（DNS）来完成的。

域名采用分层次的命名方法，每层都有一个子域名，通常采用英文缩写。子域名间用小圆点分隔，从右向左依次为最高层域名、机构名、网络名、主机名。例如，北京大学 Web 服务器的域名是www.pku.edu.cn，含义是“Web服务器.北京大学.教育机构.中国”。最高层域名为国家和地区代码。表 14-2 是常见的国家和地区代码，没有国家和地区代码的域名（如 www.yahoo.com）称为顶级域名。

表 14-2　　常见的国家和地区代码

代码	国家/地区	代码	国家/地区
au	澳大利亚	fr	法国
ca	加拿大	gb	英国
ch	瑞士	kr	韩国
cn	中国	sg	新加坡
de	德国	us	美国

Internet 域名系统中常见的机构有 7 种，表 14-3 中列出了它们的名称和含义。

表 14-3　　机构名称及其含义

代码	含义	代码	含义
com	商业机构	edu	教育机构
net	网络机构	mil	军事机构
gov	政府机构	org	社团机构
int	国际机构		

四、统一资源定位符

在 Internet 上，每一个信息资源都有惟一的一个地址，称为统一资源定位符（URL）。URL 由资源类型、主机域名、资源文件路径和资源文件名等 4 部分组成，其格式是“资源类型://主机域名/资源文件路径/资源文件名”。例如“http://www.neea.edu.cn/zixue/zixue.htm”，各部分含义如下。

- http 表示资源信息是超文本信息。
- www.neea.edu.cn 是国家教育部考试中心主机的域名。
- zixue 是资源文件路径。
- zixue.htm 是资源文件名。

目前编入 URL 中的资源类型有 http、FTP、Telnet、WAIS、News 和 Gopher 等，其中最常用的是 http，表示超文本资源。如果 URL 中没有资源类型，默认的类型则是“http”。如果 URL 中没有资源文件名，资源所在的主机则取默认的资源文件名。通常情况下，资源文件名是“index.htm”，也可能是其他名字，随主机的不同而不同。

五、Web 页

公司、学校、团体、机构乃至个人，均可在 Internet 上建立自己的 Web 站点，这些站点通过 IP 地址或域名进行标识。Web 站点包含有各种各样的文档，通常称做 Web 页或网页，每个 Web 页都有惟一的一个 URL 地址，通过该地址就可以找到相应的文档。

Web 页是一个“超文本”页，“超文本”有两个含义：其一是指信息的表达形式，即在文本文件中加入图片、声音、视频等组成超文本文件；其二是指信息间的超链接，超文本将信息资源通过关键字方式建立链接，使信息不仅可按线性方式搜索访问，而且可按交叉方式搜索访问。

有一类特殊的 Web 页，它对 Web 站点中的其他文档具有导航或索引作用，此类 Web 页称为主页（Home Page）。用户在访问某一站点时，即使不给出主页的文档名，Web 服务器也会自动提供该站点的主页。

六、E-mail 地址

与普通邮件的投递一样，传送 E-mail（即电子邮件）也需要地址。电子邮件存放在网络的某台计算机上，所以电子邮件的地址一般是由用户名和主机域名组成，其格式为：用户名@主机域名（如 John@yahoo.com）。电子邮件地址需要到相应机构的网络管理部门注册登记。注册登记后，即在相应的电子邮件服务器上为用户建立一个用户名，形成一个电子邮件地址。用户也可以到某些站点申请免费的电子邮件地址（如 www.yahoo.com、www.hotmail.com、www.sina.com.cn 和 www.163.com 等）。

14.1.2 Internet 的服务内容

Internet 提供有形式多样的手段和工具，为广大的 Internet 用户提供服务。常见的服务有万维网（WWW）、电子邮件（E-mail）、文件传输（FTP）、远程登录（Telnet）、新闻组（News Group）和电子公告板系统（BBS）等。用户最常使用的服务是万维网和电子邮件。

一、万维网服务

万维网（World Wide Web，缩写为 WWW）是一个由“超文本”链接方式组成的信息链接系统。WWW 采用客户机/服务器系统，在客户机方（即 Internet 用户方）使用的程序叫 Web 浏览器，常用的 Web 浏览器有 Internet Explorer 和 Netscape Navigator。WWW 服务器通常称为 Web 站点，主要存放 Web 页面文件和 Web 服务程序。一个 Web 站点存放有许多页面，其中最引人注目的是 Web 站点的主页（Home Page），它是一个站点的首页，从该页出发可以链接到本站点的其他页面，也可以链接到其他站点。

每个 Web 站点都有一个 IP 地址和一个域名，当用户在 Web 浏览器的地址栏中输入一个站点的 IP 地址或域名后，浏览器就会自动找到该站点的首页，显示页面的信息。

二、电子邮件

电子邮件服务就是通过 Internet 收发信件。Internet 提供有类似邮政机构的服务，将信件以文件的形式发送到指定的接收者那里。与普通邮件相比，电子邮件有许多优点：电子邮件速度快，发出一个电子邮件后，几乎是瞬间就能到达；电子邮件价格低，特别是国际邮件，相对来讲更加便宜；电子邮件的内容不仅是文本文件，还可以包括语音、图像和视频等信息。

三、文件传输

连接在 Internet 上的许多计算机内都存有若干有价值的资料，如果我们需要这些资料，就必须从远处的计算机上下载，这需要使用 Internet 的文件传输服务。在 Internet 上，要在不同的机型、不同的操作系统之间进行文件传输，就需要建立一个统一的文件传输协议，这就是 FTP。FTP 是一种通信协议，可使用户通过 Internet 将文件从一个地点传输到另一个地点。

要从远程计算机上通过 FTP 进行文件传输，用户必须在该计算机上有账号，使用自己的账号登录到该计算机上后，就可以传输文件。如果用户在该计算机上没有账号，也可以通过匿名登录的方法登录到该计算机，即使用 Anonymous 为用户名登录，大多数的 FTP 服务器都支持匿名 FTP 服务。

四、远程登录

远程登录（Telnet）就是用户通过 Internet 登录到远程的计算机上，用户的计算机作为该计算机的一个终端使用。最初连在 Internet 上的绝大多数主机都运行 UNIX 操作系统，Telnet 是 UNIX

为用户提供远程登录主机的程序，现在的许多操作系统如DOS、Windows等都提供Telnet功能。

使用Telnet远程登录时，用户必须在该计算机上有账号。使用Telnet登录远程主机时，用户需要输入自己的用户名和口令，主机验证无误后，便登录成功，用户的计算机作为主机的一个终端，可以对远程的主机进行操作。

五、新闻组

新闻组通常又称做USEnet，它是具有共同爱好的Internet用户相互交换意见的一种无形的用户交流网络，相当于一个全球范围的电子公告牌系统。网络新闻是按专题分类的，每一类为一个分组，而每一个专题组又分为若干个子专题，子专题下还可以有更小的子专题。用户可通过Internet随时阅读新闻服务器提供的分门别类的消息，并且可以将自己的见解提供给新闻服务器，以便作为一条消息发送出去。

六、电子公告板系统

电子公告板（BBS）是Internet上的一个信息资源服务系统。提供BBS服务的站点称为BBS站。登录BBS站成功后，根据它所提供的菜单，用户就可以浏览信息、发布信息、收发电子邮件、提出问题、发表意见、传送文件、进行网上交谈、玩游戏等。BBS与WWW是信息服务中的两个分支，BBS的应用比WWW早，由于它采用基于字符的界面，因此已逐渐被WWW、新闻组等其他信息服务形式所代替。

14.1.3　Internet的接入方式

要享用Internet提供的服务，应首先接入Internet。接入Internet的方法很多，常见的有拨号入网、专线入网和宽带入网等3种方式。

一、拨号入网

拨号入网主要适用于传输信息较少的单位或个人，其接入服务以电信局提供的公用电话网为基础，可细分为PSTN和ISDN。

- PSTN（公共电话网）：速率为56kbit/s，需要调制解调器（Modem）和电话线。这种入网方式投资少，容易安装，普通用户早期大都采用这种方式。
- ISDN（综合业务数字网）：速率为64kbit/s~128kbit/s，使用普通电话线，需要到电信局开通ISDN业务。ISDN的特点是信息采用数字方式传输，拨通快。安装时需配备ISDN适配卡，费用比PSTN高。

二、专线入网

专线入网主要是传输信息量较大的部门或单位采用，其接入服务是以专用线路为基础。专线入网又分为DDN和FR两种。

- DDN：速率为64kbit/s ~ 2Mbit/s，为用户提供全数字、全透明、高质量的数据传输通道，需要铺设专线，还要配置相应的路由器，投入较大，费用较高。
- FR（帧中继）：速率为64kbit/s ~ 2Mbit/s，是一对多点的连接方式，采用分组交换方式，需要到电信局开通相应的服务，需要配置相应的帧中继设备。

三、宽带入网

宽带入网方式推广和普及的速度非常快，普通用户或单位都可以采用这种方式入网。宽带入网方式有ADSL、LAN和Cable Modem等3种。

- ADSL（非对称数字用户环路）：ADSL利用传统的电话线，在用户端和服务器端分别添加适当的设备，可大幅度提高上网的速度。上行为低速传输，速率可达640kbit/s ~ 1Mbit/s，下行速率可达8Mbit/s，上下行传输速率不一样，故称为“非对称”。ADSL接入具有频带宽（是普通电话的256倍以上）、安装方便、上网和通话两不误等特点。
- LAN（局域网）：局域网即高速以太网接入，对于已布线的社区，用户可以速率为10Mbit/s ~ 1000Mbit/s的高速上网。从局端到小区大楼均采用单模光纤，末端采用五类线延伸到用户，用户只需要一块网卡就可以方便地接入网络，无须其他昂贵的设备。目前这种入网方式已被大多数用户接受和喜爱，并且用户的数目越来越多，已逐渐成为主流的入网方式。
- Cable Modem（线缆调制解调器）：Cable Modem是一种允许用户通过有线电视网（CATV）进行高速数据接入的设备，具有专线上网连接的特点。CATV网络普遍采用同轴电缆和光纤混合的网络结构，使用光纤作为CATV的骨干网，再用同轴电缆以树形总线结构分配到小区的每个用户。Cable Modem下行可达30Mbit/s，上行可达500kbit/s ~ 2.5Mbit/s。安装时需要一个Cable Modem，比普通Modem贵了许多。

14.2　Internet Explorer 7.0的使用方法

Internet上最强大的服务就是WWW，要浏览WWW网站的网页则必须使用浏览器，目前最常用的浏览器是微软公司的Internet Explorer。Windows Vista内含有Internet Explorer 7.0（简称IE 7.0），不需要单独安装。

14.2.1　启动与退出IE 7.0

IE 7.0的启动与退出是IE 7.0的两种最基本的操作。IE 7.0必须启动后才能浏览网页、保存网页信息和收藏网址等，工作完毕应退出IE 7.0，以释放占用的系统资源。

一、启动IE 7.0

启动IE 7.0的方法如下。

- 单击任务栏上快速启动区中IE 7.0的图标e。
- 选择【开始】/【Internet Explorer】命令。
- 选择【开始】/【所有程序】/【Internet Explorer】命令。

IE 7.0启动后，系统会打开【Internet Explorer】窗口，窗口中的内容随打开主页的不同而不同。图14-1为IE 7.0打开的新浪网站中的一个网页。

启动IE 7.0时，应注意以下几种情况。

- IE 7.0启动后，会自动显示默认主页的内容，默认主页通常情况下是网站http://go.microsoft.com/的主页。
- 用户可以更改IE 7.0的默认主页，使其启动后就显示自己所喜欢的主页或一个空白网页。

- 有些网站在打开时会弹出若干个 IE 7.0 窗口，显示一些广告信息，用户如果不感兴趣，可以关闭这些窗口。

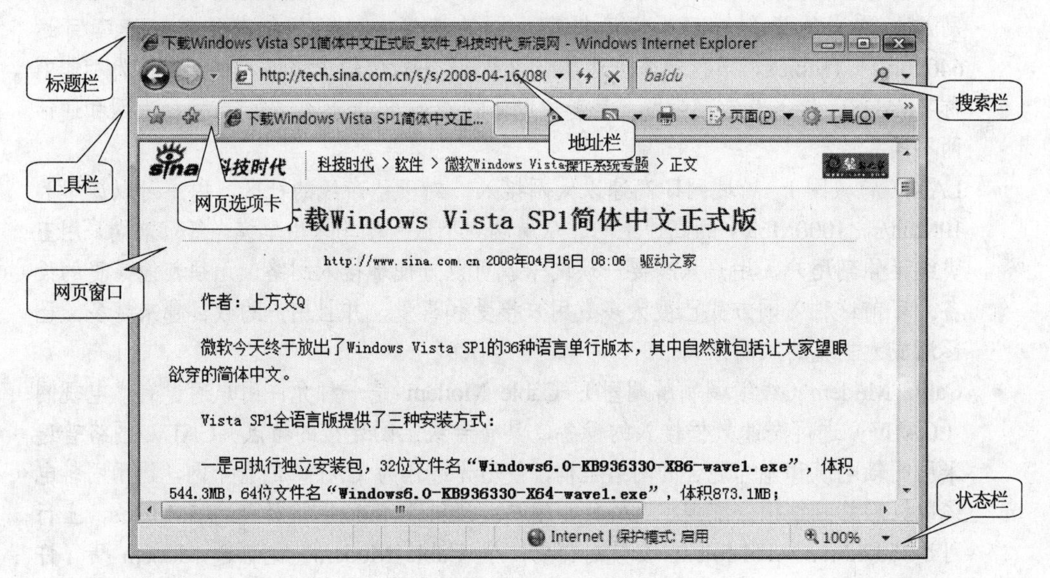

图14-1 Internet Explorer 窗口

二、IE 7.0 窗口的组成

IE 7.0 窗口包括标题栏、工具栏、地址栏、搜索栏、网页选项卡、网页窗口和状态栏等，其中对地址栏、搜索栏、网页选项卡和状态栏等需要特别说明。

- 地址栏：地址栏位于标题栏的下方，指示当前网页的 URL 地址。在地址栏内可以输入一个地址或从打开的下拉列表中选择一个地址，按回车键后打开相应的网页。图 14-1 所示地址栏中的 URL 地址是“http://tech.sina.com.cn/s/s/2008-04-16/08062140599.shtml”。
- 搜索栏：搜索栏位于地址栏的右侧，可在搜索栏内输入一个要搜索的关键字，再单击搜索栏中的🔎按钮或按回车键，到搜索网站中进行搜索，默认的搜索网站是百度（http://www.baidu.com）。也可以单击搜索栏中的▾按钮，从打开的列表中选择一个搜索网站。
- 网页选项卡：IE 7.0 在一个窗口中可以打开多个网页，这些网页被分配在不同的选项卡中，网页选项卡的标签就是网页的标题。单击选项卡的标签，可以显示相应的网页，同时地址栏中会显示该网页的 URL 地址。
- 状态栏：状态栏位于窗口的底部，显示系统的状态信息。当下载网页时，状态栏中显示下载任务以及下载进度指示，同时可看到窗口右上方的地球图标在转动。网页下载完成，状态为“完毕”。将鼠标指针移动到一个超级链接上时，状态栏中会显示该链接的 URL 地址。

三、退出 IE 7.0

关闭 IE 7.0 窗口即可退出 IE 7.0。如果 IE 7.0 窗口中打开了多个网页选项卡，系统会弹出如图 14-2 所示的【Internet Explorer】对话框。

在【Internet Explorer】对话框中，可进行以下操作。

- 单击[关闭选项卡(T)]按钮，可关闭所有的选项卡，退出 IE 7.0。
- 单击[取消(C)]按钮，则可取消退出 IE 7.0 的操作。
- 单击[显示选项(O)]按钮，则可展开显示选项，如图 14-3 所示。

图14-2 【Internet Explorer】对话框

图14-3 展开显示选项的【Internet Explorer】对话框

- 选择【下次使用 Internet Explorer 时打开这些选项卡】复选项，则下次启动 IE 7.0 时，将打开当前 IE 7.0 窗口中的选项卡及其网页。
- 选择【不再显示此对话框】复选项，那么下次退出 IE 7.0 时，就不再显示该对话框。

14.2.2 打开与浏览网页

一、打开网页

在 IE 7.0 中，可以使用以下方法打开网页。

- 在地址栏中输入网页的 URL 地址（例如 http://www.sina.com.cn/）并按回车键。
- 打开地址栏的下拉列表，从中选择先前访问过的网页的 URL 地址。
- 单击工具栏上的☆按钮，从打开的列表中选择收藏的网页。

二、浏览网页

打开一个网页后，就可以浏览了。最常用的浏览操作有：打开链接、返回前页、转入后页、刷新网页、中断下载和返回主页等。

- 打开链接：将鼠标指针移动到某个超级链接上时，鼠标指针变成☝状，此时，单击鼠标即可打开此链接，进入相应的网页。
- 返回前页：如果在同一个 IE 网页选项卡中打开链接，要返回前一个网页，单击⬅按钮即可。
- 转入后页：返回前页后，如果想再回到先前的页，单击➡按钮即可。
- 刷新网页：如果希望重新下载网页信息，则需要刷新网页，此时单击按钮即可。
- 中断下载：如果想中断网页的下载，单击✖按钮即可。
- 返回主页：如果想返回 IE 7.0 启动时的主页，单击按钮即可。

14.2.3 保存与收藏网页

一、保存网页

可以保存网页的全部内容，也可以只保存网页中的图片，还可以只保存网页中的文本。

(1) 保存全部内容。

在 IE 7.0 中单击[页面(P)▾]按钮，在打开的菜单中选择【另存为】命令，弹出如图 14-4 所示的【保存网页】对话框（以“网易”为例）。

保存网页
gaocd ▸ 下载
搜索
文件名(N): 网易.mht
保存类型(T): Web 档案，单个文件(*.mht)
浏览文件夹(B)
编码(E): 简体中文(GB2312)
保存(S) 取消

图14-4 【保存网页】对话框

在【保存网页】对话框中，可进行以下操作。

- 在【文件名】下拉列表中，可输入或选择要保存文件的名称。
- 在【保存类型】下拉列表中，可选择所要保存文件的类型，有 4 种类型可供选择：【网页，全部】、【Web 档案，单个文件】、【网页，仅 HTML】和【文本文件】。系统默认的类型是【网页，全部】，即保存 Web 页中的全部内容。
- 在【编码】下拉列表中可以选择编码类型。
- 单击 保存(S) 按钮，即可按所进行的设置保存网页。

保存全部内容后，在指定文件夹（默认的文件夹是“下载”文件夹，单击 浏览文件夹(B) 按钮，可以展开一个对话框，从中可以选择一个文件夹）中会产生一个文件（本例中为“网易.htm”）和一个文件夹（本例中为“网易.files”，包含网页中所有的图片文件和脚本文件等）。

(2) 保存文本。

在保存网页全部内容时，在图 14-4 的【保存网页】对话框中，在【保存类型】下拉列表中选择【文本文件】，则仅保存网页中的文本信息。

(3) 保存图片。

在要保存的图片上单击鼠标右键，在弹出的快捷菜单中选择【图片另存为】命令，弹出如图 14-5 所示的【保存图片】对话框，其操作与【保存网页】对话框的操作类似。

图14-5 【保存图片】对话框

二、收藏网页

可以将某个网页的地址保存起来，以便下次浏览时直接从收藏夹中取出。

(1) 收藏网页。

单击工具栏上的 按钮，在打开的菜单中选择【添加到收藏夹】命令，弹出如图 14-6 所示的【添加收藏】对话框，从中可进行以下操作。

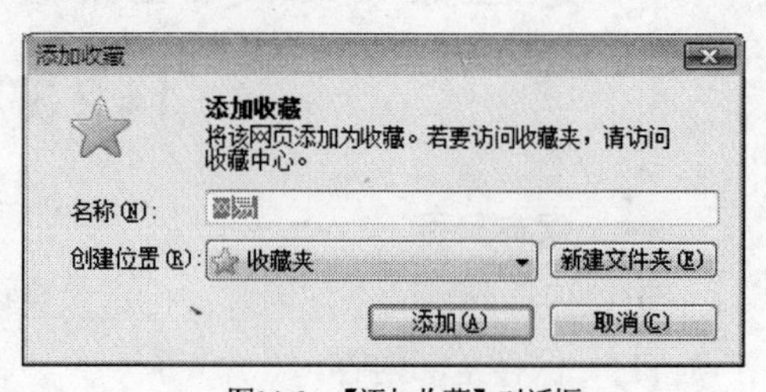

图14-6 【添加收藏】对话框

- 在【名称】框中可输入网页的名称。
- 在【创建位置】下拉列表中，可以选择一个文件夹。
- 单击 新建文件夹(E) 按钮，弹出一个对话框，从中可建立一个新文件夹。

- 单击[添加(A)]按钮，即可按所进行的设置收藏当前网页。

(2) 整理收藏夹。

单击工具栏上的按钮，在打开的菜单中选择【整理收藏夹】命令，弹出如图 14-7 所示的【整理收藏夹】对话框，从中可进行以下操作。

- 在列表框中单击文件夹图标，可选定该文件夹；单击网址图标，可选定该网址。
- 单击[新建文件夹(N)]按钮，可在选定的文件夹下创建一个新文件夹。
- 单击[移动(M)...]按钮，弹出一个对话框，可从中选择一个文件夹，把选定的网址或文件夹移动到该文件夹中。
- 单击[重命名(R)]按钮，可重命名选定的文件夹或网址。
- 单击[删除(D)...]按钮，可删除选定的文件夹或网址。

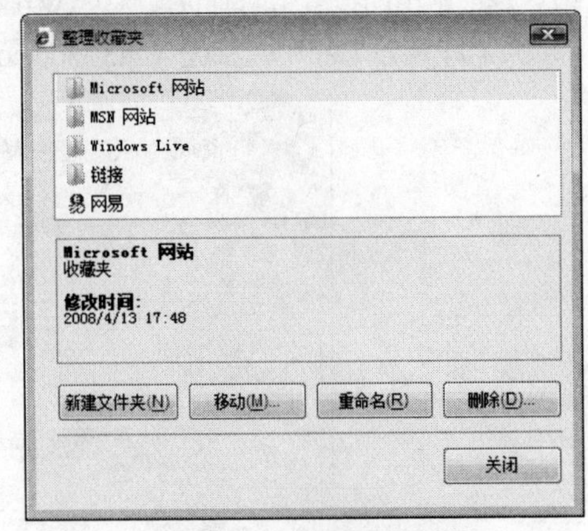

图14-7 【整理收藏夹】对话框

14.2.4 网页与网上搜索

使用 IE 7.0，可以在打开的网页中搜索信息。此外，因特网上有许多免费的搜索引擎，可以利用这些搜索引擎在网上搜索需要的信息。

一、在打开的网页内搜索

打开网页后，可以利用 IE 7.0 的查找功能，在当前网页中搜索指定的文本。按 Ctrl+F 键，弹出如图 14-8 所示的【查找】对话框，从中可进行以下操作。

- 在【查找】文本框内，可输入要查找的文本。
- 选择【全字匹配】复选项，则对于英文单词，查找与之相同的整个单词。
- 选择【区分大小写】复选项，则区分英文字母的大小写。
- 单击[上一个(P)]按钮，可搜索上一个查找内容。
- 单击[下一个(N)]按钮，可搜索下一个查找内容。

在查找过程中，如果在网页中搜索到查找的内容，该内容则用"反白"方式显示（即由原来的白底黑字变成黑底白字）；如果在网页中没有搜索到查找的内容，则会弹出如图 14-9 所示的【Windows Internet Explorer】提示对话框。

图14-8 【查找】对话框

图14-9 【Windows Internet Explorer】提示对话框

二、用搜索引擎在网上搜索

搜索引擎是网络服务商开发的软件，可用来迅速搜索与某个关键字匹配的网页、图片和 MP3

音乐等。这些搜索引擎都是免费的，可以自由使用。打开搜索服务商网站的首页，就可以进行网上搜索。最常用的搜索引擎有百度（www.baidu.com，如图 14-10 所示）、Google（www.google.cn，如图 14-11 所示）和中国雅虎（cn.yahoo.com，如图 14-12 所示）。

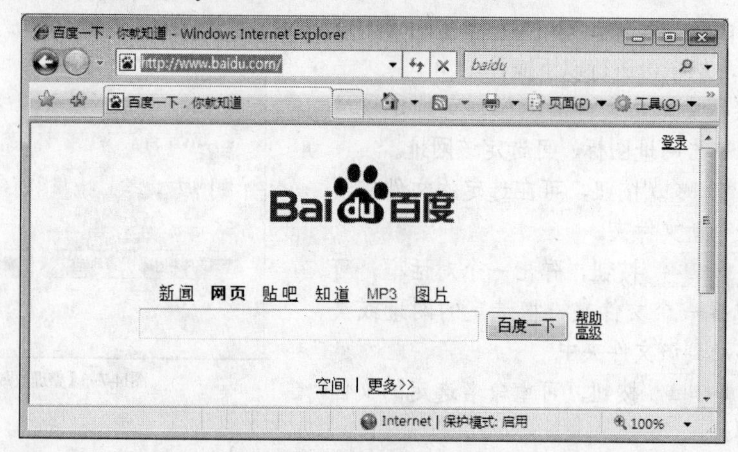

图14-10 www.baidu.com 网站

图14-11 www.google.cn 网站

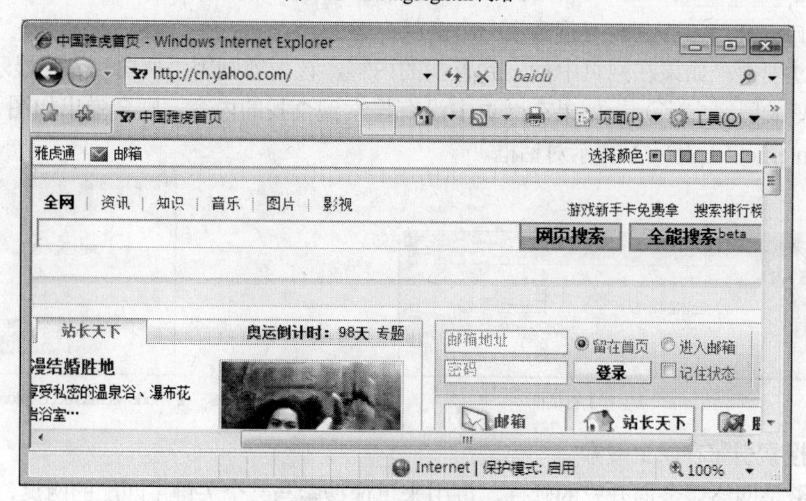

图14-12 cn.yahoo.com 网站

利用搜索引擎搜索时，通常情况下首先要确定搜索目标，即在搜索引擎网站的首页中单击相应的链接（如 www.baidu.com 网页中的【新闻】、【网页】、【贴吧】、【知道】、【Mp3】和【图片】等；www.google.cn 网页中的【网页】、【图片】、【地图】、【资讯】、【视频】和【博客】等；cn.yahoo.com 网页中的【全网】、【资讯】、【知识】、【音乐】、【图片】和【影视】等）。默认情况下，搜索目标通常是“网页”或“全网”。

确定了搜索目标后，再在网页的文本框中输入所要搜索的关键字串。关键字串一定要准确体现所要搜索的内容，关键字串可以包含一个关键字，也可以包含多个关键字。

输入关键字串后，单击相应的搜索按钮或链接，搜索引擎网站就会调用相应的搜索引擎，快速搜索数据库，查找出符合搜索条件的关键字串所在的网页。

搜索结果会在网页中显示，每一个结果是一个超链接，可以链接到所搜索到的网页，每一个超链接下面会显示该网页中与关键字串毗邻的内容。用户可根据需要打开一个链接，显示相应的网页。

图 14-13 是在百度网站中，在网页中搜索“计算机等级考试”的结果。需要注意的是：用不同的搜索引擎搜索同一个关键字，搜索的结果是有区别的。

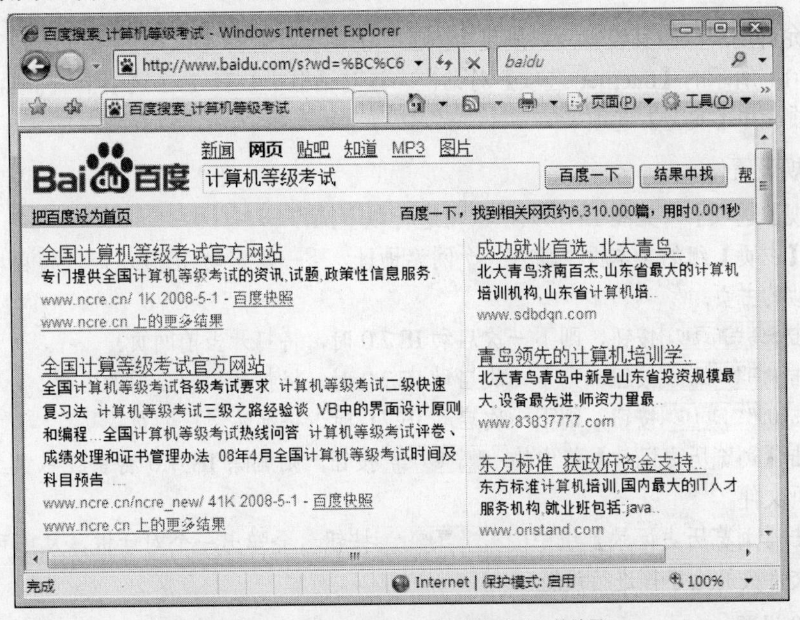

图14-13 在百度中搜索“计算机等级考试”的结果

搜索引擎一般是通过搜索关键字来完成搜索的，即填入一个简单的关键字（例如“计算机等级考试”），然后查找包含此关键字的网页。这是使用搜索引擎最简单的查询方法。而通过搜索语法，可以更精确地搜索信息。前面介绍的几大搜索引擎，其搜索语法大致相同，现介绍如下。

- 匹配多个关键词。
  如果想查询同时包含多个关键词的网页，各个关键词之间用空格间隔或用加号（+）连接。例如关键词“等级考试+C 语言”，表示搜索同时包含“等级考试”和“C 语言”的网页。
- 精确匹配关键词。
  如果输入的关键词很长，搜索引擎给出的搜索结果中的查询词可能是拆分的。如果对这种情况不满意，可以尝试不拆分查询词。给查询词加上双引号，就可以达到这种效果。例如，关键词“上海科技大学”，如果不加双引号（""），搜索结果会被拆分，效果不是很好，但加上双引号后，搜索“"上海科技大学"”获得的结果就全是符合要求的了。

- 不含关键词。

  如果发现搜索结果中，有某一类网页是不希望看见的，而且，这些网页都包含特定的关键词，那么用减号语法，就可以去除所有这些含有特定关键词的网页。例如搜索“神雕侠侣”，希望是关于武侠小说方面的内容，却发现包括有很多关于电视剧方面的网页。那么就可以这样查询：“神雕侠侣 -电视剧”。注意：前一个关键词和减号之间必须有空格，否则减号会被当成连字符处理，而失去减号语法功能的意义。减号和后一个关键词之间有无空格均可。

以上搜索语法基本上在各个搜索引擎中通用，但各个搜索引擎还有各自的特点，这需要从相应网站的帮助信息中去了解。

14.2.5 常用基本设置

IE 7.0 允许用户修改其设置，以满足个人工作的需要。选择【工具】/【Internet 选项】命令，弹出如图 14-14 所示的【Internet 选项】对话框。该对话框中共有 7 个选项卡，下面介绍最常用的【常规】选项卡和【安全】选项卡。

一、常规设置

在【常规】选项卡（见图 14-14）中，可进行以下操作。

- 在【主页】组的文本框中输入一个网站地址，下一次启动 IE 7.0 时，将自动打开该网站的主页。
- 单击 使用当前页(C) 按钮，则下一次启动 IE 7.0 时，将打开当前网页。
- 单击 使用默认值(F) 按钮，则下一次启动 IE 7.0 时，将打开微软公司的主页。
- 单击 使用空白页(B) 按钮，则下一次启动 IE 7.0 时，将显示空白网页。
- 单击【浏览历史记录】组中的 删除(D)... 按钮，则删除 IE 7.0 存留在磁盘上的临时网页文件。
- 单击【浏览历史记录】组中的 设置(S) 按钮，会弹出一个对话框，从中可以对临时文件夹的大小等进行设置。

二、安全设置

在【安全】选项卡（见图 14-15）中，可进行以下操作。

- 在【选择要查看的区域或更改安全设置】列表框中选择一个图标，列表框下方会显示该区域的安全设置选项，用户可修改这些安全设置选项。
- 在【该区域的安全级别】组中，拖动安全级别指示滑块，可以改变选择区域的安全级别，同时安全级别指示滑块的右侧会显示该安全级别的详细解释。
- 单击 自定义级别(C)... 按钮，会弹出一个对话框，从中可自定义安全级别的各个选项。
- 单击 默认级别(D) 按钮，则可恢复选择区域的默认安全级别。
- 单击 将所有区域重置为默认级别(R) 按钮，则可恢复所有区域的默认安全级别。

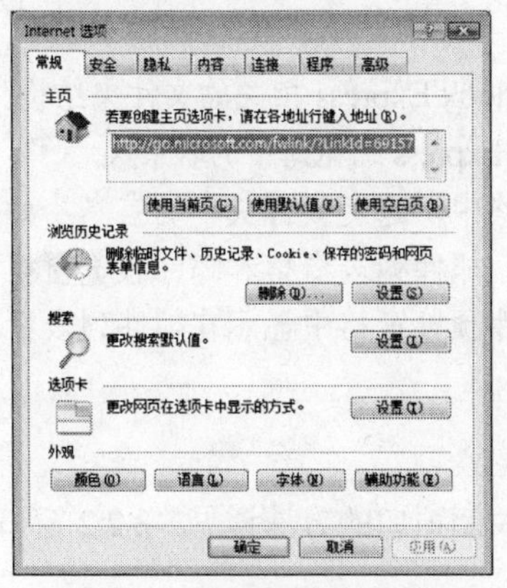

图14-14 【Internet 选项】对话框

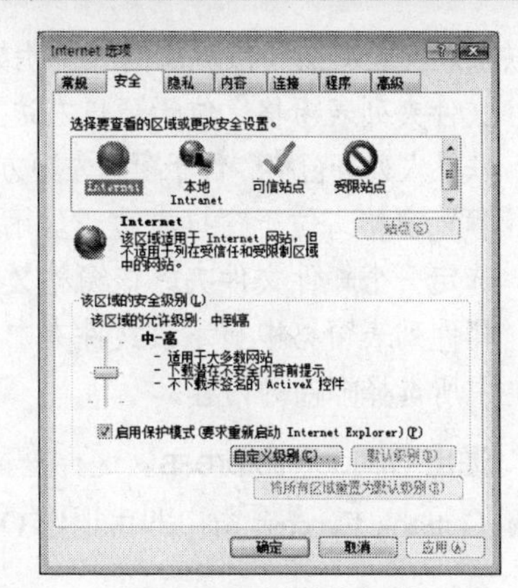

图14-15 【安全】选项卡

14.3 Outlook Express 的使用方法

Outlook Express 是微软公司开发的电子邮件管理系统，是基于 Internet 标准的电子邮件和新闻阅读程序，用来完成电子邮件的收发和相关的管理工作。

14.3.1 启动与退出 Outlook Express

一、启动 Outlook Express

启动 Outlook Express 的方法如下。

- 在任务栏的快速启动区中，单击 Outlook Express 的图标。
- 选择【开始】/【Outlook Express】命令。
- 选择【开始】/【程序】/【Outlook Express】命令。

二、Outlook Express 窗口的组成

Outlook Express 启动后，会显示一个如图 14-16 所示的【Outlook Express】窗口。

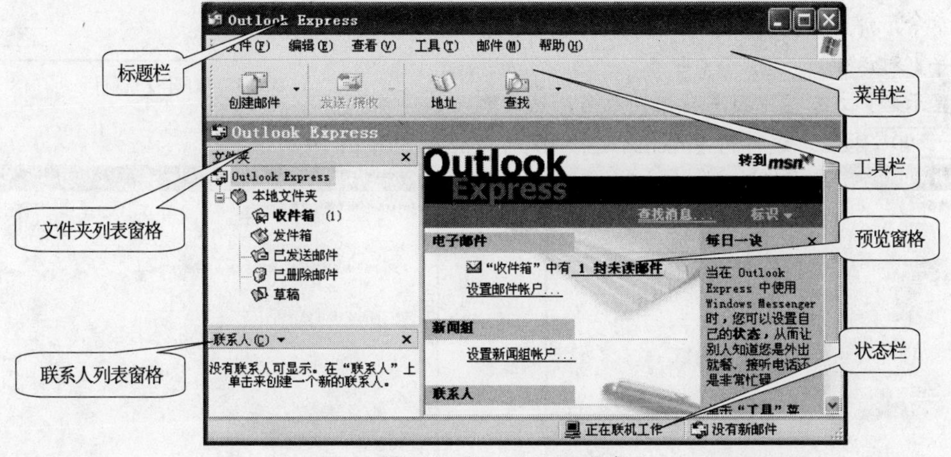

图14-16 【Outlook Express】窗口

【Outlook Express】窗口包括标题栏、菜单栏、工具栏、文件夹列表窗格、联系人列表窗格、预览窗格和状态栏等，它们的作用与 Windows 操作系统中的普通窗口类似。对其中的文件夹列表

窗格、联系人列表窗格和预览窗格的说明如下。

- 文件夹列表窗格：位于窗口左边上方，列出了Outlook Express相关的文件夹结构。
- 联系人列表窗格：位于窗口左下方，列出了Outlook Express通讯簿中的联系人。
- 预览窗格：位于窗口右边，显示在文件夹列表窗格中所选定文件夹中的信息。如果选定一个邮件文件夹，该窗格又被分成两个窗格：邮件列表窗格和邮件预览窗格，邮件列表窗格中显示该文件夹中的所有邮件，邮件预览窗格中显示在邮件列表窗格中所选择邮件的内容。

三、退出Outlook Express

关闭Outlook Express窗口即可退出Outlook Express，关闭窗口的方法详见“3.2.2 窗口的操作方法”小节。

14.3.2 设置邮件账号

使用Outlook Express收发电子邮件时，必须至少有一个邮件账号，这个邮件账号可以是申请网络账号时得到的邮件账号，也可以是申请的免费邮件账号。有了邮件账号后，需要在Outlook Express中设置邮件账号，然后才可以用Outlook Express收发电子邮件。

在申请网络账号时，Internet服务提供商通常也提供电子邮件账号、电子邮件密码、POP3邮件服务器域名或IP地址、SMTP邮件服务器域名或IP地址等。在申请免费电子信箱时，用户自己已定义了电子邮件账号、电子邮件密码，免费电子信箱服务商则提供有POP3邮件服务器域名、SMTP邮件服务器域名。通过这些信息，用户可以设置Outlook Express的邮件账号。在Outlook Express中设置电子邮件账号的具体步骤如下。

1. 启动Outlook Express，在【Outlook Express】窗口中选择【工具】/【账户】命令，在弹出的【Internet 账户】对话框中打开【邮件】选项卡，如图14-17所示。

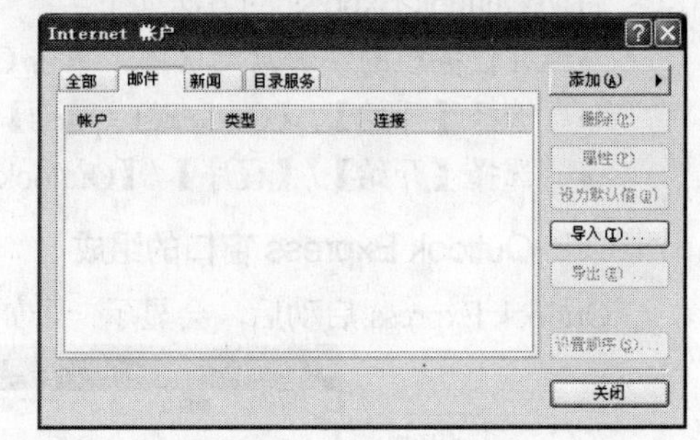

图14-17 【邮件】选项卡

2. 单击 添加(A) 按钮，在弹出的菜单中选择【邮件】命令，弹出如图14-18所示的【Internet 连接向导】对话框。
3. 在【显示名】文本框中填写自己的姓名，然后单击 下一步(N) > 按钮，这时的【Internet连接向导】对话框如图14-19所示。

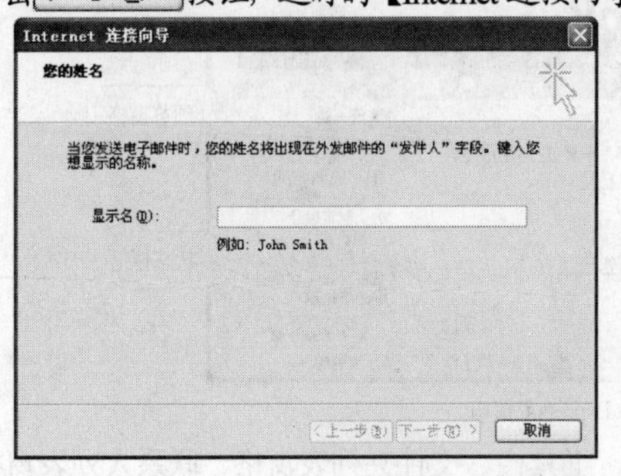

图14-18 【Internet连接向导】对话框——显示名

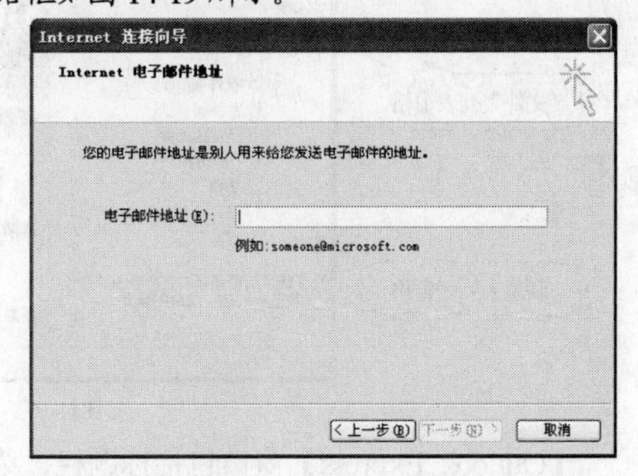

图14-19 【Internet连接向导】对话框——电子邮件地址

4. 在【电子邮件地址】文本框中填写电子邮件地址，然后单击下一步(N) >按钮，这时的【Internet 连接向导】对话框如图 14-20 所示。
5. 在【接收邮件服务器】和【发送邮件服务器】文本框中完整填写服务商提供的邮件接收服务器（POP3）域名和邮件发送服务器（SMTP）域名，然后单击下一步(N) >按钮，这时的【Internet 连接向导】对话框如图 14-21 所示。

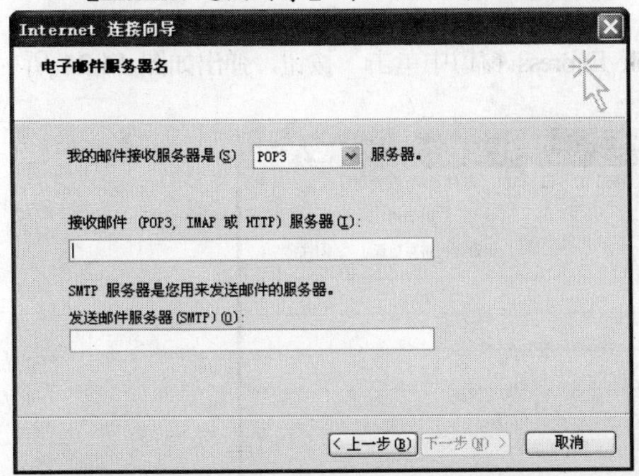

图14-20 【Internet 连接向导】对话框——邮件服务器名

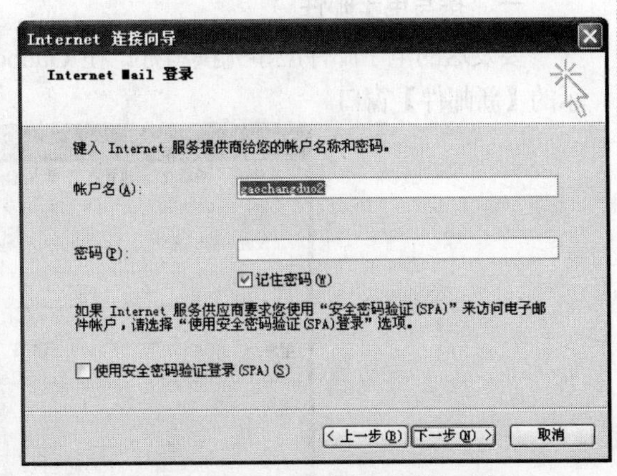

图14-21 【Internet 连接向导】对话框——登录

6. 在【账户名】和【密码】文本框中完整填写服务商提供的电子邮件账号和密码、然后单击下一步(N) >按钮，这时的【Internet 连接向导】对话框如图 14-22 所示。
7. 单击完成按钮，即可完成邮件账号的设置工作。

   以上设置完成，可以收邮件，但还不能发邮件，需要进一步进行设置。
8. 在图 14-17 中单击新添加的账号，然后单击属性(P)按钮，在弹出的对话框中打开【服务器】选项卡，如图 14-23 所示。
9. 选择【我的服务器要求身份验证】复选框。
10. 单击确定按钮，完成对邮件账号的进一步设置。

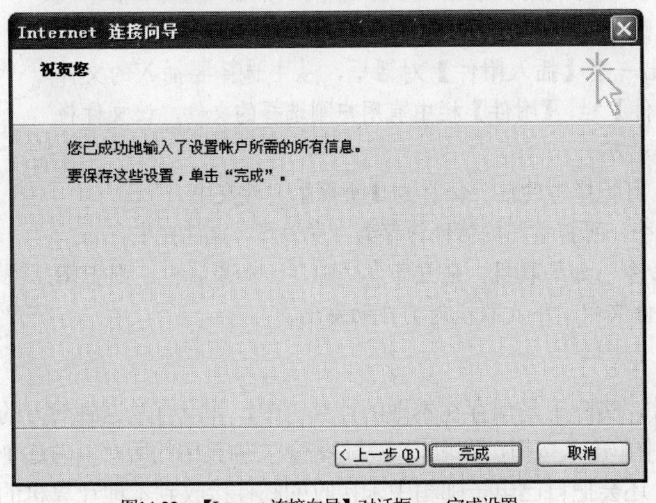

图14-22 【Internet 连接向导】对话框——完成设置

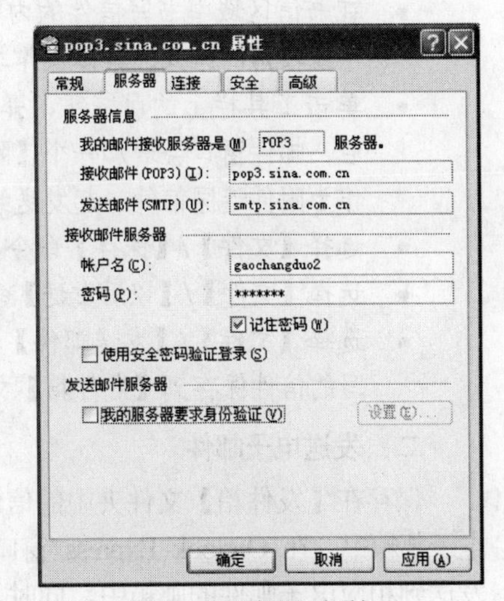

图14-23 【服务器】选项卡

至此，所设置的邮件账号就既能收电子邮件，也能发电子邮件了。

14.3.3　撰写与发送电子邮件

设置好邮件账号后，就可以用 Outlook Express 给别人发送电子邮件了。在发送电子邮件前，应先撰写电子邮件。

一、撰写电子邮件

要发送的电子邮件应事先撰写好。在 Outlook Express 窗口中单击按钮，弹出如图 14-24 所示的【新邮件】窗口。

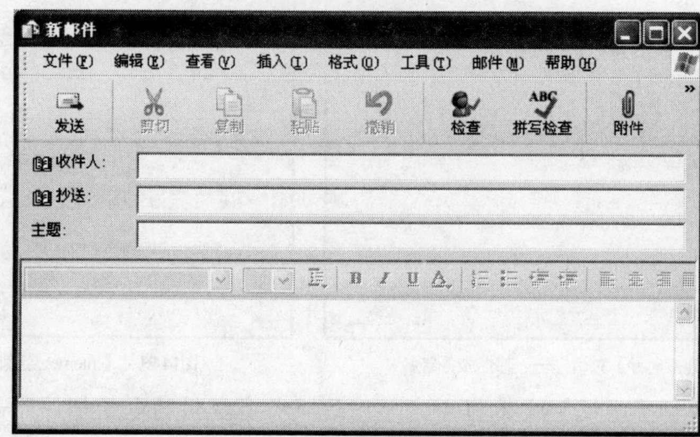

图14-24　【新邮件】窗口

在【新邮件】窗口中，可进行以下操作。

- 在【收件人】文本框中，需输入收件人的邮件地址，此栏必须填写。
- 在【抄送】文本框中，可输入其他收件人的邮件地址，即同一封信可发给多个人，此栏可以不填。
- 在【主题】文本框中，可输入信件的主题，此栏可以不填。
- 在书信区域中书写信件的内容，还可利用书信区域上方的格式按钮，设置书信中文字或段落的格式。具体操作与 Word 2007 中的类似，这里不再重复。
- 单击工具栏上的按钮，弹出一个【插入附件】对话框，从中选择要插入的文件后，邮件窗口会增加一个【附件】栏，【附件】栏中有用户刚选择的文件，该文件将作为附件连同信件一起发送给对方。
- 选择【文件】/【保存】命令，可把撰写的信件保存到【草稿】文件夹中。
- 选择【文件】/【以后发送】命令，可把撰写的信件保存到“发件箱”文件夹中。
- 选择【文件】/【发送邮件】命令，如果联机，则立即发送邮件；如果脱机，则把撰写的信件保存到【发件箱】文件夹中，下次联机时会自动发出。

二、发送电子邮件

保存在【发件箱】文件夹中的信件，实际上是保存在本地的计算机中，并没有发送到对方的电子邮箱中。在 Outlook Express 窗口中单击按钮，即可把【发件箱】文件夹中的所有信件逐个发送到相应电子邮件的邮箱中，同时，还会把自己电子邮箱中未接收的邮件接收到本地计算机的【收件箱】文件夹中。【发件箱】文件夹中的信件正确发送后，系统会自动将其转移到【已发送邮件】文件夹中保存起来作为存根。

14.3.4 接收与阅读电子邮件

对方发来电子邮件后，邮件存放在邮件服务器中，要阅读该邮件，则必须先将邮件接收到本地计算机中。

一、接收电子邮件

在 Outlook Express 窗口中单击按钮，Outlook Express 就会把自己电子邮箱中未接收的邮件接收到本地计算机的【收件箱】文件夹中，同时把【发件箱】文件夹中的所有信件逐个发送到相应电子邮件的邮箱中。

在 Outlook Express 窗口的【文件夹列表】窗格中，如果有未读信件，在【收件箱】文件夹右边有一个用括号括起来的数字，该数字就是未读邮件的数目。例如图 14-25 所示的【收件箱】中，就有一封未读邮件。

单击【收件箱】文件夹，Outlook Express 的预览窗格被分成两个窗格：邮件列表窗格和邮件预览窗格。在邮件列表窗格中，会显示该文件夹中的所有邮件，其中，标题为加粗字体的邮件是未阅读的邮件，例如图 14-25 所示的邮件列表中，“新年快乐”就是未读邮件。在邮件列表窗格中单击某一邮件后，在邮件预览窗格中就会显示该邮件的内容。

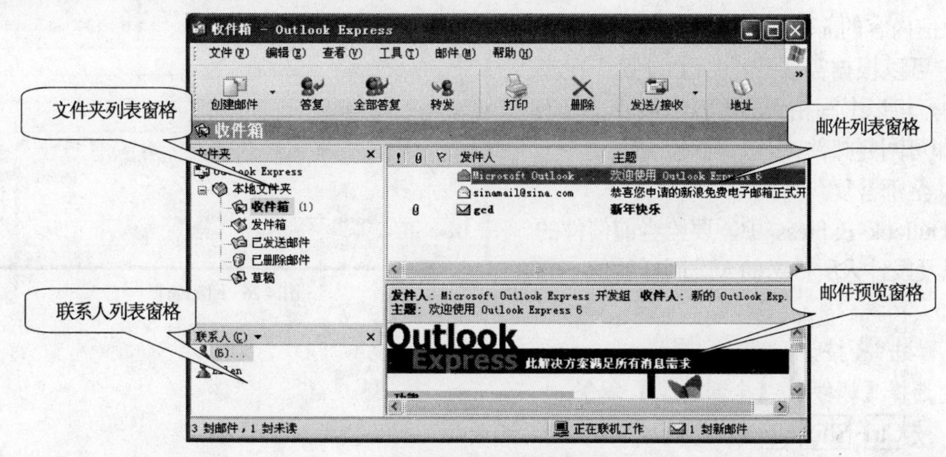

图14-25 【收件箱】对话框

二、阅读电子邮件

在邮件列表窗格中，列出了相应文件夹的邮件列表。图 14-25 是【收件箱】文件夹中的文件列表，列表中包含“发件人”和“主题”。没有阅读过的邮件，其“发件人”和“主题”的字体被设置为加粗。

在收件箱邮件列表中单击一个邮件，在邮件预览窗格中就会显示该邮件。如果邮件内容在邮件预览窗格中不能全部显示，邮件预览窗格就会出现垂直或水平滚动条，拖动相应的滚动条，即可显示邮件的其他内容。

如果一个邮件带有附件，在邮件预览窗格的上方会出现一个按钮，单击该按钮，弹出一个菜单，菜单中会列出附件中所有文件的名称和一个【保存附件】命令。单击附件中的一个文件名，系统会用默认的程序打开该文件。如果选择【保存附件】命令，则会弹出一个对话框，用户可以利用该对话框，把附件中的文件保存到本地磁盘上。

14.3.5 回复与转发电子邮件

收到一个电子邮件后，用户可以回复发件人和发件人所抄送的人，还可以把该邮件转发给其他人。

一、回复电子邮件

回复电子邮件的方式有两种：回复和全部答复。

(1) 回复。

在 Outlook Express 中，要给当前信件的发件人回信，方法如下。

- 单击按钮。
- 选择【邮件】/【答复发件人】命令。
- 按Ctrl+R键。

进行以上任一操作后，将弹出如图 14-26 所示的【新邮件】窗口，这个窗口与图 14-24 的窗口类似，只不过在【收件人】文本框中已填写好了收件人的电子邮件地址，【抄送】文本框为空，【主题】文本框中为原主题前面加“Re：”字样，书信区域中会显示原信的内容，插入点光标在原信内容的前面。

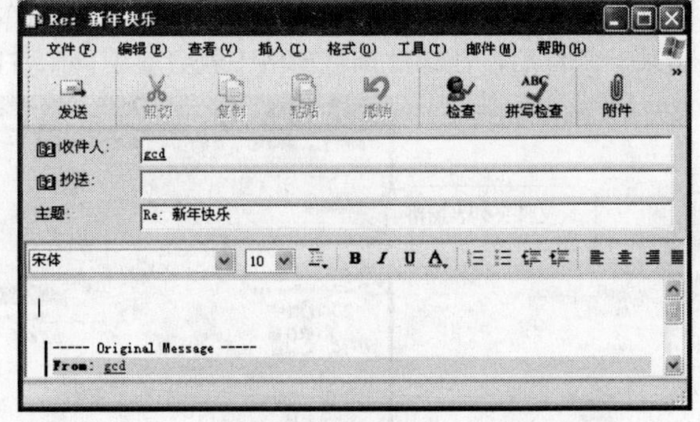

图14-26 回复邮件

用户可以根据需要改动以上设置，在书信区域中，可以书写相应的内容，最后，单击按钮即可回复邮件。

(2) 全部答复。

在 Outlook Express 中，要给当前信件的发件人以及发件人所抄送的人发同样的信，方法如下。

- 单击按钮。
- 选择【邮件】/【全部答复】命令。
- 按Ctrl+Shift+R键。

全部答复基本上与答复发件人相同。不同的是：【抄送】文本框中不为空，而是原【抄送】文本框中的内容。

二、转发电子邮件

在 Outlook Express 中，要把当前信件转发给别人，方法如下。

- 单击按钮。
- 选择【邮件】/【转发】命令。
- 按Ctrl+F键。

转发信件基本上与答复发件人相同，不同的是：【收件人】文本框中为空，要求填写收件人的邮件地址。

14.3.6 邮件与通讯簿管理

长期使用 Outlook Express 收发邮件，邮件文件夹中会保留大量的邮件，必要时应对其进行整理。同时用户也有许多经常通信的朋友，有必要建立一个通讯簿，以便于联系和交流。

一、邮件管理

在 Outlook Express 中，每个邮箱文件夹实际上就是一个文件夹，每个邮件实际上就是一个文件。

(1) 邮件管理。

- 删除邮件：选定一个邮件后，单击工具栏中的×按钮，或选择【编辑】/【删除】命令，即可把选定的邮件移动到【已删除邮件】文件夹中。在【已删除邮件】文件夹中选定该邮件后，进行以上操作，就可以将邮件彻底删除。
- 移动邮件：选定一个邮件后，将其拖动到【文件夹列表】窗格中的一个文件夹上，即可把选定的邮件移动到该文件夹中。或者选择【编辑】/【移动到文件夹】命令，弹出一个对话框，从中选择一个邮箱文件夹，把选定的邮件移动到该文件夹中。也可以先把邮件剪切到剪贴板上，再打开目的文件夹，然后把剪贴板上的邮件粘贴到目的文件夹中。
- 复制邮件：选定一个邮件后，按住 Ctrl 键将其拖动到【文件夹列表】窗格中的一个文件夹上，即可把选定的邮件复制到该文件夹中。或者选择【编辑】/【复制到文件夹】命令，弹出一个对话框，从中选择一个邮箱文件夹，把选定的邮件复制到该文件夹中。也可以先把邮件复制到剪贴板上，再打开目的文件夹，然后把剪贴板上的邮件粘贴到目的文件夹中。
- 标记邮件：选定一个邮件后，选择【编辑】/【标记为"已读"】命令，或选择【编辑】/【标记为"未读"】命令，选定的邮件将加上相应的标记。未读的邮件其标题的字体被设置为加粗，已读的邮件则不加粗。在收件箱邮件列表中选定一个邮件后，选择【邮件】/【标记邮件】命令，可为选定的邮件增加一个标记。再选择以上命令，则可取消标记。增加标记的邮件，在邮件列表窗格中的【收件人】左边会标记一个小旗，如图 14-27 所示。

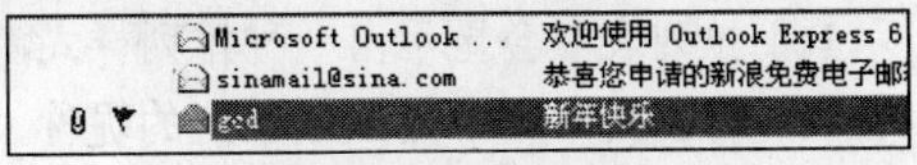

图14-27 标记的邮件

(2) 邮箱文件夹管理。

- 建立邮箱文件夹：选择【文件】/【文件夹】/【新建】命令，或选择【文件】/【新建】/【文件夹】命令，弹出一个对话框，从中选择一个文件夹（在该文件夹下建立新文件夹），为新文件夹取一个名字，可以建立新文件夹。
- 移动邮箱文件夹：选定一个邮箱文件夹后，选择【文件】/【文件夹】/【移动】命令，弹出一个对话框，可从中选择一个邮箱文件夹，把选定的邮箱文件夹移动到选择的邮箱文件夹中；或者拖动要移动的邮箱文件夹到另一个邮箱文件夹上，则可把选定的邮箱文件夹移动到该邮箱文件夹中。需要注意的是：对 Outlook Express 原有的邮箱文件夹不能移动。
- 删除邮箱文件夹：选定一个邮箱文件夹后，选择【文件】/【文件夹】/【删除】命令，或单击工具栏中的×按钮，也可以将要删除的邮箱文件夹拖动到【已删除邮件】文件夹中，则可把选定的文件夹移动到【已删除邮件】文件夹中。需要注意的是：对 Outlook Express 原有的邮箱文件夹不能删除。
- 重命名邮箱文件夹：双击邮箱文件夹名，在邮箱文件夹名中会出现插入点光标，输入新名，然后按回车键即可；或者选择【文件】/【文件夹】/【重命名】命令，之后的操作同前。需要注意的是：对 Outlook Express 原有的邮箱文件夹不能重命名。

- 清空【已删除邮件】文件夹：选择【清空‘已删除邮件’文件夹】命令，即可把【已删除邮件】文件夹清空。

二、通讯簿管理

在通讯簿中可以存储多个联系人的邮件地址、家庭地址、电话号码和传真号码等信息，还可以对联系人分组，以便于查找。

(1) 打开通讯簿。

在 Outlook Express 窗口中，打开通讯簿的方法如下。

- 选择【工具】/【通讯簿】命令。
- 单击按钮。

使用任一种方法，都会弹出图 14-28 所示的【通讯簿】窗口，该窗口中列出了所有联系人的信息。

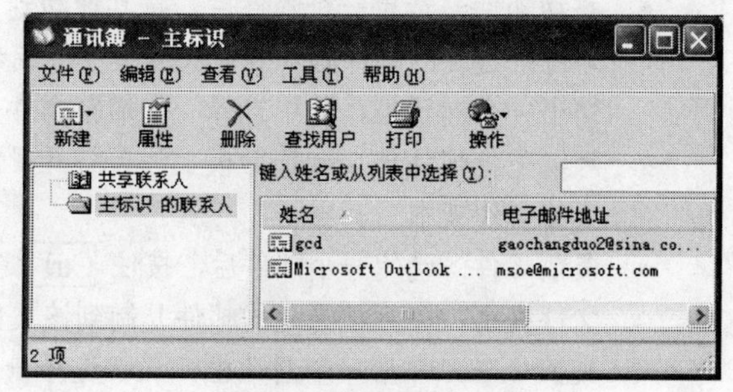

图14-28 【通讯簿】窗口

(2) 添加联系人。

在【通讯簿】窗口中，添加联系人的方法如下。

- 选择【文件】/【新建联系人】命令。
- 单击按钮，从子菜单中选择【联系人】命令。

使用任一种方法，都会弹出图 14-29 所示的【属性】对话框。在【属性】对话框的【姓名】选项卡中，可以进行以下操作。

- 在【姓】、【名】和【职务】等文本框中输入联系人的相应信息。输入的信息在【显示】下拉列表中会显示出一种排列样式，可从下拉列表中选择一种排列样式。
- 在【昵称】文本框中输入联系人的昵称。
- 在【电子邮件地址】文本框中输入联系人的电子邮件地址。
- 单击 添加(A) 按钮，把电子邮件地址添加到【电子邮件地址】文本框下方的电子邮件地址列表框内，系统会将第 1 个输入的电子邮件地址设为默认的地址，给此联系人发电子邮件时，默认采用此电子邮件地址。
- 在电子邮件地址列表框内选择一个电子邮件地址，然后单击 编辑(E) 按钮，则可修改该电子邮件地址。
- 在电子邮件地址列表框内选择一个

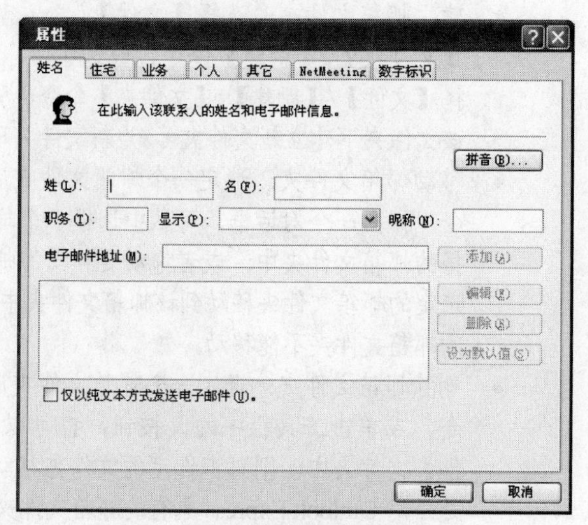

图14-29 【属性】对话框

电子邮件地址，然后单击 删除(R) 按钮，则可删除该电子邮件地址。

- 在电子邮件地址列表框内选择一个电子邮件地址，然后单击 设为默认值(S) 按钮，即可把该电子邮件地址设为默认的电子邮件地址。
- 单击其他的选项卡，可在其中进行相应的设置。
- 单击 确定 按钮，系统即按所进行的设置添加一个联系人。

(3) 删除联系人。

在图 14-28 的【通讯簿】窗口中选择一个联系人后，要删除该联系人，方法如下。

- 选择【文件】/【删除】命令。
- 单击工具栏中的×按钮。

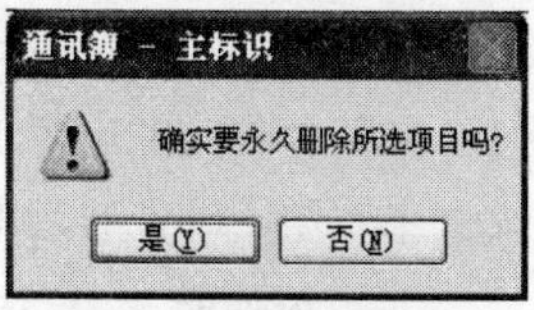

通讯簿 - 主标识

确实要永久删除所选项目吗?

是(Y) 否(N)

图14-30 【通讯簿】对话框

使用任一种方法，都会弹出如图 14-30 所示的【通讯簿】对话框，询问是否删除该联系人。

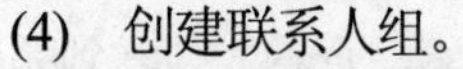

(4) 创建联系人组。

在图 14-28 的【通讯簿】窗口中，创建联系人组的方法如下。

- 选择【文件】/【新建联系人组】命令。
- 单击按钮，从子菜单中选择【联系人组】命令。

使用任一种方法，都会弹出如图 14-31 所示的【属性】对话框。在【属性】对话框的【组】选项卡中，可以进行以下操作。

- 在【组名】文本框中输入联系人组名。
- 单击 选择成员(S) 按钮，弹出一个对话框，可从通讯簿中选择该组的组员，他们显示在【组员】列表框中。
- 单击 新建联系人(N) 按钮，可建立一个新联系人作为组员，操作同前。
- 选择一个组员后，单击 删除(V) 按钮，可从组中删除该组员。
- 选择一个组员后，单击 属性(R) 按钮，可显示该组员的详细信息。
- 在【姓名】和【电子邮件】文本框中输入一个联系人的相应信息，然后单击 添加(A) 按钮，即可把该联系人添加到组中。

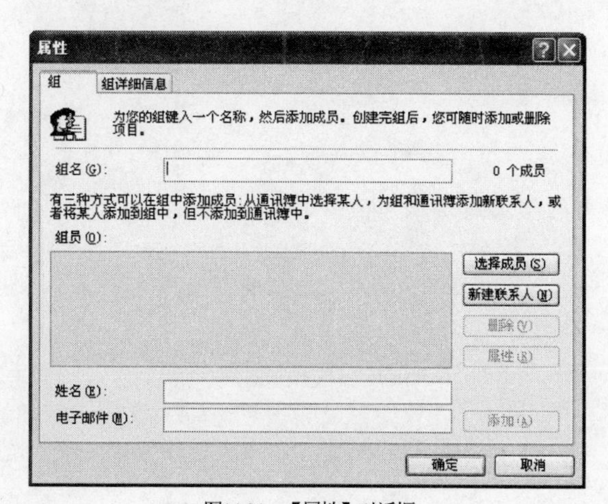

图14-31 【属性】对话框

- 单击 确定 按钮，系统即按所进行的设置添加一个联系人组。

14.4 习题

一、问答题

1. Internet 使用的网络协议是什么？IP 地址和域名之间有什么关系？
2. Internet 主要提供哪些服务？
3. IE 7.0 窗口由哪几部分组成？

4. 用 IE 7.0 浏览网页时，如何打开网页中的链接？
5. 用 IE 7.0 浏览网页时，如何返回前一页？
6. 如何保存网页中的一幅图片？如何保存网页中的文本信息？
7. 如何收藏网页？如何打开收藏的网页？
8. Windows Mail 窗口由哪几部分组成？
9. 如何在 Windows Mail 中设置用户的邮件账号？
10. 在 Outlook Express 中，单击 发送和接收(C) 按钮后，系统可以做哪些工作？
11. 如何将收到的电子邮件转发给别人？
12. 书写电子邮件时，单击 发送(S) 按钮，是否会马上将电子邮件发送到收信人的信箱中？

二、操作题

1. 用 IE 7.0 浏览您喜欢的网站，保存网页中您认为有价值的图片或文本，然后将您经常浏览的网页收藏到【收藏夹】中。
2. 以“老虎工作室”和“从零开始”为关键字，利用搜索引擎在网上搜索，查看能搜索到哪些信息，有没有你所需要的图书。
3. 给老虎工作室“postmaster@laohu.net”发一封信，谈谈对老虎工作室图书的意见和建议。如果您收到了老虎工作室的回信，请把信转发给“358459591@qq.com”，笔者将相当高兴。

人民邮电出版社书目（老虎工作室部分）

分类	序号	书号	书名	定价（元）
3ds max 8 中文版培训教程	1	16547	3ds Max 8 中文版基础培训教程（附光盘）	36.00
	2	16592	3ds Max 8 中文版动画制作培训教程（附光盘）	36.00
	3	16641	3ds Max 8 中文版效果图制作培训教程（附光盘）	35.00
AutoCAD	4	16306	AutoCAD 2006 中文版基础教程（附光盘）	39.00
	5	16882	AutoCAD 2007 中文版三维造型基础教程（附光盘）	34.00
	6	16929	AutoCAD 2007 中文版基础教程（附光盘）	45.00
	8	19101	AutoCAD 2008 中文版三维造型基础教程（附光盘）	29.00
	9	19102	AutoCAD 2008 中文版基础教程（附光盘）	39.00
	10	19502	AutoCAD 2008 中文版机械制图实例精解（附光盘）	32.00
	11	20449	AutoCAD 2009 中文版基础教程（附光盘）	42.00
	12	20462	AutoCAD 2009 中文版机械制图快速入门（附光盘）	28.00
	13	20477	AutoCAD 中文版典型机械设计图册（附光盘）	36.00
	14	20495	AutoCAD 2009 中文版建筑设备工程制图实例精解（附光盘）	32.00
	15	20539	AutoCAD 2008 中文版建筑制图实例精解（附光盘）	35.00
	16	20581	AutoCAD 2009 中文版建筑制图快速入门（附光盘）	26.00
	17	20746	AutoCAD 中文版典型建筑设计图册（附光盘）	28.00
	18	20985	AutoCAD 2009 中文版建筑电气工程制图实例精解（附光盘）	28.00
Pro/ENGINEER	19	20563	Pro/ENGINEER Wildfire 4.0 中文版典型实例（附光盘）	49.00
	20	20597	Pro/ENGINEER Wildfire 4.0 中文版模具设计（附光盘）	49.00
	21	20615	Pro/ENGINEER Wildfire 4.0 中文版基础教程（附光盘）	52.00
	22	21084	Pro/ENGINEER Wildfire 4.0 机构运动仿真与动力分析（附光盘）	38.00
电路设计与制板	23	16137	Protel 99SE 入门与提高（附光盘）	38.00
	24	16138	Protel 99SE 高级应用（附光盘）	38.00
	25	12083	Protel DXP 高级应用（附光盘）	52.00
	26	12679	PowerLogic 5.0 & PowerPCB 5.0 典型实例（附光盘）	32.00
	27	17752	Protel 99 入门与提高（修订版）（附光盘）	45.00
	28	11245	Protel DXP 库元器件手册	30.00
学以致用	29	15734	AutoCAD 2006 中文版基本功能与典型实例（附光盘）	48.00
	30	15735	CorelDRAW X3 中文版基本功能与典型实例（附 2 张光盘）	45.00
	31	15736	3ds Max 8 中文版基本功能与典型实例（附 2 张光盘）	42.00
	32	15737	Photoshop CS2 中文版基本功能与典型实例（附 2 张光盘）	48.00
	33	15738	Flash 8 中文版基本功能与典型实例（附光盘）	42.00
	34	15739	UG NX 4 中文版基本功能与典型实例（附光盘）	42.00
	35	15740	Pro/ENGINEER Wildfire 3.0 中文版基本功能与典型实例（附光盘）	48.00
	36	15741	Dreamweaver 8 中文版基本功能与典型实例（附光盘）	38.00
	37	17208	AutoCAD 2007 中文版基本功能与典型实例（附光盘）	49.00
举一反三实战训练系列	38	16513	CorelDRAW X3 中文版平面设计实战训练（附光盘）	45.00
	39	16532	AutoCAD 2007 中文版建筑制图实战训练（附光盘）	36.00
	40	16537	AutoCAD 2007 中文版机械制图实战训练（附光盘）	36.00
	41	16538	Photoshop CS2 中文版图像处理实战训练（附光盘）	42.00
	42	16550	UG NX 4 中文版机械设计实战训练（附光盘）	45.00
	43	17439	Mastercam X 数控加工实战训练（附光盘）	38.00

续 表

UG	44	20436	Siemens NX 6 中文版机械设计基础教程（附光盘）	45.00
	45	20506	UG NX 5 中文版曲面造型基础教程（附光盘）	39.00
从零开始系列培训教程	46	19369	Windows Vista 基础培训教程	25.00
	47	19375	Protel 99SE 基础培训教程（附光盘）	28.00
	48	19376	AutoCAD 2008 中文版建筑制图基础培训教程（附光盘）	28.00
	49	19380	Photoshop CS3 中文版基础培训教程（附光盘）	28.00
	50	19381	Flash CS3 中文版基础培训教程（附光盘）	25.00
	51	19383	AutoCAD 2008 中文版机械制图基础培训教程（附光盘）	28.00
	52	19387	计算机基础培训教程（Windows Vista+Office 2007）	25.00
	53	19417	3ds Max 9 中文版基础培训教程（附光盘）	28.00
	54	19503	Dreamweaver CS3 中文版基础培训教程	22.00
	55	21256	AutoCAD 2009 中文版建筑制图基础培训教程（附光盘）	28.00
	56	21266	计算机组装与维护基础培训教程（附光盘）	28.00
	57	21295	AutoCAD 2009 中文版机械制图基础培训教程（附光盘）	28.00
习题精解	58	16697	UG NX 4 中文版习题精解（附光盘）	29.00
	59	16729	UG NX 4 中文版数控加工习题精解（附光盘）	28.00
	60	18009	AutoCAD 2008 中文版建筑制图习题精解（附光盘）	28.00
	61	18012	AutoCAD 2008 中文版习题精解（附光盘）	28.00
	62	18013	AutoCAD 2008 中文版机械制图习题精解（附光盘）	28.00
机械设计院·机械工程师	63	18038	AutoCAD 2008 中文版机械设计（附光盘）	42.00
	64	18115	CAXA 2007 中文版机械设计（附光盘）	45.00
	65	18161	UG NX 5 中文版模具设计（附光盘）	45.00
	66	18479	UG NX 5 中文版数控加工（附光盘）	45.00
	67	18482	UG NX 5 中文版机械设计（附光盘）	39.00
	68	18542	SolidWorks 中文版机械设计（附光盘）	45.00
	69	19105	Pro/ENGNEER Wildfire 中文版机械设计（附光盘）	45.00
	70	19106	Pro/ENGNEER Wildfire 中文版模具设计（附光盘）	45.00
	71	19190	Cimatron E 8 中文版数控加工（附光盘）	45.00
	72	19646	Mastercam X2 数控加工（附光盘）	45.00
神奇的美画师	73	17285	CorelDRAW X3 中文版平面设计案例实训（附光盘）	39.00
	74	18021	Photoshop CS3 中文版图像处理技术精萃（附光盘）	79.80
	75	18057	CorelDRAW X3 中文版平面设计技术精萃（附光盘）	69.00
	76	21596	Photoshop 图像色彩调整与合成技巧（附光盘）	68.00
	77	21597	Photoshop、CorelDRAW & Illustrator 包装设计与表现技巧（附光盘）	68.00
	78	21646	Photoshop 质感与特效表现技巧（附光盘）	68.00
	79	21648	Photoshop & Illustrator 地产广告设计与表现技巧（附光盘）	68.00
其他	80	17280	CorelDRAW X3 中文版应用实例详解（附光盘）	45.00
	81	20439	三菱系列 PLC 原理及应用	32.00
	82	20458	Photoshop & Illustrator 产品设计创意表达（附光盘）	49.00
	83	20463	Rhino & VRay 产品设计创意表达（附光盘）	49.00
	84	20502	欧姆龙系列 PLC 原理及应用	28.00
	85	20505	AliasStudio 产品设计创意表达（附光盘）	49.00
	86	20511	西门子系列 PLC 原理及应用	29.00